U0174848

区域经济学专业
系列丛书

区域规划原理

孙久文 著

商务印书馆
The Commercial Press
创于1897

图书在版编目(CIP)数据

区域规划原理/孙久文著.—北京:商务印书馆,2022
(区域经济学专业系列丛书)
ISBN 978-7-100-20648-8

Ⅰ.①区… Ⅱ.①孙… Ⅲ.①区域规划—研究—中国 Ⅳ.① TU982.2

中国版本图书馆 CIP 数据核字(2022)第 016910 号

区域经济学专业系列丛书
区域规划原理

孙久文　著

商　务　印　书　馆　出　版
(北京王府井大街36号　邮政编码100710)
商　务　印　书　馆　发　行
北京市白帆印务有限公司印刷
ISBN 978-7-100-20648-8

2022年4月第1版　　　　开本 880×1230　1/32
2022年4月北京第1次印刷　印张 16¹⁄₂

定价:98.00元

目　录

第1章 区域规划概述

"规划"（planning）这个词，被广泛应用于各种各样不同的人类活动。例如：战争规划、科技规划、教育规划、空间探测规划、社会发展规划和经济发展规划等。我们从区域经济学的角度研究规划，将其称为"区域经济规划"，简称"区域规划"。

1.1 区域规划的性质与任务

长期以来，人们对区域规划的地位、作用和效果争论不休。不同的角度、对区域经济发展的不同理解、对规划应用的不同目的，决定了人们对区域规划的态度。

1.1.1 国家规划体系与区域规划

改革开放以来，伴随中国经济的发展，规划在国家经济生活中的作用越来越重要。特别是国家规划体系的形成，对经济发展的指导性与规范性作用不断增强。在《中共中央 国务院关于统一规划体系更好发挥国家发展规划战略导向作用的意见》当中，规划体系被分成三个层次：第一层次是国家发展规划，起到的是统领作用。"提高国家发展规划的战略性、宏观性、政策性，增强指导和约束功能，聚焦事关国家长远发展的大战略、跨部门跨行业的大政策、具有全局性影响的跨区域大项目，把党的主张转化为国家意志，为各类规划系统落实国家发展战略提供遵循。"[①] 第二层次是空间规划，起到的是基础作用。空间规划重点在管控空间开发强度，划定城镇、农业、生态的保护红线与开发边界，强调形成"多规合一"。第三层次是专项规划和区域规划，起到的是支撑作用。"国家级区域规划主要以国家发展规划确定的重点地区、跨行政区且经济社会活动联系紧密的连片区域以及承担重大战略任务的特定区域为对象，以贯彻实施重大区域战略、协调解决跨行政区重大问题为重点，突出区域特色，指导特定区域协调协同发展。"[②]

需要强调的是，区域规划不能等同于空间规划。空间规划是以空间资源的合理保护和有效利用为核心，以国土安全为基本原则从土地、海洋、生态等要素的保护，空间要素统筹，空间结构优化，空间效率提升，空间权利公平等方面编制和实施的规划体系。包括社会经济协调、国土资源合理开发利用、生态环境保护有效监管、新型城镇化有序推进、跨区域重大设施统筹、规划管理制度建设等方面的具体内容，起到的是基础和平台的作用。区域规划一般不涉及这些空间资源的具体开发问题，而是服务于区域的经济社会发展，解决区域经济发展的不充分与不平衡的问题，从战略高度和产业层面对区域的经济社会发展进行谋划与安排。制定区域规划是国家发

---

① 参见《中共中央 国务院关于统一规划体系更好发挥国家发展规划战略导向作用的意见》。
② 同上。

展规划的基础性工作。

1.1.2 区域经济与区域规划的关系

区域规划是为区域经济发展服务的。对区域经济发展问题进行研究的一个根本目的，是解决区域经济如何增长，即如何生产更多财富、提高地区人民生活水平的问题，区域规划是解决区域经济发展路径的方法与手段。

（1）区域经济发展与区域规划

在区域经济发展中，我们需要清理的头绪很多。从战略思想到战略方向，再到具体的行动方案，是一个系统工程。区域经济学理论一直强调，区域经济发展离不开三个最基本的要素——资本、劳动力和技术。区域经济发展就是这些要素相互结合，最后转化为现实的财富。这个转化过程需要有条件和途径，而政策、机制和环境，决定了各类要素在区域经济发展中的作用大小。区域规划，说到底，是一组生产要素现在和未来在特定区域的配置或部署的问题。它以现实中各类生产要素的组合为基础，根据发展条件和环境的变化，安排未来时期的要素如何组合、如何运行。

因此，区域规划所涉及的区域经济发展问题，是根据当前资源环境条件和经济要素组合所进行的决策行动，但实施这种决策是未来的问题。如果这种未来是很长的一个时间，那就需要解决战略问题；如果是一个不太长的时间，那就需要解决行动的方案问题。所以，我们说区域经济发展的时序、范围和战略，决定了区域规划涉及的范围和内涵。

在解决了生产要素如何组合之后，还有一个生产要素在什么地方组合的问题。这是区域规划中的产业布局方案要解决的问题。自从杜能和韦伯以来，产业空间布局是以支付最小的生产成本为目的进行的，这就是区位理论。杜能和韦伯的区位模型，都是以运费最小来选择最佳区位，然后引申到劳动费最低区位和产业聚集最佳区位。廖什则引入了产业空间布局的利润最大化的概念，并提出市场区的模型。现代区域经济学则在此基础上，形成了区域产业的宏观经济布局，发展了产业聚集的许多模型。

区位的选择问题，是解决在什么地方布局什么产业或企业的问题，研究的中心是企业如何选择分布地点的问题。如果市场区的范围成为已知条件，我们接下来的任务是什么？显然是解决三个问题：第一，如何巩固这个市场区；第二，在这个市场区当中，如何增加更多的内容；第三，如何扩大这个市场区。我们的对策应当有两条：第一，加大对产业的各种要素投入；第二，提高产业的经济效益。我们还要解决三个具体问题：第一，在什么时间投入哪类要素、投入多少；第二，各类要素在规定的时间内在什么样的地方组合；第三，以什么样的方式、什么样的机制和什么指导思想去组合。显然，解决这三个问题，是区域规划的任务。

（2）区域政策与区域规划

区域经济政策的基本目标是解决区域经济发展与区域间利益关系的协调问题，其基本特征是政府通过政策的作用，扶持不同类型区域，为区域选择适合自己的、有区域特色的发展道路。区域政策的基本点是国家制定的、分类指导各不同类型区域经济发展的经济政策，或者是上一级区域政府制定的、指导下级区域经济发展的政策。一般讲，随着区域系统的缩小，区域经济政策与区域规划的共性会越多，最后当规划区域变为很小的区域时，区域经济政策就与区域规划合为一体。也就是说，人们普遍认为小区域的问题归根到底是一个区域规划就能解决了的问题。

我们可以看一下制定区域规划的最一般的程序，就会发现区域经济政策在区域规划中的地位（见图1-1）。

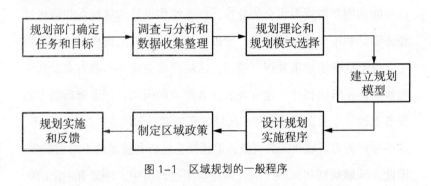

图1-1　区域规划的一般程序

那么，在宏观层面上，区域经济政策与区域规划是什么关系呢？其实，宏观的区域政策和区域规划中的战略规划，也是很难区分的。如果一定要区分的话，我们给出的区分原则是：区域经济政策是方针和准则，区域规划是步骤和方案。事实上，一个好的区域规划，离不开区域政策的内容。

从框图的流程我们可以看出：制定区域政策是规划过程的核心内容。从某种意义上讲，制定规划就是制定政策，然后实施政策。我们当然不能将这一程序绝对化，而区域规划的内容可能要超出仅仅是政策的范畴，但政策作为区域规划的核心内容，还将继续起到重大的作用。

那么，哪些内容是区域规划区别于区域政策的呢?

第一，区域规划的各类指标设计、来源于社会调查和对统计资料整理分析后的指标的取得、依靠模型计算得来的未来指标的预测，这些内容更多是依靠区域经济分析的方法和相应的技术手段获得的，而不局限于政策分析。第二，区域产业发展的规模主要依靠对市场的预测和对资源组合的分析，产业结构设计依靠现在和将来对经济形势和市场变化的分析。所以区域产业发展的规模和结构的确定，也不局限于政策分析。第三，区域产业空间分布的方案及其实施步骤，是解决在什么地方发展什么产业的问题，产业布局的方案要考虑地区产业发展的条件、区域的环境容量和产业的配套情况等，这些分析需要区域政策的规范，但还要有经济和技术的手段相配合。因此，区域规划和区域经济政策在应用过程当中，还是有一定的区别的。

综上所述，我们为区域规划下的定义是：区域规划是一定地域范围内区域经济发展的战略策划和产业发展与布局的方案设计及其实施对策的总和。

1.1.3 区域规划的性质

区域规划的性质，决定了规划制定中要坚持的原则。这些性质主要有：

（1）规划的区域性

区域的特点决定区域经济的特点，区域经济的特点决定区域规划的特点。不同区域由于自然地理、资源、社会发展、经济基础、文化传统等的差异，经济发展的模式和途径是有很大区别的，完全相同的区域是没有的。区域规划的区域性就是要根据不同区域的不同情况，设计不同的规划方案。对此，我们可以从三个方面去认识：第一，区域自然资源条件的差异性。由于自然资源分布的非均衡的特点，由不同的资源种类、数量组合而成的区域资源优势是最容易看到的，而这种资源优势很少有两个以上的区域完全相同。第二，区域社会文化条件的差异性。不同的地域所传承的文化传统具有差异性，中外文化有很大的差异性，中国内部的各区域也存在很大的差异性。在不同社会文化条件下形成的区域经济发展条件，各区域基本上是不相同的。第三，区域经济基础的差异性。在规划之前形成的经济发展的基础，是经历了一个长期的积累过程后形成的，不是短期形成的。由于区域经济发展的时间、地点和发展方式的多样化，完全相同的发展基础是不存在的。

所以，不要去设计流水线式的、工厂化的区域规划，一个地区的区域规划更不能套用其他地区的范本。

（2）规划的战略性

区域规划的战略性，表现为当前决策的未来性的特点。当前制定的区域规划，是当前时期对未来的一种谋划，是当前决策在未来的实施。由于时间因素的不确定性，决策的基础又是对发展前景的预测，所以短期的规划准确程度较高，长期的规划准确程度低一些，都是很正常的。但区域规划并非是一劳永逸的，因为任何决策都是不断做出、不断修订的，即根据当时当地的具体情况不断矫正，所以关键是要预测区域经济未来的趋势，而不仅仅是某个指标。也就是说，区域规划的战略性，是指我们今天制定的规划为未来的发展提出了若干条可供选择的不同道路，然后由我们进行选择。区域经济发展规划是现在为未来勾勒发展的蓝图，但是这幅蓝图可能是粗线条的，详细的部分要一点一滴地往里面填充。

由于当前决策的影响效应要在未来才能体现出来，所以决策的风险很大。这种风险在于：如果对未来的蓝图描绘得不准确，出现目标性偏离，区域经济的前景就可能一片黑暗；如果对从理想到现实的途径寻找得不准确，本来可以实现的目标就可能成为空想；如果在征途中的某一步出现偏离，就可能会影响实现目标的时间和机会。规避风险的唯一办法是对区域情况的详细调研、对客观经济发展形势的准确把握以及发展战略的灵活机动的反馈机制的建立。

从战略性出发，我们可以把区域规划简单地划分为两类相互联系又各具不同功能的规划：概念规划和具体实施规划。战略规划是概念规划，是建立指导思想，确立大政方针，解决政策问题等；产业规划、土地利用规划等是具体实施规划，是解决区域经济发展的程序和步骤问题。

（3）规划的科学性

规划的科学性首先是指规划过程的科学性，然后是规划方案本身的科学性。规划的过程是建立一种思路、确定一种模式的过程，需要有科学的态度和精神，以及先进的规划方法和手段。规划过程的科学性，在于把规划过程本身作为一种事业或者是一种生活态度，是规划制定者意志和被规划区域人民利益的反映。由于区域经济发展的条件和环境都在变化，区域规划也处在不断修正当中，规划的过程已经成为一个连续的过程，规划的制定者必须面对这一情况，把区域规划的制定看作是一种事业，把培养战略思维当作是生活态度来看待，只有这样，区域规划本身才能真正具有科学性。

那么，如何才能证明我们的规划是科学的呢？换句话说，是否需要检验规划的结果呢？很显然，规划的结果是不能检验的。因为当检验完成的时候，规划也实施完毕，无论是好是坏，都成为我们必须接受的一个结果，检验结果对于规划本身来说已经没有意义。剩下的是总结经验，或对规划进行评价，这对今后有较大的参考价值。

由于结果不能检验，能够检验的就剩下过程。英国哲学家穆尔凯曾经提出五条检验过程科学性的原则，现在我们将其应用到区域规划当中，它们是：a. 独创性原则。通过发现区域经济发展的新资料来推进规划的进步，新的规划思路和政策可以促进区域经济的发展。b. 集体性原则。一切知识都是共享的，区域规划的方案如果能够获得更多人的赞同和认可，那么这个规划常常是合理的。c. 无私性原则。没有个人利益参与其中的区域规划，才是科学的规划。区域经济发展是为大多数人谋福利，规划应当能够代表大多数人的利益和要求。d. 普遍性原则。对区域经济发展中的现实材料的把握应当具有普遍的科学性，包括地区统计资料的准确性、预测指标统计检验的正确性和合理性等等。e. 更替性原则。在区域规划的过程中，需要不断更新和不断修正规划者的理念，规划实施的过程是可以证伪的。按照波普尔的观点，能够证伪的东西才是科学的。如果我们的区域规划在规划中的第一阶段就被证明是错误的，那么我们就必须去更新和修正这个规划，以期接近真正的科学规划。

（4）规划的权威性

对区域规划的可操作性要求，使区域规划必须具备权威性。没有权威就不可能实施操作，甚至没有任何参考价值。

专家权威和科学权威是区域规划权威性的来源。区域规划的过程应当有一个懂科学、懂技术的专家组参与。专家的作用在于解决规划中的技术问题，并对规划的科学性进行详细的论证，而不限于仅仅是解释政府的文件。专家的权威决定了规划的权威。由于规划是为中央和地方政府的发展决策服务的，所以不能代表政府基本发展思路的区域规划，不可能得到实施。政府的权威决定了规划的权威，规划的权威又决定了规划能否顺利实施。规划的科学性是权威性的基础。一个科学的、符合区域经济发展实际的、能够付诸实施并指导区域经济未来发展的规划，本身就具备了权威规划的特点。特别需要强调的是，专家的权威更多的是在于专家能够依据当时当地的资源环境条件，提出具有独到性的见解，而不仅仅是诠释政府的意志。

制定区域规划的宗旨是区域经济的发展和区域的社会进步，规划的目的是解决发展中的问题并能够使区域经济在未来更好地发展。所以，区域规划要能够代表区域的根本利益，并为地区人民的根本利益服务。

在市场经济条件下，区域利益主体及其代表发生了有别于计划经济时代的变化。地方性的立法机构代表地区人民的利益和意愿，地方政府受中央政府的委托和地方立法机构的委托，成为地区人民利益的代表者。所以，由地方政府及其下属机关委托制定的区域规划才真正具有合法性和权威性。私人和企业法人委托制定的区域规划缺少合法性，也就缺少权威性。如前所述，规划是规划者意志和思想的反映，代表的是规划者的利益：如果规划者本身代表的是区域内大众的利益，那么规划就能够代表大众的利益；如果规划者本身是企业和个人，那么规划必然从个人或企业的利益出发来制定，不可能代表广大人民的根本利益。虽然我们不能否认我们这个社会拥有很多道德高尚、无私奉献的人或机构，但社会存在决定社会意识，我们必须防范道德风险。私人和企业法人不应当成为区域规划的制定者。私人和企业要想参与区域规划，必须得到地方政府的委托，变个人行为或企业行为为政府行为，只有这样，才能取得规划的合法性。

1.1.4 区域规划的任务

区域规划的任务主要由四部分构成：

（1）明确规划区域的发展方向

明确规划区域的战略地位，提出规划区域经济发展的方向，是区域规划的首要任务。区域经济发展的方向是指未来时期内人们对区域经济发展总的设想。

确定区域经济发展的方向必须有充分的根据，至少应考虑以下五个方面：a. 国家经济发展的宏观背景。一定时期国家的经济发展取向决定了区域经济发展的重点、速度和政策，形成了区域经济发展的大背景。b. 规划区域的资源和经济社会发展现状。区域的自然资源和人文资源是区域经济发展的基础，而现状是未来发展的基础，综合分析区域经济现状与未来发展趋势是制定区域经济发展方向的必然要求。c. 周围区域的发展现状及其与本区域的相互关系。区域经济发展在今天已经是一种具有广泛联系的经济活动，一个区域的发展必然与周围地区发生多种类型的联系。区域经济发展方向的确定不能离开这种联系。d. 区域的可持续发展。区域是一个由资源、环境与社会、经济相结合而构成的有机整体，区域经济发展的目的不仅是为了取得最好的经济效益，而且要求取得最好的社会效益和生态环境效益。所以，确定区域规划的方向时，也必须坚持获取综合效益的可持续发展原则。e. 科学技术发展的趋势。区域经济发展的先进性是通过发展先进的科学技术来实现的，区域经济发展的方向也必须有先进的科技作为发展的动力。要正确认识科学技术的发展趋势，使区域发展能够跟上世界科学技术发展的趋势。

（2）提出规划区域的发展目标

制定区域经济发展的目标，是区域规划的第二个任务。区域规划的目标是区域未来要达到的目的的预测。区域的发展方向和发展目标是统一的。发展方向通常是定性描述，而发展目标则是发展方向定量化的反映。发展目标可分为总体目标和具体目标。总体目标是规划思想的高度概括，具体目标是发展方向的深化和具体体现，由一系列的指标体系来体现，如人口指标、国内生产总值、社会生产总值、财政收入指标等。具体指标应能反映出经济发展水平、结构和速度的基本轮廓。这些指标按照属性可以分为经济水平指标、社会发展指标、生态环境指标和制度建设指标等，这些指标的获得，一般依靠预测模型的计算结果。

检验区域规划的目标是否制定得准确，可以从以下六个方面来进行：a. 规划目标应当是经过努力可以实现的；b. 规划目标要有包容和概括性；c. 规划目标要能够反映区域经济发展各方面的情况；d. 规划目标必须具体、明确，只具有单一的解释；e. 规划目标要具有时效性，要规定目标实现的时间，任何目标都只适用于一定时间；f. 规划目标要具有空间的唯一性，即一组目标只能在一个特定的区域内适用。

（3）确定规划区域的发展定位

区域定位是区域规划的核心内容，是一个规划成败的关键。a. 宏观定位。从宏观经济的发展需要出发，对规划区域进行以社会经济综合发展为目的的定位，其特点是将大都市与周边吸引地域结合到一起，从中长期的发展时限来看规划区域的地位和作用。这种宏观规划定位往往具有指导性，以规定规划区域扮演的角色为主要内容，以振兴规划区域的区域经济作为规划的最终目的。b. 区域定位。狭义的区域定位是区域规划的中观的理解，即综合考虑规划区域内部资源的分布和社会经济发展的条件，为这个特定地区的经济活动及产业发展制定一揽子的发展目标，以明确该区域的性质。c. 产业发展定位。产业是规划区域经济发展的核心，从对区域规划做微观理解的角度，要对该区域的主要产业做出明确的定位。区域规划的内容相对比较具体，要涉及具体地区的具体部门或具体产业，使规划的文本具有可操作性。但是，不能将区域规划解释为区域土地利用规划，也不将其解释为各类资源的开发规划或居民小区的开发建设规划。

要准确理解区域规划的任务，阐述区域规划与区域经济发展的问题，厘清区域规划的定义。

（4）确定重点部门、重点地域和重大建设项目

为了使规划更好地指导地区的经济发展，使区域规划方案能够落实并实施，确定重点发展的部门和地域十分重要。这实际上是确定推动整个区域经济发展的增长极点，使经济资源、人力资源和科技资源能够集中起来，发挥更大的集合性作用。

首先，选择重点发展部门。在一定时期内，区域经济发展的重点应该选择哪些部门和怎样选择，没有固定的模式，只有根据当时当地的具体情况，具体分析，具体决定。以主导产业部门为重点，实现产业之间的平衡和协调发展，带动辅助产业和基础产业上新的台阶，主要是为区域培育新的经济增长点，确保区域的长期可持续发展；以主导产业部门为重点，就是要发挥其带动地区经济全面发展的作用。

其次，选择重点发展地域。分类规划是区域规划的精髓，从理论上说，处在不同发展阶段的区域，应该采取不同的发展模式。区域规划要根据区域经济发展阶段和区域整体实力，选择重点发展的地域。例如，中国的沿海发达地区、中部农业地区、东北老工业基地地区、矿业城市为代表的衰退地区、西部待开发地区和生态保护

地区等，必须有具备特色的区域规划来指导其经济发展。国家的第十个五年计划提出要实施西部大开发战略，加快中西部地区发展，合理调整地区经济布局，促进地区经济协调发展。西部地区国土面积占全国的70%，不可能全面开发，所以要选择若干重点地区进行重点建设。重点地区的选择不是随意的，要经过一系列的指标对比，经过专家论证，才能确定。

最后，选择重大建设项目。重大建设项目的安排是区域规划的点睛之笔。凡涉及产业或部门发展的规划，都应当附有重大建设项目的一览表。重大建设项目的确定应根据总体规划方案和阶段目标的要求，综合政府主管部门的安排和地区企业的发展规划，依据地区发展的重点，选择一些对全局发展具有重要意义的项目，根据各类项目的建设要求，确定建设的时间。基础设施项目一般根据政府部门的相关安排，产业化项目则必须由企业提出，进行过初步的可行性研究，为带动和促进地区的发展奠定基础。

（5）制定规划区域的产业布局方案

根据区域经济发展需要，在综合评价区域经济发展的优势和制约因素的基础上，充分考虑市场的需求和区际之间的经济联系，对规划区域的基础设施等条件和原有的产业基础进行客观的评价，正确地确定区域的发展方式，优化地域经济空间结构，合理布局生产力，是区域规划的中心环节，也是区域规划的核心任务。

编制大区域（县以上）的规划，应该规划出该区域未来经济发展的空间格局，包括未来的中心与周边的区域关系、区域经济中心的建设与发展情况、主要的基础设施建设情况以及区域的产业功能分布情况等。编制地域范围较小的区域规划，除对基础设施的布局方案应做出具体规划外，还应对区域性的主要公共服务设施，如教育、医疗卫生、商业贸易、文化、体育、娱乐、旅游等设施进行布置。

区域规划虽然不是空间规划，但也需要在对应的空间规划的基础上，对保护自然环境、保护水源、保护或治理空间及水域、改善区域卫生条件等提出具体的建议，对可能出现的问题提出应急的预案和相应的对策。

综上所述，在区域规划当中，不同类型地区的发展条件、资源状况、经济特征不一样，要求通过规划解决的关键问题就不相同，所以不同类型地区的区域规划任务也就应该有所差别。

1.2 区域规划的理论基础

区域规划是一种经济行为，经济理论是区域规划的经济学框架基础。马克思主义经济学为区域规划提供了规划的指导思想，区位理论、新古典经济理论、新经济地理理论等，都为区域规划提供了研究模型。

1.2.1 市场与区位理论

中国改革开放之后的规划区域，是一种政府主导的市场区。经济学的市场是一个抽象区域概念中的市场，区域规划需要把这种市场具体化到一个实实在在的地区，例如京津冀、"长三角"等等。同时，理论上我们一般把市场分为两类——垄断市场和竞争市场。

完全垄断市场，是指 0% 竞争的情况，整个区域某行业中，只有唯一的一个厂商。这种市场类型是一种独占的形式。完全垄断市场的形成，有以下几方面的原因：第一，规模经济的需要。有些产品的生产需要大量固定设备投资，规模经济效益十分显著，大规模生产可使成本大大降低。在这种场合，效率高的工厂规模相对于市场需求来说非常之大，以致只需要一家厂商即可满足需要，两家工厂很难获得利润。许多公用事业，如交通、供水、发电、电话等，通常由一家厂商独家经营。由于规模经济的需要而形成的垄断，称为自然垄断。第二，专利与专营权的控制。对于厂商的专项发明创造，政府有专门的法律加以保护，禁止其他厂商擅自使用其专利技术，在这种情况下会形成独家生产和经营的垄断。有时，政府由于公众利益或其他方面的原因，对一些特定产品的生产经营做了限制，只许可某家厂商生产经营，如军工生产和烟酒经营，在这种情况下也会形成垄断。第三，独家厂商控制了生产某种商品的全部资源或基本资源的供给。这种对生产资源的独占，排除了经济中的其他厂商生产同种产品的可能性，因而也会形成垄断。

完全垄断市场主要具有以下几方面的特点：第一，完全垄断市场只有一家厂商，控制整个行业的商品供给，因此，厂商即行业，行业即厂商。第二，该厂商生产和销售的商品没有任何相近的替代品，需求的交叉弹性为零，因此，它不受竞争的威胁。第三，新的厂商不可能进入该行业参与竞争。完全垄断厂商通过价格和原材料的有效控制，使得任何新厂商都不能进入这个行业。第四，独自定价并实行差别价格。完全垄断厂商不但控制商品供给量，而且还控制商品价格，是价格制定者，可使用各种手段定价，保持垄断地位。完全垄断厂商还可以依据不同的销售条件，实行差别价格来获取更多的利润。

空间因素的加入，对于分析完全垄断市场具有积极的意义。因为只有在一个有限的局部空间，才有可能短时出现一家厂商的垄断局面。

杜能的农业区位论是假设完全垄断市场下的农业布局模型。他根据在德国北部麦克伦堡平原长期经营农场的经验，于1826年出版《孤立国同农业和国民经济的关系》一书，提出农业区位的理论模式。即在中心城市周围，在自然、交通、技术条件相同的情况下，不同地方与中心城市距离远近所带来的运费差，决定了不同地方农产品纯收益（杜能称之为"经济地租"）的大小。纯收益成为市场距离的函数。

图1-2为杜能圈形成机制与结构示意图。

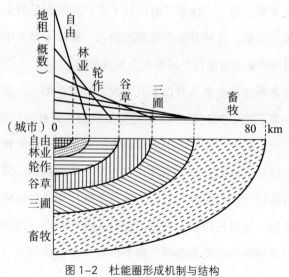

图1-2　杜能圈形成机制与结构

而在现实生活中，更多的是垄断竞争市场（见图1-3）。这种市场主要具有以下特点：第一，市场上厂商数量非常多，以至于每个厂商都认为自己的行为的影响很小，不会引起竞争对手的注意和反应，因而自己也不会受到竞争对手的任何报复措施的影响。第二，各厂商生产有差别的同种产品，这些产品彼此之间是非常接近的替代品。一方面，由于市场上的每种产品之间存在着差别，或者说，由于每种带有自身特点的产品都是唯一的，因此，每个厂商对自己产品的价格都具有一定的垄断力量，从而使得市场中带有垄断的因素。一般说来，产品的差别越大，厂商的垄断程度也就越高。另一方面，由于有差别的产品相互之间又是很相似的替代品，或者说，每一种产品都会遇到大量其他相似产品的竞争，因此，市场中又具有竞争的因素。如此，便构成了垄断因素和竞争因素并存的垄断竞争市场的基本特征。第三，厂商的生产规模比较小，因此，进入和退出生产集团比较容易。

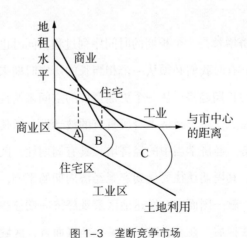

图1-3　垄断竞争市场

区域规划的前提条件，是存在一个垄断竞争市场。如同完全垄断市场一样，完全竞争市场的假设条件也很严格。在现实经济生活中，完全竞争市场也几乎是不存在的。特别是当空间或区位因素加入之后，完全竞争市场就更加不存在了。

1.2.2 区域经济增长理论

区域经济增长有狭义和广义之分。狭义的区域经济增长是指一个区域内的社会总财富的增加，用货币形式表示，就是国内生产总值的增加，用实物形式来表示，就是各种产品生产总量的增加。广义的区域经济增长则还包括对人口数量的控制、人均国内生产总值的提高，以及产品需求量的增加等。从区域经济增长的特征来看，产值的增加并不意味着一个地区生产水平的总体提高，也不意味着一个地区人民生活水平的提高。只有把经济总量的提高、人口规模和产品需求量的增加结合起来，才能正确理解区域经济增长的含义。

区域经济增长是一个长期的时间序列过程，同时也是一个空间演化的过程。有时我们必须从一个相当长的历史时期来观察，才可能发现增长的长期趋势；从一个更加宽广的空间来俯视，才能认识到其真正的特点。由于经济本身所具有的波动性，增长也常常呈现出波动的态势。经济学当中的经济增长具有周期性，区域经济增长也有周期性，其周期往往要受到宏观经济周期的影响，但两者不一定同期而至。就一国而言，发达地区宏观经济周期往往提前，欠发达地区则往往拖后。在某些时候就某些地区而言，区域经济也会出现与宏观经济周期不相关联的本身的经济增长周期。

区域经济增长的影响因素有很多，不能把影响因素等同于生产要素。按照新古典经济学模型分析，区域经济的生产要素是资本、劳动力和技术，有了这三类要素的投入，一个地区的经济就能够增长，这是区域经济增长的必要条件。然而，一切与区域经济相关联的条件和环境可能都会影响到区域经济的增长，使区域经济的增长或快或慢。事实上，我们在用新古典模型对区域经济进行分析时，假定诸多的影响因素是固定不变的。

这些影响因素可大致划分为两类：一类是直接进入生产过程的，亦即投入的生产要素，包括资本、劳动力、资源、技术等；另一类是形成生产环境的，包括硬环境和软环境。硬环境指基础设施条件、相关产业的布局条件等；软环境则包括经济制度、管理方式及组织形式等。

区域经济增长与宏观经济增长是同质的，所以其增长机制从总体上看是一致的，大致包括两个方面：其一是需求的拉动，包括区内的需求和区外对本区产品和劳务的需求，由需求拉动生产；其二是供给的驱动，原材料、资本、技术、劳动力的供给，必然会带动相关产业的发展，并形成新的需求。

如果我们深入分析区域经济增长的机制，又会发现其本身的特点。

一是要素投入的驱动机制。资本、劳动力和技术的投入，从区域经济来看，存在两个杠杆：其一是投入高效率产业的杠杆。按照美国经济学家钱纳里的观点，经济增长就是生产要素从效率低的部门向效率高的部门的转移。一旦一个地区将其有效的生产要素资源集中到高效率的、能够起带动作用的部门，则这个地区必然会获得增长。其二是投入高效率地区的杠杆。对不同的产业来讲，处于不同的地区，其生产的效率相差很大。如果我们将有限的生产要素资源都投入到那些具有高效率的地区和部门，宏观的经济增长必然会十分明显。需要强调的是，高效率的地区并不仅仅是指发达地区，因为有很多时候不发达地区在某些发展时段会获得比发达地区高得多的效率。

二是中间产品投入的拉动和驱动机制。中间产品投入对区域经济增长的作用是不可低估的。中间产品投入对某些部门来说，形成了其需求市场，对另外一些部门来说，又形成了其投入的要素。中间产品投入比重的增长是区域经济增长的一种趋势。特别是在工业化的过程中，第二产业的中间产品投入增加很快，并随着增加中间投入的使用量来增加经济产品的价值，促进区域经济的增长。

三是产业部门增长的拉动机制。区域经济增长可以具体化为各种产业部门的增长。在一定时期，可能有某一个或几个部门增长速度很快，成为带动性的产业，从而使区域经济获得整体上的增长。例如，北京市近年来的增长主要靠高新技术产业和服务业的增长，即使在传统部门总量下降的情况下，北京市的 GDP 仍然保持较快的增长速度，相应地北京市的主导产业部门由过去的钢铁、化工、机械、建材等产业转变为金融、信息服务、高新技术、文化创意、旅游服务等产业。

四是先行地区增长的拉动机制。区域经济增长还可以具体化为各地区的增长，在一定时期，可能有某一个或几个地区增长速度很快，成为带动性的先行地区，从而使区域经济获得整体上的增长。例如，中国沿海地区近40多年来的经济增长，受到三大直辖市和五个"新兴工业省份"广东、福建、浙江、江苏、山东经济增长的巨大拉动，而沿海地区更是成为中国经济增长的拉动区域。

我们把新古典主义的增长模型作为区域经济增长模型的分析起点，即国内生产总值的增长是资本积累、劳动力增加和技术变化长期作用的结果。在此基础上，劳动力和资本从生产率较低的部门向生产率较高的部门转移，能够促进经济的增长，而生产要素在地域上的聚集，也是经济增长的一个重要因素。区域经济的非均衡与新古典主义的一般均衡不能被认为是互相矛盾的。因为一般均衡是阐述生产要素收益与要素的边际生产率之间的均衡，是经济学意义上的均衡；而区域经济的非均衡是指区域之间发展的参差不齐的状态，属空间科学的范畴。

区域经济增长的模型，应当包括两个互相联系的部分。

第一部分：总量增长等于各区域增长之和。

$$Q = \sum q_i \tag{1.1}$$

式中，Q 表示国内生产总值，q_i 表示 i 区域的国内生产总值。

如果我们用 G_v 代表总产出的增长率，总量增长与各区域增长的关系是

$$G_v = \sum \left(a_i \times G_{vi} \right) \tag{1.2}$$

式中，G_{vi} 为 i 区域的国内生产总值增长率，a_i 为 i 区域的国内生产

总值占全国的份额，即 $a_i = q_i / Q$。

按照这个公式的含义，区域经济的非均衡增长要求我们的区域政策选择两类地区进行重点扶持：一类是 q_i 值较大的区域，另一类是 G_{vi} 值较大的区域。当然，q_i 和 G_{vi} 的值均较大的区域，更要重点扶持，因为这类区域对总量增长贡献最大。

第二部分：区域经济增长是由要素投入增长和全要素生产率增长决定的。

$$G_{vi} = G_{ai} + \beta_{ki} G_{ki} + \beta_{li} G_{li} \quad (1.3)$$

式中，G_{vi} 为 i 区域的产出增长率，G_{ki} 为 i 区域的资本增长率，G_{li} 为 i 区域的劳动增长率，G_{ai} 为 i 区域的全要素生产率增长率，β_{ki} 为 i 区域的资本弹性系数，β_{li} 为 i 区域的劳动弹性系数，且 $\beta_{ki} + \beta_{li} = 1$。

在不考虑非流动性生产要素的前提下，区域经济的增长中，存在着资本和劳动力自由流动的作用。也就是说，引起经济增长的资本投入，是由本地投入的资本和流入与流出的资本之差所决定的，即

$$G_{ki} = S_i / V_i \pm \sum G_{kji} \quad (1.4)$$

式中，S_i 为 i 区域的储蓄率，V_i 为 i 区域的资本产出率，G_{kji} 为资本每年从 j 区域流向 i 区域的数量，并且流动的数量是两个区域资本收益的函数，即 $G_{kji} = f(R_i - R_j)$，R 为资本收益率。

引起经济增长的劳动力投入，是由本地的劳动力投入和流入与流出的劳动力之差所决定的，即

$$G_{li} = N_i \pm \sum m_{ji} \quad (1.5)$$

式中，N_i 为 i 区域的人口自然增长率，m_{ji} 为 j 区域每年流往 i 区域的

净迁移数，并且迁移数为工资率的函数，即 $m_{ji}=f\left(W_i-W_j\right)$，$W$ 为工资率。

上述模型是分析假设在均衡状态下供给要素对区域经济增长的影响，没有涉及规模收益的作用。实际上，由规模收益引起的聚集，也是导致区域经济非均衡增长的重要原因，所以美国经济学家理查森把规模收益引入新古典模型，用公式

$$G_{vi} = G_{\alpha} + \left(\beta_k G_k + \beta_l G_l\right)\alpha \qquad (1.6)$$

来表示规模收益的变化。式中，α 表示规模收益，当 $\alpha > 1$ 时，规模收益递增，当 $\alpha < 1$ 时，规模收益递减，当 $\alpha = 1$ 时，规模收益不变。α 所决定的规模收益的变化，使产业的聚集出现不同的情况，区域经济增长就表现在产业部门的发展和聚集上。

1.2.3 花园城市理论

区域规划是从花园城市理论诞生后开始的。花园城市理论是城市形体规划的第一个里程碑。尽管一些经济学家和社会学家认为它存在一些缺陷，但也不能完全否定它的积极意义。因为任何理论都是针对解决某时出现的具体问题而产生的，都可能有其历史的局限性，因而也不可能是完全正确的。

花园城市理论产生于 19 世纪末和 20 世纪初的第二次工业革命时期。19 世纪末，英国工业迅速发展，城市也急剧膨胀。由于当时的社会对这种迅速发展的形势没有思想准备，出现了组织欠佳和管理不善等现象，给人们在心理上造成很大压抑感。城市的过度增长和过分拥挤，导致出现一系列的城市问题：第一是环境恶化，有害

市民健康。居住密度过大和大批贫民窟的出现，加上城市空气、水体和噪声等的污染，造成环境恶化，市民疾病多发。第二是早期的工业缺乏科学的分类，布局不合理，加上工业发展创造了大量就业机会，吸引了大量农民进城，又导致了劳动力的供过于求，因而造成了城市就业难的问题。第三是交通工具不足，管理落后，出现时间、能源和资金的严重浪费，缺乏经济效益。第四是社会服务设施缺乏，居民生活不便。直至第二次世界大战前，社会服务设施均由政府提供，没有规划，不成系统，供应不足。第五是工业经济增长与工人分配所得不成比例，出现两极分化。

在当时，农村是另一番景象。在农村，有充足的阳光、秀丽的风光、宁静的环境和充足的农产品供应。但由于劳动力大量移居城市，农村劳动力不足，加上人际间缺乏合作关系，农业生产逐步下降。此外，农村生活单调，节奏慢，表现出愚昧状态和沉闷气息。

鉴于上述情况，有人设想出一条所谓城乡结合的路子。其中主要代表人物为英国人霍华德。

花园城市理论的思想基础是：让城市过度拥挤的人们返回农村土地，在城市和农村都形成一定的磁力，吸引人们分别在城乡安家。他设想出三种磁力：一是城市，二是农村，三是城乡结合部。花园城市理论的主要内容是：所谓花园城市，主要特点是中心部分有花园，建成区为农田或绿地隔开，内有道路和铁路相连。它既要处理好城市与农村的关系，本身又有一定的模式。

在《明日的花园城市》一书中的著名图解中，列出了城市和农村生活的有利条件与不利条件。霍华德论证了一种未来的城乡结合的形式，或称之为花园城市。它兼有城乡的有利条件而没有两者的不利条件。

《明日的花园城市》设计的"三种磁力"见图1-4。

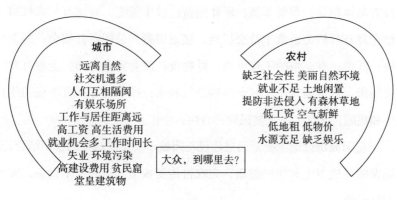

城市

远离自然
社交机遇多
人们互相隔阂
有娱乐场所
工作与居住距离远
高工资 高生活费用
就业机会多 工作时间长
失业 环境污染
高建设费用 贫民窟
堂皇建筑物

大众，到哪里去？

农村

缺乏社会性 美丽自然环境
就业不足 土地闲置
提防非法侵入 有森林草地
低工资 空气新鲜
低地租 低物价
水源充足 缺乏娱乐

美丽自然环境 社交机遇多
草地公园 低房租
高工资 低物价
没有繁重劳动 低生活费用
就业机会多 企业有发展场所
资本流动 空气新鲜
水源充足 明亮的住宅和花园
没有环境污染 没有贫民窟

农村-城市

图1-4 霍华德的"三种磁力"

霍华德认为：城市远离自然，富于社交机遇；人们互相隔阂；有娱乐场所；上班距离远；高工资；高租金，高物价；就业机会多；过多消耗时间；存在失业大军；有烟雾且缺水；排水代价高；空气污浊；天空朦胧；街道照明良好；既有贫民窟也有豪华酒店；有宏伟的大厦。农村则缺乏社会性；具有自然美；工作不足；土地闲置；要提防非法侵入；有树木、草地、森林；工作时间长；工资低；空气新鲜；低租金；缺少排水；有丰富的水；缺乏娱乐；阳光明媚；没有集体精神；需要革新；居住拥挤；村庄荒芜。而城市与农村的结合具有自然美，富于社交机遇；接近田野和公园；低租金；高工资；低税；有充裕的工作可做；低物价；没有繁重劳动；企业有发展场所；资金周转快；有干净的空气和水；排水良好；有明亮的住宅和花园；无烟尘、无贫民窟；自由；协作。

花园城市理论主要是通过建设花园城市来实现城乡的密切结合，以保障环境卫生和居民健康，向农村传播城市知识和技术设备，实现城乡统一。

根据霍华德的建议，建设花园城市必须满足如下要求：第一，永久地保留空旷地带，用于发展农业并成为城市的组成部分，限制建筑物向这一地带扩展；第二，市政府永远拥有城市土地的所有权和管理权，但可把土地租给私人使用；第三，人口规模不超过三万人；第四，拥有维持人口就业和生活的能力；第五，预留社区发展用地；第六，安排好社会服务设施。

关于花园城市的财政收支和行政管理问题，霍华德建议：市政府拥有城市地产权，可采用征收土地税的办法作为财政收入的一种来源；税收的支出，主要用于城市的基础设施、社会服务设施和公园等的建设；市政府拥有财政、法律、基础设施和社会服务设施的管理权。

综上所述，花园城市理论是为解决当时的城市问题所发展起来的理论，其目的在于创造一种新的社会形式即花园城市来实现城乡的有机结合。它虽是理想主义或乌托邦的，但还是合乎社会愿望的。花园城市强调自我控制。它着重从技术上解决问题，控制适当的密度和适应性，注意城市社会经济的发展。霍华德认为，解决城市问题不可能依赖旧城的改造，只能是从头开始，新建花园城市。他的花园城市设想，属概念性规划。

卫星城理论是从花园城市理论演化而来的现代城市发展与区域规划理论。

1898年，霍华德提出的花园城市理论在实际中分化为两种形式：第一是农业地区的孤立小城镇，其自给自足，形不成城市群；第二是城市郊区地区，与霍华德的意愿相违背，它只能促进大城市无序地向外蔓延。针对花园城市实践过程中出现的背离霍华德基本思想的现象，英国人恩温于20世纪20年代提出了卫星城理论。

1924年在阿姆斯特丹召开的国际城市会议提出，建设卫星城是防止大城市规模过大和不断蔓延的一个重要方法，从此，卫星城成为一个国际上通用的概念。它被定义为是一个经济上、社会上、文化上具有现代城市性质的独立城市单位，但同时又是从属于某个大城市的派生物。卫星城的特点是强化了与中心城市的依赖关系，强调了中心城市的疏解。但是，由于对中心城市的过度依赖，卫星城难以真正疏解大城市。

图1-5是反磁力中心的示意图。反磁力新城理论是为解决这种卫星城过度依赖中心城市的问题而提出的一种新学说。这个理论在

欧洲被称作反磁力吸引体系或平衡发展理论，在日本被称作广域城市理论。它把大城市对人口的吸引称为磁力吸引，而把为摆脱这种磁力吸引所采取的一系列措施称为反磁力吸引体系。

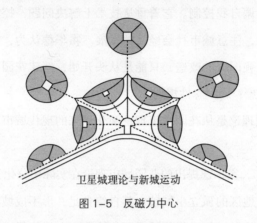

卫星城理论与新城运动

图 1-5　反磁力中心

　　反磁力吸引体系理论认为城市并不是孤立存在的，它和其所在区域的关系是点和面的关系。每个城市都有与它相应的地域吸引范围，同时，一定地区范围内也必须有其相应的区域中心，这就是城市。在一个地区内，城镇也不是孤立存在的，而是互相联系在一起，地区内各城镇之间组成一个统一的整体，这就是城镇居民点体系。城镇居民点体系的合理布局，使地区内均衡地分布生产力和人口。应根据工农业、交通运输及其他事业的需要，在分析各城镇建设条件和充分利用原有城镇的基础上，明确各个城镇在地区内的分工协作关系，进一步明确主要城镇的性质和方向，以便把区域内的城镇居民点组成一个互相联系的有机整体。

　　要使城镇群成为反磁力吸引体系，就要建立构成系统经济基础的地区性生产综合体，以此作为反磁力吸引体系的先决条件，组建行政、文化和科技服务中心体系，为所有的城镇综合安排便捷的交通路线、完善的生活服务设施网和群众性体育活动场所等。

在组建地区性的生产综合体、行政中心、文化中心和科技服务中心的基础上，将各城镇联结成为反磁力吸引体系，使整个体系具有多种功能，使各个组成部分具备专业化和多样化的特色，以便从中划分出主要城市，发挥多功能中心的作用。

反磁力吸引体系的布局，目前在世界各国已有初步的尝试。英国为了疏散伦敦人口，在远离伦敦的布莱奇雷、纽伯里－亨格福德、南安普敦－朴次茅斯地区，建立了三个反磁力吸引中心，并在此建立了多种经济基地和良好的居住条件与服务设施，来吸引涌向伦敦的人流。

日本提出通过建立以东京为中心的大都市区来分担东京市区的压力——建立各种类型的卫星城（如卧城、科学城、游览城、休养地等），并将高速铁路沿线条件较好的城镇改造成为工业卫星城。

法国政府为了减少人们对巴黎的向往，在统一考虑全国生产力配置的基础上，计划建立八个大的都市区，均匀分布于全国，使这些都市区既具有城市的职能，又在国民经济发展中各自发挥独特的作用。

1.2.4　区域产业竞争力理论

区域产业竞争力分析对区域规划来说，是使选择的区域发展产业能够在市场上有较大的竞争力，带动区域经济的快速、健康发展。

根据美国学者波特关于产业竞争力的著名的"钻石理论"（见图1-6），产业竞争力由四部分构成：

第一，要素条件。产业的竞争力首先是由生产的基本要素方面的情况所决定的，这些基本要素包括：土地、劳动力、资本和人力资源。依赖于基本要素当中土地、劳动力、资本的初级产品生产和依赖于基本要素中的人力资源的高新技术产品生产，在市场上的竞争力有很大的差别。

第二，需求条件。国内外市场的需求容量是产业竞争力形成的外部条件，包括市场需求的产品构成、市场需求的增长状况和对产品品质要求的变化等。对企业发展来说，关键是能否适应这种市场的变化，并根据市场的需求变化来调整企业的发展方向。

第三，产业生产联系。任何一个产业与相关产业和辅助产业之间都存在着前向联系、后向联系和旁侧联系。产业发展上的共荣共存的关系，使那些产业之间联系广泛的产业发展速度加快，竞争力提高。例如，一家生产最终产品的企业，可能与数十或上百家相关产业和辅助产业的企业相关联，它们通过零部件的生产形成一个统一体。

第四，企业的策略、结构和竞争。企业是产业的形成基础，企业的竞争力之和构成产业的竞争力。某类产业中的企业组织、管理、发展战略和产品战略，直接影响企业产品的生产成本，进而影响产品的市场占有率，最终影响整个产业的竞争力。

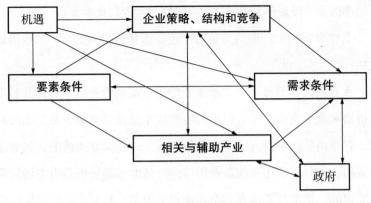

图 1-6 波特的"钻石理论"模型

那么，如何测度产业的竞争力？目前应用比较多的方法主要有三类：

第一，市场份额分析法。首先设置一系列市场份额的指标，然后分析本地区的这个部门的产品所拥有的市场份额或市场占有率。规划时需要的分析，一方面是自己的现在与过去比，另一方面是把自己放到全国或国际大市场去比较。

第二，投入产出分析法。设计一个投入产出模型，看区域内各产业之间的投入产出关系，确定产业的关联程度。区域的产业关联程度与产业竞争力是强相关的，即区域的产业关联程度越高，产业竞争力越强，反之亦然。

第三，数学模型分析法。根据影响产业竞争力的各类要素的情况，按照产业发展的总体目标来构建一个区域产业发展的竞争力模型。模型的目标函数就是产业的发展目标，包括产值目标、产量目标和成本目标等；约束条件包括国内市场占有率、竞争优势系数、产销率因子、增加值率因子、生产率因子和专门化率等。

具体分析一个产业的竞争力，还要选择分析的指标。这些指标包括：

生产的效率指标。其中最重要的是产品的生产成本、产品的市场价格和全要素生产率。产品的生产成本是衡量竞争力最基础的指标，它是由生产中投入的固定费用和可变费用共同组成的，如劳动力费用、原材料费用和能源费用等；产品的市场价格是由市场的需求决定的，供给与需求有一个均衡点。但是，相同产品的市场价格可能相差很大，这要看产品的质量、品牌等的作用。高质量的产品有竞争力，低质量的产品也有竞争力，关键要看市场的定位。全要素生产率是决定一个产业或企业竞争力的关键要素，包括人力资源投入的效率、资本投入的效率和科技投入的效率等。当然，全要素生产率也包括产业结构调整的效率和产业组织的效率等。

区域贸易指标。与产业竞争力有关的区域贸易指标主要是贸易专业化系数（TSC）。

$$TSC = \frac{输入 - 输出}{输入 + 输出} \qquad (1.7)$$

当 TSC 为 1 时，为完全的输出专业化生产；TSC 为 -1 时，为完全进口型。

如果我们分析某地 A 产业的竞争力，计算公式为：

TSC={（某地 A 产品国内其他地区的输出额 + 某地 A 产品的出口额）-（某地 A 产品从国内其他地区的输入额 + 某地 A 产品的

进口额）}/{（某地 A 产品国内其他地区的输出额＋某地 A 产品的出口额）＋（某地 A 产品从国内其他地区的输入额＋某地 A 产品的进口额）} 　　　　　　　　　　　　　　　　　　　　　　　　（1.8）

计算结果越趋近于 1，表明某地的该产品的竞争力越强。

市场营销指标。地区某产业的市场竞争力除了受产业和企业本身的因素影响外，在市场上的营销方式，也会起到很大的作用。市场营销指标主要由三个方面的指标构成：a.品牌和商标。品牌是产品特质的识别标志，它使高质量产品与一般性产品区别开来。品牌是产业和企业竞争力的一种标志，市场竞争越激烈，品牌的效应就越显著。商标是品牌的符号，是品牌的外在表现形式。b.广告费用。广告的目的是要塑造企业的产品形象和提升公众对该产品的关注度，广告是产品品牌树立的主要途径之一。"酒香不怕巷子深"的时代早已经过去，再好的产品也必须"广而告之"。广告费用是量化广告宣传和产品注意力程度的主要指标。c.分销渠道。不同的分销渠道和促销手段都会影响产品的市场占有率，进而影响产品的竞争力。有时某些产品在生产成本和产品质量等方面可能与本产业内其他企业的产品有差距，在市场上参与竞争，就要依靠销售手段的先进。

1.3　新时代区域规划的发展与创新

进入新时代，区域规划从理论到实践都发生了根本性变化。《中共中央 国务院关于统一规划体系更好发挥国家发展规划战略导向作用的意见》指出：以规划引领经济社会发展，是党治国理政的重要方式，是中国特色社会主义发展模式的重要体现。科学编制并有效实施国家发展规划，阐明建设社会主义现代化强国奋斗目标在规划期内的战略部署和具体安排，引导公共资源配置方向，规范市场主体行为，有利于保持国家战略连续性稳定性，集中力量办大事，确保一张蓝图绘到底。改革开放特别是党的十八大以来，国家发展规划对创新和完善宏观调控的作用明显增强，对推进国家治理体系和治理能力现代化的作用日益显现，但规划体系不统一、规划目标与政策工具不协调等问题仍然突出，影响了国家发展规划战略导向作用的充分发挥。

1.3.1 新时代区域规划的新定位

进入新时代，由于国家对规划的重视程度的空前提升，区域规划的地位和作用需要尽可能地厘清。

第一，关于区域规划的定位。区域规划是国家发展规划构成的基础。国家发展规划的任务是"阐明国家战略意图、明确政府工作重点、引导规范市场主体行为，是经济社会发展的宏伟蓝图，是全国各族人民共同的行动纲领，是政府履行经济调节、市场监管、社会管理、公共服务、生态环境保护职能的重要依据"。[①] 那么，各地区的发展如何与国家发展规划衔接？就要靠区域规划来完成这个任

[①] 参见《中共中央 国务院关于统一规划体系更好发挥国家发展规划战略导向作用的意见》。

务。所以，区域规划是指导特定区域经济社会发展的重要依据。

第二，关于国家发展规划与区域规划的衔接。我们需要有一个完整的规划编制目录清单。按照五年规划的时期安排，哪些区域规划需要列入编制范围，应当在五年规划的开局之年确定下来，用五年的时间来完成编制。"除党中央、国务院有明确要求外，未列入目录清单、审批计划的规划，原则上不得编制或批准实施。"这个要求已经十分明确了。

第三，关于规划的管理。国家十分重视规划的管理。建设国家规划综合管理信息平台已经提到日程。建设的目标是推动规划基础信息的互联互通和共享，这恰恰是当前规划制定过程当中最大的难点。国家每年花费大量的资源搜集和整理信息和数据，如果这些数据信息资源不能为社会所用，或者以"保密"为由不向公众开放，对国家来说也是一种资源的浪费。

1.3.2　区域规划的类型

在区域经济发展当中，凡是涉及未来如何去做的问题，都有必要通过规划使之规范化和程序化，然后按部就班、有条不紊地一件一件去实施。为了适应不同的要求，区域规划也有着不同的制定方法，从而产生了各种不同的类型。

（1）从实施的角度来分类

从实施的角度来分类，区域规划可以大体上分为两类。

第一类：硬约束性规划。那些由中央或地方政府实权部门制定并由这些部门具体负责落实的规划，目标是明确的、固定的、有约束性的。例如，城乡土地利用规划，其中有一些指标带有很强的控制性，比如人口数量、土地数量等，因而可称为硬约束性规划。

第二类：软约束性规划。战略规划、发展计划、国土规划等，其规划的指标是预测性的，而不是控制性的，其规划的目的，是战略性指导而不是区域管制，所以，约束是"软"的。但软约束不等于无约束，必须要找准找好。

要使软约束性规划具有硬约束性规划的功能，最可行的方法是进行分区规划。即根据不同的经济发展类型进行规划，确定各类型区的边界和发展的形态，并在其中制定硬性的约束指标。例如，对环境保护区划定红线，禁止越线开发；确定某一类区域的土地开发的基本要求，包括土地开发数量的限制、每亩土地的资金投入量限制和土地使用方向的限制等。未来的区域规划应当是包括软约束性条件的硬约束性规划。

（2）从规划的功能来分类

从规划的功能来分类，大致可以分为三类：区域经济社会发展规划、区域空间规划和区域专项规划。

区域经济社会发展规划是国家经济社会发展规划在区域空间的具体化。按照中国的行政区划，可分为国家级、省（自治区、直辖市）级、市（地级市、专区、盟）级和县（县级市、旗）级四级规划。区域空间规划主要是以规划区域的空间资源环境为基础，涵盖地区国土资源优化与管制和环境与生态保护及防治内容的规划。区域专项规划是指特定领域、特定产业以及重大工程项目的发展规划，是对经济社会发展规划与国土空间规划的实施计划。

（3）从规划对象来分类

在以往的实践中，从规划对象出发，产生了以下几种规划类型：

第一类：区域发展战略规划。

区域规划的重要内容之一，是为各区域制定区域经济发展战略。发展战略是解决地区经济发展的总体思路问题，是经常性的、不定期的任务。一般来讲，发展的思路应当保持长期性和一致性，要有稳定性，不宜经常变化。正如中国古代哲学家老子所讲的"治大国如烹小鲜"，一个国家的大政方针是不能经常变化的，国家内部的一个区域也是如此。但是，发展思路又不是一成不变的，需要不断创新，与时俱进。没有创新当然就没有发展。在现实当中，当一个区域的经济发展面临重大转折，或者遭遇到一定困难，或者经济发展条件、发展环境产生巨大变化的时候，区域经济的发展思路都有必要调整和创新，发展战略也必须重新制定。区域经济发展战略规划是概念规划，包括制定战略的依据、战略目标、战略重点、战略措施等主要内容。区域经济发展战略规划是区域经济总体发展的战略，适用于对区域总体发展进行的整体谋划。在实践当中，又可以针对不同的地域进行具体的规划。

区域经济发展战略规划是依据某一个具体的、有明确界限和范围的地区进行的规划，是区域规划中最客观的部分。由于中国特定的体制特点，目前的区域经济发展战略规划都是按照行政区进行的。但是，这并不等于说只有行政区域经济才能进行区域经济发展战略规划，而仅仅是中国行政区与经济区高度重合的结果。

县域规划是区域经济发展战略规划中的一个特殊类型。由于县级地区是中国发展经济最基本的地域单元，所以县域规划是一个综合的、具有基础性质的、指导一个独立运行地区的区域规划。县域规划依据县域经济的基本运行规律，总体把握县域经济发展的指导思想，把确立远景发展目标和分阶段的目标、构建县域产业结构、树立主导产业和地方性产业部门作为规划的重点。县域规划与一般的发展战略的主要区别是规划的内容相对具体，融入了许多部门发展的规划内容，既有主导产业部门的远景发展目标和主导产业部门与其他经济部门之间的结构目标，也提出各部门的重点建设项目。

第二类：区域开发规划。

仅仅有发展战略当然是不够的，需要有具体的规划来设计一个区域的发展，也就是解决区域的发展问题或开发与再开发问题。区域内部的自然、社会、经济、政治、文化等方面的状况和区域外部的环境，都会对区域的发展产生影响和作用，都是区域经济发展的条件。综合评价区域经济发展条件，要在广泛收集、调查基础资料的基础上，运用系统分析方法，剖析区域经济发展的有利条件和不利方面，要对工农业生产的部门结构、生产发展的特点、地区分布状况进行系统的调查研究，对照生产发展的条件，揭示矛盾和问题，确定重点发展的部门与行业、重点发展的区域。对规划期内新建的工厂企业，特别是骨干企业，要选址定点，做好工业企业的地域组合。

区域开发规划涉及区域经济发展的各类具体问题有：第一，确定区域开发的目标，包括经济发展目标、社会发展目标和生态环境改善目标。社会发展和人类进步是根本目的，经济发展是手段和途径，生态环境改善是制约条件，应力求做到三者的统一。第二，评价区域开发的条件。区域开发的条件包括区域经济发展的制度和政策、区域资源基础、区域经济现状以及区域基础设施现状等等。第三，选择区域开发的部门。广义的区域开发模式包括产业结构模式、产业组织模式和产业布局模式，涵盖了产业选择和产业分布的各类问题，特别是对空间布局有一个综合的安排。

区域开发规划是具体的行动规划，要制定规划的目标，设计发展的途径，论证重点项目的可行性，提出可操作的政策建议。产业发展是区域经济发展永恒的主题，所以产业发展规划是区域规划的中心内容。产业发展规划往往是具体产业部门中长期发展的设计，包括产业选择、产业发展的条件分析、未来发展的目标定位、产业竞争力分析、产业发展指标预测、重点企业培育和集群的构建、产业发展的政策环境设计等。区域产业发展规划具有很强的时效性，与区域经济发展的水平和阶段紧密相连。例如，目前中国沿海地区大多都在进行新型制造业的发展规划，中部地区则侧重传统制造业和劳动密集型产业的发展规划，西部更多是进行原材料工业的发展规划。

第三类：产业布局规划。

区域产业布局规划是对一个地区社会经济发展的内容进行区域配置，是区域经济发展规划的本质内容。在一个特定的区域内，发展哪些产业、发展到多大规模和在什么地方发展，是产业发展要解决的三个基本问题。虽然自杜能和韦伯以来，人们对产业配置的研究已经进行了一百多年，但随着国际经济的发展和科技进步，产业配置出现了许多新情况和新问题，特别是对产业聚集的研究，以及对聚集和分散关系的研究，使产业配置在空间经济范畴内被赋予了新的内涵。

区域产业布局规划有三个重点：一是确定产业布局方式。增长极核或同心圆的开发方式、点轴或带状开发方式、网络开发方式等。开发方式要符合各区的地理特点，从实际出发，不能追求形式。二是确定重点开发地区。重点开发地区也有多种类型，有的是点状的（如一个工业区），有的是轴状或带状的（如沿交通干线两侧狭长形开发区），有的是片状的（如几个城镇连成一块，或一个开发区），等等。重点开发区的选择与开发方式密切相关，互相衔接。三是确定区域的开发策略与开发措施。除政策性的规定外，关键是要解决好区域内的近期开发建设项目的配置、重点开发区与一般地区的联系。

产业布局规划还要强调的一点，是实施方案的政策保障。这需要各级政府对区域规划的实施制定具体可行的区域政策。

1.3.3 区域规划与"多规合一"

近年来，区域规划在国家经济社会发展中的作用日益突显，而城市规划在城市发展中同样起着战略引领和刚性控制的重要作用。做好规划，是任何一个区域和城市发展的首要任务。同时，城市规划与区域规划又密不可分。规划的战略定位、空间格局、要素配置、城乡统筹，都是互相衔接的。中央提出"多规合一"，就是要求各类规划形成一本规划、一张蓝图。习近平总书记指出："不能政府一换届，规划就换届。编制空间规划和城市规划要多听取群众意见、尊重专家意见，形成后要通过立法形式确定下来，使之具有法律权威性。"[1]

实现区域经济发展是区域规划的根本目标，为区域经济发展服务的区域规划，必须是可操作的规划。区域规划是在科学认识区域系统发展变化规律的基础上，从地域角度出发，综合协调区内经济与资源、环境与社会等要素的关系，以谋求建立和谐的人地关系系统。因此，实现"多规合一"，就是要更好地实现区域发展与规则的根本目标。

首先，规划是一项庞大而复杂的系统工程，必须有一个总体的规划来协调各方面的行动，才能取得良好的效果。区域经济发展战略规划是所有其他规划的依据，它是依据区域经济发展的要求制定的、带有发展方向性的规划，所以具有统领全局的作用。

其次，各类规划之间的衔接是十分重要的。由于区域规划涉及地区政府的部门很多，不同的规划出自于不同的部门，很难做到每一个规划都能够在内容上互相协调，相互撞车的情况是不可避免的。要把各类规划衔接好，关键是要把制定规划的方向性内容贯彻到每一个具体的规划中，大家都按照一个指导思想去做规划，规划的衔接就会好些。

最后，实施各类规划时的相互协调是更重要的。我们目前不是

---

① "习近平把脉北京城市建设 规划先行引领中国城市发展"，人民网 2017 年 2 月 26 日，http://politics.people.com.cn/n1/2017/0226/c1001-29108305.html。

规划太少，而是规划太多，实施起来相互矛盾，影响区域的经济发展。城市规划、城镇体系规划与土地利用规划的矛盾，产业发展规划与区域空间规划的矛盾，区域开发规划与环境保护规划的矛盾等，都需要重点协调。但是，这个协调不能是由部门来协调，必须由地方政府出面进行协调。其实，最好的办法还是先制定区域经济发展战略规划，然后要求其他的规划根据这个规划进行修编。

"多规合一"的具体做法，是在一级政府一级事权下，强化国民经济和社会发展规划、城乡规划、土地利用规划、环境保护规划、文物保护规划、林地与耕地保护规划、综合交通规划、水资源规划、文化与生态旅游资源规划、社会事业规划等各类规划的衔接，确保"多规"确定的保护性空间、开发边界、城市规模等重要空间参数一致，并在统一的空间信息平台上建立控制线体系，以实现优化空间布局、有效配置土地资源、提高政府空间管控水平和治理能力的目标。

参考文献：

[1] 张文忠.经济区位论.北京：科学出版社，2000.

[2] 周一星.城市地理学.北京：商务印书馆，1995.

[3] 崔功豪等.区域分析与区域规划.北京：高等教育出版社，2006.

[4] 〔德〕沃尔特·克里斯塔勒.德国南部中心地原理.北京：商务印书馆，1998.

[5] 〔美〕安纳利·萨克森宁.地区优势.上海：上海远东出版社，1999.

[6] 〔英〕P.霍尔.城市和区域规划.北京：中国建筑工业出版社，1985.

［7］〔美〕郭彦弘.城市规划概论.北京：中国建筑工业出版社，1992.

［8］北京城市规划管理局科学处情报组编.城市规划译文集.北京：中国建筑工业出版社，1980.

［9］〔美〕约翰·利维.现代城市规划.北京：中国人民大学出版社，2003.

［10］〔德〕阿尔弗雷德·韦伯.工业区位论.北京：商务印书馆，1996.

［11］〔美〕乔治·斯坦纳.战略规划.北京：华夏出版社，2001.

［12］彼得·卡尔索普，威廉·富尔顿.区域城市（第四版）.南京：江苏凤凰科学技术出版社，2018.

［13］吴殿廷等.区域经济地理学.南京：东南大学出版社，2016.

［14］李程骅.优化之道——城市新产业空间战略.北京：人民出版社，2008.

［15］郑国.城市发展与规划.北京：中国人民大学出版社，2009.

［16］韩晶.区域规划理论与实践.北京：知识产权出版社，2011.

［17］王凯，陈明.中国城市群的类型和布局.北京：中国建筑出版社，2019.

第 2 章 区域规划的发展历程

区域规划自从产生以来，已经走过了 100 多年的历程，回顾过去，环视现在，展望将来，对于了解和掌握区域规划的精髓，是十分重要的。

2.1 区域规划的产生与演变

自 1898 年英国人 E.霍华德在《明日的花园城市》一书中提出"城市应与乡村相结合"的思想之后，现代区域规划由此诞生。

2.1.1 二战之前的区域规划

二战之前，西方区域规划分为英美学派和欧洲大陆学派两大流派，并依据各自的理论，指导各自地区的规划实践。

（1）英国和美国

英国和美国在二战之前这段时间城市发展很快，城市向周边地区的扩展，主要动力来源于私人汽车的普及和城市中心区居民向周边地区的转移。霍华德的思想集中代表了这一时期英美区域规划的基本思路。在《明日的花园城市》中，霍华德设想了一种花园式的城市：在大城市的周围建设有绿化带隔离的小城市，而不是无限制地盲目扩大城市核心区。这一思想的提出，使区域规划问题开始受到重视。

这段时间，英国最紧迫的区域规划问题是区域划分和工业布局问题。关于区域划分，最早进行地理区域划分尝试的是 A. J. 赫伯森，1905 年他提出了"世界大自然区域草案"；H. J. 弗勒进一步发展了这种思想，提出将我们居住的地球划分为七类区域：饥饿区、虚弱区、增殖区、成就区、困难区、流浪区和工业化区。在区域划分思想的影响下，英国于 1919 年编制了英国大都市的服务区域图，这是第一幅以功能为指标的分区图。

关于工业布局问题。19 世纪在英国北部地区发展的煤炭、钢铁、纺织等产业，到 20 世纪初已经被飞机、汽车、化工、水泥等工业替代。伦敦等地的工业发展很快，形成了南部繁荣的工业区。这种产业布局的变迁，带来了繁荣区和萧条区的对立。繁荣区的增长，完全靠"结构效应"，即归于较为有利的工业结构；萧条区则相反。根据 1921 年的人口调查，英国就业人口中，16% 的人从事矿业，近 30% 的人从事金属加工和机器制造业，另有 15% 的人从事纺织业。而所有的三大支柱部门都分布在北方的煤田地带。由于 20 世纪前期世界其他国家的发展，英国三大支柱产业受到很大竞争，煤田地带渐渐陷入萧条。为解决萧条区的问题，1937 年，英国政府成立了由 A. M. 巴罗为主席的研究工业分布的皇家委员会，这是国际上最早建立的区域规划机构。委员会成立后，对英国的工业分布问题进行了大规划调查，提出许多区域规划的理论，为英国战后的区域规划奠定了基础。

美国的区域规划在二战前处于创立阶段，具有代表性的思想是F. L. 赖特的"广亩城市"思想。由于北美移民大量使用汽车，城市有可能向广大农村地带扩展。随着汽车和廉价电力的普及，那种一切经济社会活动都集中于中心城市的区域经济发展形式已经过时，所以应该通过规划促成一种完全分散的、低人口密度的城市发展形式，就是他称之为"广亩城市"的概念。这种思想为20世纪后期在美国大陆发展起来的"市郊商业中心"和"组合城市"奠定了基础。然而，他的乌托邦式的构想几乎没有设计步行和人行活动的空间，而是设计了一个依赖汽车的城市模型，规划的城市将会被沥青路面和停车场所覆盖，例如大洛杉矶地区60%的土地将被沥青路面和停车场所覆盖，以承载更多的机动车辆。

（2）欧洲大陆

同一时期，欧洲大陆正处在城市化快速推进的阶段，大多数中产阶级、工人阶级还在不断地涌向市中心区，城市密度提高，更多的人拥挤在一起。为解决交通问题，高架路、轨道交通和高速路等纷纷出现，区域规划基本上是以大城市为中心，围绕城市经济发展来进行的。

由于大城市发展很快，城市群、城市带等概念开始出现。这段时间，最有影响的区域规划理论是马塔的城市化理论和克里斯塔勒的中心地理论。

S. 马塔是西班牙工程师，他提出了"城市化"的概念，认为城市发展将会使周围的农村地域不断变成为城市地域。他于1882年建议发展一种带状城市，使现有城市沿一条高速度、高运量的轴线向前发展。他建议这种带状城市从西班牙的加的斯延伸到彼得堡，总长度达 1800 英里。这种带状城市的规划思想，在马德里、哥本哈根、华盛顿、巴黎、斯德哥尔摩的规划中都应用过。

克里斯塔勒的中心地思想，在这一时期的欧洲区域规划思想当中占有重要地位。克里斯塔勒通过对德国南部地区的研究，提出了一个地区城市和人口分布的基础模型，并提出应开展对市场区和城市吸引范围的研究。他提出的六边形网络格局当中居民地分布的层次结构组织的概念，对后世的影响很大。

2.1.2　二战之后的区域规划

如果说二战之前西方的区域规划工作主要是理论准备的话，那么战后则是一方面继续进行理论研究，另一方面将规划的思想付诸实施，形成各类区域规划。

（1）开发区规划

战后西方人口增加快，经济萧条区的存在使大量劳动者失业，经济发展中的空间结构问题十分突出。为解决这些问题，英国、美国等国家开始设立"开发区"，以各种优惠条件鼓励工业发展，"欧盟"成立之后，在欧盟内部也设立了许多这类"开发区"，主要是用区域政策和政府资助来达到规划发展目标、提高工作效率、增加产值、提高就业率的目的。从 20 世纪 60 年代起，区域规划师开始按照佩鲁的"增长极"理论来设计区域经济发展规划。例如，英国为英格兰东北部和苏格兰中部地区做的区域规划，将过去的开发区政策扩展，将这些区域称为"增长区域"，对区域中那些迅速增长的工业部门给予最集中的援助，把投资集中用于基础设施建设。这种开发规划的实施，对萧条地区的发展起到了明显的作用，包括就业岗位的增加、失业率的降低、工业和建筑合同的增加以及厂房和机器投资的增加等。

（2）区域发展规划

在 20 世纪 50 年代，欧洲许多地区的区域经济发展，加剧了城市与周边农村地域的对立。保护农田和扩展城市用地的矛盾，城市建设用地和城市绿地的矛盾，使得区域和城市规划开始寻找新的出路。英国在战后几乎所有的城镇居民点都进行了大范围的区域规划，包括大伦敦地区等，开始进行城乡发展的一体化规划，疏散大城市中心区的人口，在周边地区建立卫星城或"卧城"，在农村地带则建成了一系列的新城。例如，1944 年大伦敦规划方案，有计划地从拥挤的内城疏散出 100 多万人口，进入有规划的卫星城。这种新城规模为 3 万—6 万人，环绕着伦敦城分布。然而，在伦敦城的规划中，有计划地扩建现有乡镇，以便发挥开发农村地域和接纳过剩人口的双重职能，是另一个重要的方面。这些乡镇比新城距中心城市更远，有一定的人口规模和工业规模，并由中央政府以及大公司的资金资助来解决问题。1947 年的《城乡规划法》，是英国政府对这种规划方式的肯定，并将这种方式推广到全国，以法律的形式固定下来。在美国，由于美国大陆幅员辽阔，城乡规划的宏观层次和微观层次区分得十分鲜明。美国的宏观区域规划一般是趋向于范围很大的区域，去解决这些区域的经济发展和就业问题；而微观的物质环境规划着重解决地方性的问题，重视公共工程的实施，并以此为动力，带动一个区域的发展。从二战之前的田纳西河流域开发伊始，联邦政府将较大量的资金集中用于少数地区：首先是那些经济问题严重的地区，这类地区的平均家庭收入相当于或低于全国平均数的40%；其次是经济发展较快的地区，这类地区由一些大城市组成增长中心；再次是跨越边界的地区，以及位于西部的山区、沙漠地区等，支援那些发展条件不利的区域的发展。法国的区域发展规划则更具有指导性。法国制定区域规划的一个重要特点，是将全国纳入到一个统一的规划系统中。这个系统第一个层次是巴黎大都市区，这是全国经济增长的核心；第二个层次是全国其他地区，规划成八个大区与巴黎相抗衡。这八个大区是：里尔、洛林、阿尔萨斯、里昂、马塞、图卢兹、波尔多和南特。在巴黎大都市区，环绕中心城市建立若干个"反磁力中心"，创建各种经济发展机构，吸引巴黎中心区的人口，扭转城市过于集中的趋势；在外围地区，确定多个大区的增长中心，建设新城市，并以此影响农村地区的发展。法国的区域规划取得了较大的成功，外围各大区与巴黎的抗衡起到了平衡全国经济发展的作用。但是，法国人口和经济生活日益集中到主要城市地区的趋势却很难根本扭转，把经济利益全面均衡地分布于全国，看来仍然是一个梦想。

（3）国土规划

国土规划起源于日本。到目前为止，日本于1962、1969、1977、1987、1998和2008年进行了六次"全国综合开发规划"，都是根据当时国内的经济发展状况和国际环境制定的具有宏观调控能力和法律效力的国土开发规划。其基本特点是：根据日本的国土现状，制定促进工业区形成的产业布局规划，这主要反映在第一次开发规划中，形成了东京湾、伊势湾、大阪湾和濑户内海四大工业区；后来的三次开发规划，重点是解决过密与过疏区的关系问题、均衡利用国土问题、大中小城市均衡发展问题、人民享受同等福利问题、建立多极分散型国土态势问题、建立全国网络型经济区域问题等。日本的国土规划十分重视发挥地区优势，根据各地区不同的发展条件，确定其职能和在全国的地位，同时建立各地区之间紧密的区域联系，鼓励所有地区积极参与国际贸易和国际经济往来。应当承认，日本的前四次"全国综合开发规划"对其经济起飞时期的高速发展起到了重要的促进作用。到"五全综"时代，日本国土开发工作基本完成，转入实现可持续发展的目标。而"六全综"将基本目标确定为可持续发展的国土形成规划，体现出建立"美丽安全"国土的新要求。

2.2　当代主要国家的区域规划

当代国际社会对区域规划十分重视，区域规划作为对国家发展的有力推动，融入到区域发展的各个方面。这其中，以日本、美国和奥地利最为突出。

2.2.1　日本国土综合开发规划 [①]

日本是亚洲最早实行国土综合开发的国家，自 1950 年制定《国

[①] 本小节由胡安俊（中国社会科学院数量经济与技术经济研究所副研究员）、肖龙（日本爱知大学大学院博士研究生）编译。

土综合开发法》以来共进行了六次国土综合开发（形成）规划。日本国土综合开发规划是在 20 世纪 50 年代日本经济实现高速增长、国土空间出现"过密"和"过疏"等区域问题的背景下提出实施的。为应对经济减速、环境公害、空间不平衡等问题，日本国土综合开发规划在规划理念、产业特征、空间模式、实施主体以及法律体系等方面都呈现出不同的演变特征。由于日本在法律体系上较为健全，且现有研究对此进行了较多介绍，本文从规划理念、产业特征、空间模式、实施主体等四个方面进行归纳。

（1）规划理念：从重视经济开发到重视国民生活

规划理念随着经济社会发展条件的变化而改变。20 世纪 60 年代，在《国民收入倍增计划（1961—1970 年度）》的驱动下，"一全综"和"二全综"重视经济开发，促进了经济的高速发展，其中 1961—1969 年日本 GDP 年均实际增速高达 10.4%。但由于没有很好地发挥社会改良的作用，国土开发加剧了环境公害、区域不平衡等问题。到 20 世纪 70 年代，日本开始频繁爆发环境公害，最突出的便是水俣病事件；首都圈、近畿圈以及中部圈人口集中速度有增无减，"过疏过密"问题日趋突出。而 1973 年发生的石油危机对日本经济造成了重大影响，此后经济增长速度开始下滑，1974—1990 年 GDP 年均实际增速降为 4.1%。20 世纪 90 年代初泡沫经济破灭后，日本经济陷入长期萧条。高速增长的结束，意味着日本难于承受大规模项目开发的财政负担。为此，"三全综"及其之后的国土开发从重视经济开发转向重视国民生活的改善。

"三全综"提出"定居构想"，该构想与大平正芳首相提出的

"花园城市构想"一脉相承，认为日本正由重视经济开发的时代转入重视文化的时代。在这个时代，不仅要创造井然有序的花园城市，还要建设养育儿童的环境，建设适应老龄化社会的医疗、卫生、福利、文化等与国民生活密切相关的生活空间。"四全综"实施的"交流网络构想"开发模式，注重加强城乡交流、跨地区交流、友好城市间的国际交流，满足居民生活的多样化需求。"五全综"提出要创造文化和生活方式的基础条件，建立气候、风土、海域、水系等自然环境组成的一体化系统，重视历史积累和文化遗产，提高国土开发的质量。2003 年国土交通省提出"营造美丽国土政策大纲"，以环境永续关怀、优质生活环境及地方活力的维持为主线，强调国土开发质的提升。为此，2005 年将《国土综合开发法》修改为《国土形成计划法》。针对跨行政区公共服务的重复建设问题，"六全综"提出为了提高生活便利度、确保提供完善的公共服务，推进多个市町村构成的"生活圈域"建设，发挥公共服务的规模效益，实现跨区域的分工与合作。2014 年《日本 2050 年国土构想》则提出构筑有文化表现的多样性社会，统筹城市开发、住宅、福利、交通建设等政策，建设满足各个年龄段人群开展各种活动需求的健康社区。

（2）产业特征：从推动工业转移到建设技术聚集城市，从加码重化工业到发展休闲娱乐业

从推动工业转移到建设技术聚集城市。为了促进区域平衡发展，"一全综"和"二全综"都提出了具体的工业分散政策。"一全综"通过在四大工业区之外建设新产业城市和工业建设特别地区，吸引原材料型重化工业向外围地区转移。"二全综"通过在外围进行大规

模工业基地开发，发展钢铁、石油化工、金属冶炼等重化工业，促进外围区域发展。石油危机之后，日本资源和资本密集型产业发展难以为继。同时，发展中国家的崛起，令日本经济也面临着激烈的国际竞争。为此，日本的产业布局政策也做出相应调整。1988年，日本政府指定核心区之外的26个地区为"头脑布局地区"，积极建设技术聚集城市。为走出"平成萧条"，日本政府又提出依托科技创新立国战略以及建立"世界最适合科技创新国家"的目标。

从加码重化工业到发展休闲娱乐业。战后日本经济迅速发展，1968年超越德国成为世界第二大经济体，其中重化工业发挥了至关重要的作用。20世纪70年代，在环境污染、石油危机和"尼克松冲击"等作用下，资本、能源和资源密集型重化工业难以为继。为此，日本积极调整产业结构，从资本密集型转向了技术密集型，使重化工业向高度化发展（郭四志，1987）。与此同时，随着收入水平的提高，日本经济步入成熟阶段，国民自由支配的时间增加，人们开始考虑更有意义的度假和休闲方式。1987年，日本政府制定《综合休闲娱乐区域建设法》，大规模休闲娱乐区开发项目在全国范围内掀起高潮。"五全综"进一步提出，要根据当地的具体情况促进小规模的休闲娱乐区建设。2003年，日本政府制定"观光立国"战略，2006年颁布《观光立国推进基本法》，以立法形式进一步推进休闲娱乐业的发展。

（3）空间模式：从依托点轴网络到倚重世界级都市圈

经济发展的过程也是空间结构不断演变的过程。"点轴系统"理论认为，经济发展是从"点"开始的，随着"点"规模的扩大，

"点"与"点"之间形成由线状基础设施联系的"轴"。社会经济客体在空间中以"点-轴"形式进行渐进式扩散。随着经济的进一步发展,极化效应产生的不经济逐步超过聚集经济,发达区域出现网络开发的模式。"一全综"采取据点开发,"二全综"通过信息通信网、新干线铁路网、高速公路网、航空网和大规模港口项目建设,将工业地区与地方圈用高速交通线连接起来,实施"轴线"开发。"三全综"提出了"定居构想"的开发模式,从过去"据点"和"轴线"开发转向提高国民生活环境的"面"的开发。"四全综"进一步发展了"定居构想",确定了以生活的地区(定居圈)为基础单位,形成"多极分散型"国土结构的目标。"五全综"提出打造"东北国土轴""日本海国土轴""太平洋国土轴"和"西日本国土轴",形成多轴型国土结构,取代"一极一轴"国土结构,达到分散东京功能和促进国土均衡发展的目的。

面对全球化竞争和东亚经济的崛起、人口减少和老龄化、国民价值观的改变以及国民生活方式的多样化,"六全综"提出需要以更大的区域单元作为国土战略的主体,以利于发挥规模优势,提高区域魅力和竞争力。这样的区域单元在经济规模上可与欧洲的中等国家相匹敌,称为"广域地区"。"六全综"设想以"广域地区"为单位,构筑共同参与国际竞争的"广域地区自立协作型"国土结构,使资源集中到据点城市圈、交通据点等核心地区,实行中心带动战略。2014年《日本2050国土构想》延续并发展了"广域地区"的发展理念,提出通过中央新干线实现首都圈、中部都市圈和近畿都市圈的连接,打造世界级都市圈,提高日本的国际地位。日本国土开发的空间组织模式从点轴开发、网络开发再次回到增长极战略，当然这里的增长极不同于传统意义上城市的概念，而是世界级都市圈的区域概念。

（4）实施主体：从国家主导到多主体参与协作

战后日本实施政府主导的国土综合开发规划，这既有历史传统的原因，有国土开发中出现公共产品、外部性、区域差距等市场失灵的原因，也有经济高速增长的财政支撑原因。第一，日本具有政府干预经济的传统。自明治维新以来，日本政府在赶超欧美的过程中一直发挥了很大作用。战后在运用凯恩斯主义的同时，基本上沿用了战时统制经济的一系列政策和做法，形成了政府主导的市场经济。第二，在战后开发初期，基础设施等公共产品供给不足，产业开发具有很大的风险性和不确定性，民间资本开发动力不足。为此，需要政府大力建设公路、铁路、港口等产业基础设施，增加公共产品供给。同时，国土整治是解决区域差距等地域问题的一种公众介入，具有改良社会的特征。而企业投资的目标是利润最大化，对社会改良动力不足，因此需要政府积极介入。第三，日本战后经济高速增长，1953—1973年GDP年均实际增长率达到8.9%，快速的增长为政府干预提供了巨额的财政支撑。国家干预经济的传统、基础设施等公共产品特性、国土整治的社会改良性和巨额的财政支撑，决定了日本在国土综合开发初期是国家主导的。

石油危机爆发后，日本国土开发的模式从政府主导向多主体参与协作转变，这主要是由财政约束、国土整治的目标与国民意识变化等原因导致的。首先，石油危机之后，日本经济转入低速增长。

泡沫经济破灭后,日本步入"平成萧条"期。高速增长的结束,意味着日本政府难以承受大规模项目的财政负担。第二,国土整治的根本是地域整治。解决地域问题的主人是居民和地方自治体,因此需要发挥地方的积极性。随着日本经济的成熟化,国民意识发生了重大变化,人们具有参与国土开发的积极性与内在需求。为此,"五全综"提出"参与和协作"的模式,指出各地区要摆脱对中央的依赖,结合当地的历史、文化和风俗等特色,加强建设,促进区域自立。为了创造广大民众共同参与的氛围和环境,政府在"情报公开""提高民间主体的能力,充分利用民间资金""促进地方分权""完善居民参与的体制"等方面做出努力。"六全综"进一步推动了"参与和协作"的模式,提出将地方社团、非政府组织、企业、国民等组成多样化的"新型公共主体",充分利用大学及科研机构的专家等区域外部的人才,让年轻人参与国土规划与管理,让"新型公共主体"替代之前的国家成为国土形成规划的新主体。

2.2.2　美国及其各州的空间规划体系[①]

美国是一个由 50 个州、1 个联邦直辖特区(即华盛顿哥伦比亚特区)和 20 个美属海外领土组成的宪政联邦共和制国家。美国典型的联邦制政体决定了美国空间规划体系的性质。

(1)美国空间规划的概况

美国实行立法、行政、司法三权分立的政治体制,各州有较大

---

① 本小节由张满银(北京科技大学教授)编译。

的自主权，各州可以制定各自的空间规划。美国的空间规划体系也是在这种相互制约、相互监督的体制中形成的。

美国的空间规划涉及联邦、州、区域、城市、县以及社区等层次，并没有像其他欧洲国家一样，拥有一个中央集权、自上而下的总体规划体系，也没有全国统一的空间规划法案。20世纪30年代以前，专注城市规划、土地利用分区规划；30—60年代，专注资源开发规划，例如《田纳西河流域开发法案》；60—90年代，专注跨州区域规划，但大都以经济规划建设为主；虽然2000年以后，美国的空间规划逐步走向区域可持续发展的综合规划阶段，但事实上，美国的空间规划实施以州为重点。美国的州作为国家第一级行政区划，在全国的政治、经济、社会、文化中扮演着重要的角色，因此美国各州建立了相对完善的空间规划体系。以下我们以加州和洛杉矶的城市规划为例。

（2）美国加州的规划体系

美国加利福尼亚州（以下简称加州）是美国西部的行政州。2016年，加州的经济总量已经超过法国，成为全球第六大经济体。

自1937年的加州计划法案颁布以来，加州的总体规划被划分为一个全面的长期的总体规划，并且要求州内各县、各城市都须遵守加州政府和研究办公室（OPR）发布的各项规划基础指南。根据这一法令，加州的总体规划是"所有未来发展的宪法"，因此，加州的法律要求每个规划管辖区都采用一个"总体规划"，与之相关的任何边界的土地规划也必须要遵循这一总的规划法案。加州政府和研究办公室对地方的实施细则加以酌情指导。加州将规划过程分为七个阶段，并对每个阶段的工作内容和方法进行阐述。第一步是确定工作方案，包括明确各方责任、规划范围和规划期限；第二步是制定目标，其中包括规划目标的愿景、原则、主题等一些限制条件；第三步是数据收集和分析，主要包括对各城市的发展现状进行分析（例如人口、基础设施建设）；第四步是确定目标，这一阶段针对前两个阶段的准备工作，完善目标、制订计划；第五步是制定和评估备选方案，主要从政治、经济、社会、人文、环境等方面着手，一般追求方案的可持续发展；第六步是规划的采纳，最终选择可以兼顾各方的优选方案；第七步是规划实施，同时注意监测和维护。这七个阶段的实现都离不开各阶段的公众参与、政府部门审核和环境质量影响评估，最后的决定权在公众的手中；规划内容、方案会进行动态更新。

加州的规划注重实用性，特别强调公众参与和环境质量问题，因此在每个环节均要求提供公共服务。在公共服务不断加强的作用下，坚持"以人为本"、环境与人类和谐发展，成为加州规划永恒不变的主题。

（3）美国洛杉矶的城市规划体系

洛杉矶位于美国加利福尼亚州南部海岸，陆地面积最大，是加州第一大城市，也是全美第二大城市，有着"天使之城"的美誉。作为美国的国际大都会，洛杉矶的城市规划管理非常复杂，既要满足加州的"总体规划"，例如要遵循加州的环境质量法案、土地保护法案、海岸法案等，又要根据自身发展的实际情况制定可行的实施方案。由于城市的需要，洛杉矶将城市的规划管理定义为一个网络式的系统管理，其中包括实现城市总体规划目标的一切手段和方法，如图 2-1。

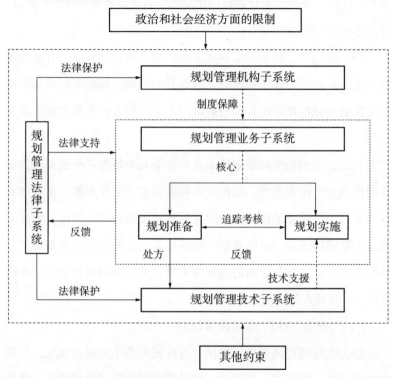

图 2-1 洛杉矶城市规划管理系统示意图

该城市规划管理系统分为四个子系统：一是规划管理机构子系统，是规划的总览部门，主要为市政府履行城市规划职责提供体制保障；二是规划管理法律子系统，包括规划的法律、法规和条例，主要为城市的规划过程提供法律支持；三是规划管理业务子系统，主要运作城市规划各个项目，是整个城市规划管理体系的核心部分；

四是规划管理技术子系统，主要规划各项成果，包括计划、分区条例和细分地图等，为未来的规划编制提供技术支持和修正案。整体来看，任何一个城市的规划管理体制都受到当地独特的政治、社会、经济等因素的制约。

洛杉矶的城市规划基本展现了美国城市规划的蓝本，有效的规划系统运作依赖于各子系统的无缝整合与协调，该城市的规划管理系统在制定城市发展历程和塑造城市未来发展方向方面发挥了重要作用。

总之，美国的空间规划体系具有如下几个特点：一是有较为完备的规划立法作为支撑。加州政府和研究办公室颁布的法案对地方各项规划做了明确的规定，州的规划和城市规划有法可依，依法实施。二是美国州的"总的规划"对各地方、各城市的规划都有指导和监督的责任。三是以州的规划为主导，更加强调提供公共服务的重要性，重视人与环境的和谐共处。

（4）"美国2050"空间战略规划

作为全球的经济强国，美国一直在国际竞争中遥遥领先。但随着城市化的不断演进，美国也开始显现出国内人口急剧增加、老龄化加重、土地利用低效、区域发展失衡、能源危机以及基础设施容量饱和等各国面临的普遍问题。基于此，在21世纪前十年，美国制定了"美国2050"空间战略规划。

"美国2050"空间战略规划设定了一套科学的量化指标进行巨型都市区域的界定。首先，该区域必须属于美国的核心统计区域；其次，人口密度大于200人/平方英里，且2000—2050年，人口密度需增加 50 人 / 平方英里；再次，人口增长率＞15%，2020 年总人口增加 1000 人；最后，就业率增加 15%，2025 年总就业岗位大于 2 万个。在此基础上，"美国 2050"空间战略规划于 2009 年 11 月确定了 11 个巨型都市区域，分别是：东北地区、五大湖地区、南加利福尼亚、南佛罗里达、北加利福尼亚、皮德蒙特地区、亚利桑那阳光走廊、卡斯卡迪亚、落基山脉山前地带、沿海海湾地区和得克萨斯三角地带。这些区域只覆盖美国 31% 的县和 26% 的国土面积，却拥有 74% 的人口。

"美国 2050"空间战略规划在"区域经济发展战略"中明确提出了确定发展滞后地区范围的指标，包括 1970—2006 年的人口变化、1970—2006 年的就业变化、1970—2006 年的工资变化和 2006 年的平均工资。若在以上指标中至少有三个指标排序在全国倒数 1/3 的位次，就可被认定为发展相对滞后地区。其判定包括两个空间尺度，一个是以县为单位的面状区域，另一个是以城市为单位划分的点状区域，在这样的标准下，便组成了发展相对滞后地区的地图。

结果表明，现阶段滞后地区主要都是由于经济结构转变而衰落的，它主要包括传统的工业城市和部分农村地区，这些地方不仅经济衰落，还成为少数种族的聚集区，社会治安、城市建设问题也都日渐严重，亟待恢复生机。

然而，并不是所有的滞后区域都能够或都有必要进行恢复和发展。"美国 2050"认为，应该更加重视那些属于巨型都市区范围内的、靠近都市区边缘地带的区域，或者是某些具有独特资源禀赋的区域（如独特的景观资源等），并有针对性地开展对它们的再开发工作。而对于一些实在无法通过产业实现持续发展的区域，也不需要强行通过补贴来维持发展，可以逐渐疏散居民，最后让其自然消亡。

2.2.3 德国联邦区域发展规划

德国区域调整和区域规划有很久的历史。二战后，特别自60年代以来，各级政府系统都按行政界限搞区域规划。德国空间规划分为四个层级——联邦级、州级、地区级、市乡镇级，市乡镇级规划又分为土地利用规划（准备性的建设指导规划）和建设规划（强制性的建设指导规划）两级。德国区域规划的层次划分示意如图2-2所示。

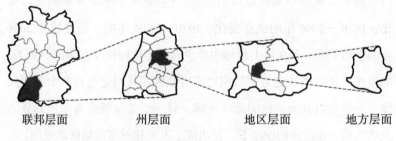

| 联邦层面 | 州层面 | 地区层面 | 地方层面 |

图 2-2 德国区域规划的层级

（1）两德统一以来的空间战略

两德统一以来，德国联邦政府分别在1993年、2006年和2016年发布了三个联邦级空间规划文件，2016年发布了最新的《德国空间发展理念和行动战略》。2010年公布的"欧洲2020战略"，提出欧盟经济发展的重点领域为三个方面：发展以知识和创新为主的智能经济；通过提高能源使用效率增强竞争力，实现可持续发展；提高就业水平，加强社会凝聚力。同年，德国空间规划部长会议决定对

2006年《德国空间发展理念和行动战略》进行细化和续写，继续以实现可持续的空间发展为核心理念，提出了联邦空间规划政策的发展战略。主要考虑了下列变化了的条件：

一是人口变化对居民点和基础设施结构产生了影响。二是对气候变化的减缓战略和应对措施应吸纳到空间规划之中。三是能源革命导致可再生能源的扩建，产生空间需求。四是进一步发展公众参与工具，提升公众对规划程序的接受度。五是数字基础设施对公共服务和经济发展产生影响。六是愈发狭窄的财政活动空间要求核心任务的集中以及新的财政资助和组织方案，还包括地方之间和部门之间多种形式的合作。七是欧盟凝聚政策对均衡发展提出要求。八是海洋空间规划是欧盟、联邦和州层级的职责。九是与空间有关的土地利用要求和保护要求之间的矛盾越来越尖锐。十是全球化带来的更高效且更强大的交通运输和物流系统对交通体系产生了影响。

针对上述问题，联邦规划提出四个空间发展理念和行动战略。一是增强竞争力。具体策略包括继续发展大都会区、支持具有特殊结构行动需求地区的发展和确保基础设施的连接和机动性。二是确保公共服务。具体策略包括继续采用中心地体系、扩大合作、确保人口稀少农村地区的公共服务以及确保通达性。三是土地利用调控和可持续发展。具体策略是使土地利用矛盾减至最小、创建大尺度的开敞空间网络、塑造文化景观、减少土地占用以及可持续利用矿产资源和其他地下空间、可持续利用海岸带和海洋。四是应对气候变化和塑造能源革命。具体策略是使空间结构适应气候变化、扩大可再生能源的使用及其网络的扩建。

（2）规划与绿色发展

《联邦绿色基础设施概念规划》（下文中简称《规划》）中明确提出德国 GI（绿色基础设施）规划是以自然保护区、国家自然文化遗产、特殊生态功能区（河漫滩、海洋、城市居民点等）为基本对象，以实现自然生态环境保护和生态系统服务提升为终极目标的可持续工具。除进一步落实欧盟对 GI 发展的要求外，《规划》还界定了联邦一级的板块、廊道等 GI 要素，并明确了规划目标和具体要求（见表 2-1）。《规划》也为不同尺度下 GI 的发展提供了指导。由于城市环境中 GI 元素具有半自然和人工化特征，《规划》进一步界定了城市 GI 的要素，包括公园、公墓、棕地、运动和娱乐区、街道植被和行道树、公共建筑周围植被、自然保护区、林地和森林、分配花园、私人花园、城市农业区、绿色屋顶、绿色墙壁以及其他开放空间。

表 2-1　德国联邦绿色基础设施规划的目标和对象

规划目标	规划对象
• 落实欧盟对国家尺度 GI 规划*的要求 • 在联邦一级实现对现有自然环境保护规划、概念和模型的整合，厘清国家生态本底和评估基础 • 为下位规划编制提供引导 • 从空间角度明确《国家生物多样性保护战略》中提出的相关规划目标	• 对于国家生物多样性具有显著意义的区域，包括国家公园、"自然 2000"保护区、自然保护区、国家自然历史遗迹、湿地、旱地和接近自然的林地生境网络、《国际湿地公约》中界定的自然保护区、《波罗的海海洋环境保护公约》和《奥斯陆巴黎保护东北大西洋海洋环境公约》中界定的海洋保护区、生物圈保护区、联邦立项支持的大尺度自然保护项目

规划目标	规划对象
• 从联邦一级确定自然环境保护的优先领域和对象 • 就联邦自然保护的示范性项目提供实施建议 • 确立与邻国就相关政策和规划实施相互协调的机制	• 国家重要的生态网络轴线／走廊，包括湿地、旱地和近自然林地、大型哺乳动物迁徙廊道、绿带 • 对于气候调节和固碳具有显著意义的泥炭地 • 专属经济区（EEZ）中的"自然 2000"保护区 • 季节性和非季节性泛洪区

*GI 规划具体目标如下：提升公众的健康和生活质量；适应气候变化，增强城市韧性；保护和促进公众体验生物多样性；促进社会凝聚力和包容性；培育绿色的建筑文化；促进可持续发展、提升资源利用效率；促进经济发展。

（3）规划与法律法规

德国 2017 年版本的《空间规划法》与 1998 年版本在内容上虽有所不同，但都是基于上世纪 90 年代和 21 世纪两个时代的需求分别制定的，时代视角和规划任务有所差别。

规划思路与指导思想。空间规划性质任务的界定是相同的，即"必须通过综合性的、系统性的和各种层次的空间秩序规划以及对具有重要空间意义的计划及措施进行协调，来发展、规范并确保联邦德国的全部空间及其局部空间"。其中明确了两条总体任务：一是必须协调对空间的不同需求并平衡与规划有关的各种冲突；二是对各种空间功能和空间利用必须预先考虑。

规划任务要求。德国两个版本的规划法都对空间规划基本原则进行了条目化阐述，均从国土空间配置和用途管制的人本化、生态化、均衡化、城镇化、网络化、法治化等角度提出要求：一是注重居住空间的保障和落实，并强调通过预测不同等级中心地区就业机会的多少，来提前定度新增居住需求空间，并确保公众不受噪音侵扰并保持空气的清洁。二是强调非居住空间自然生态的严格保护，实现土壤、水资源、动植物、环境及气候功能的维持或恢复，强调自然生态空间的结构优化和布局平衡，以及农村地区生态价值的体现。三是突出均衡化。州域空间发展不仅仅是致力于经济和基础设施配套均衡，且同步强调实现经济、基础设施、社会、生态及文化关系之间的平衡。四是关注城市群和大城市圈空间内部的结构优化，确保人口密集地区的居住、生产与服务中心地位，整合交通设施空间体系，确保环境负担减少。五是强调农村地区也应建设中心地点，实现乡村空间独特作用下的生活与经济空间体系。六是强调自然生态空间保护与发展的辩证统一。七是优先开展生态空间治理，尤其应确保或者恢复植被，降低缓冲区域及洪灾损坏区域风险，保障建设占用生态空间的占补平衡。八是注重农业经济空间的调整和优化。九是强调在区域间和区域内部建立基于人流和物流供需平衡的交通空间体系。十是保护历史与文化景观，维持地区特色。十一是强调超前谋划民事及军事防御设施建设的空间需求。

对州区域空间规划的具体要求。1998 版和 2017 版规划法对州级空间规划的若干规定和说明基本一致。不过，1998 版中对各州提出要根据联邦空间规划法形成州级规划基本要求，制定州的空间规划法，并对联邦规划法进行细化落实。而 2017 版规划法中明确要求编制国家空间规划、各州空间规划和各州区域规划，每个州都应形成统一的州区域规划，柏林、不莱梅和汉堡可以按《建设法》编制土地利用规划来代替区域规划。

空间规划的环境影响评价。2017 版规划法中明确，空间规划编制必须开展环境影响评价，并且由空间规划的负责单位实施评价，明确空间规划实施可能带来的影响，主要包括：人类健康、动物、植物和生物多样性是否受到影响，土壤、水、空气、气候和景观是否受到破坏，历史文化和其他有形资产是否有所损失，上述受保护空间要素之间的相互作用关系是否受到影响等。如果评价确定空间规划预计不会对环境产生重大影响，只是存在微小影响，则可对空间规划进行微小变更。

2.3　中国区域规划的演变

中国区域规划的演变，有自己的历史特点，与中国的经济发展进程密切相关。

2.3.1　中华人民共和国成立到改革开放前的区域规划

中华人民共和国成立后，为保证国家经济建设的顺利进行，并从客观上对各地区的经济发展进行指挥，中央政府在全国设立了六个大的经济行政区，以贯彻国家的经济发展计划。这六个大区是：东北、华北、华东、中南、西南、西北。具体的区域分布如表 2-2 所示。

表 2-2　20 世纪 50 年代六大经济行政区的构成

大区	省份
东北	辽宁、吉林、黑龙江
华北	北京、天津、河北、山西、内蒙古
华东	山东、江苏、上海、浙江、安徽、福建、江西、台湾
中南	河南、湖北、湖南、广东、广西、香港、澳门
西南	四川、贵州、云南、西藏
西北	陕西、甘肃、青海、宁夏、新疆

由于中华人民共和国成立后，百废待兴，特别是新的工业区和新城市建设纷纷上马，区域规划成为国家指导经济建设的重要手段。当时的区域规划，是对特定的工业–城市地区的产业、动力、交通、邮电、水利、农业、矿业和居民点进行全面规划，重点放在一些新兴的工业城市地区，先后对茂名、兰州、包头、昆明、大冶、贵阳等城市地区进行了区域规划，对四川、河北、山东、吉林、辽宁的一些局部地区也进行了规划。

规划的途径：一是按行政区划系统来组织国民经济生产。这是中国一直沿用的一种区域经济安排形式。这种形式虽然有利于调动各级政府的积极性，但是，行政区是人为划分的，按照行政区组织经济活动容易人为割裂区际经济联系，不利于在全国范围内实现合理的劳动地域分工。二是按沿海与内地两大块来安排区域经济布局。这是因为在 20 世纪 50 年代，特别是"一五"时期，沿海和内地的区内一致性与区际差异性比较明显，按这种划分来安排区域经济布局，效应比较明显，毛泽东主席在"论十大关系"中专门对沿海与内地的关系进行过论述。三是按六大协作区来安排地区布局，组织国民经济建设。1958年最早提出的是七大经济协作区，1962年把华中区和华南区并为中南区，成为六大经济协作区，即东北区、华北区、华东区、中南区、西南区和西北区。六大经济协作区的划分，是想作为综合经济区划，指导国民经济的投资与建设。六大经济区的提法在个别地方至今仍然为人们所沿用。

这一时期我国学术界的规划思想，基本上是从苏联引进的与计划经济体制相适应的规划理论。中心思想是：区域规划是区域生产布局体系的中心环节，重点解决国民经济建设的总体部署问题。其主要内容由三个部分组成：第一，特定时间内，国民经济总投资的地区分配问题；第二，各生产部门的空间组合及其安排；第三，各经济区之间的发展比例关系的确定。可以说，这一时期的区域规划理论，已经开始注意到地区经济发展中的各种关系，并探讨解决的方法，以求达到理论联系实践，为社会主义经济建设服务。

"文化大革命"开始后，正值"三线"建设紧张进行的时期。经济建设大规模展开，许多重点项目纷纷上马，新的工业区和新的城市也在中西部地区出现。但是，由于没有严格的规划，缺乏科学态度，经济建设出现了很大的盲目性。主要表现在以下几方面：一是项目上马的盲目性。没有经过科学的论证，没有可行性研究。长官意志，仓促上马，上马后或者是建设时间拖长，或者是中途下马，造成很大浪费。二是项目布局的盲目性。在没有制定详细的工业布局规划的情况下，随意选择厂址，造成投资增加、效益下降、投产困难，给经济建设带来很大损失。三是项目选址的非科学性。在没有研究产业发展客观要求的情况下，根据"国防原则"，一味要求所有"三线"企业都要"靠山、分散、进洞"，使有些企业车间与车间之间相隔数十公里，形不成生产能力。所以，"文革"的十年期间，中国的区域规划与其他经济事业一样，处于停顿状态，区域规划理论被无知和反科学所代替。

2.3.2 改革开放以来区域规划的发展

改革开放以来，中国的区域规划开始走上正轨，区域规划理论也逐渐成熟起来。从实践方面来看，区域规划的制定与实施自 20 世纪 80 年代以来在四个方面取得了令人瞩目的成绩：

农业区划。改革开放之后，国家首先在全国范围内进行农业区划，整个区划工作一直到 90 年代中期结束，然后进入贯彻实施阶段。农业区划的主要任务，是根据各地区的自然条件和农业发展的基础，对农业发展和农村土地利用进行详细规划，确定地区农业发展的方向、重点和分布，用以指导中国农业在不同时期的发展。与农业区划相关联的，还包括种植业、林业、畜牧业和渔业的发展规划，大江大河的流域规划，小流域开发规划和海岸带功能区划，海洋利用规划等等，形成了中国农业区划的规划体系。

国土规划。80 年代中期以后，国家在全国范围内启动了第一轮国土规划。国土规划包括十个方面的内容：自然条件和国土资源的综合评价、社会经济现状分析和远景预测、国土开发整治的目标和任务、自然资源开发的规模布局和步骤、人口和城市化、交通通信动力和水源等基础设施的安排、国土整治和环境保护、综合开发的重点区域规划、国土规划的客观效益评价、国土规划的实施措施。到 90 年代中期，全国各省区市的国土规划基本编制完成，摸清了中国国土资源的家底，明确了国土资源开发的目标和任务，国土规划成为地区发展计划制订的可靠依据。

城镇体系规划。90 年代中期，国家开始启动全国省市县各级的城镇体系规划，并于 2000 年代完成。城镇体系规划的基本任务是：从实际出发，以经济建设为中心，为区域和城市经济发展和区域产业结构调整服务。所以，要求把提高人民生活水平作为规划的出发点，统筹考虑城镇与乡村的协调发展，科学确定各城镇的职能分工，引导各城镇合理布局和协调发展。从区域整体出发，妥善处理城镇建设和区域发展的关系，遵循可持续发展的生态优先原则，使城镇发展与环境保护相协调。城镇体系规划要达到的目的是：加快城市化进程，加强中心城市建设，集约发展小城镇，优化城镇体系结构和城乡经济结构，带动区域社会经济全面发展。

区域经济发展战略规划。随着市场经济体制的建立、区域利益主体由中央政府向地方政府转移的加快，区域经济发展战略规划成为各区域制定规划的重点。如果说前面三类区域规划都是由上而下、由中央政府布置的规划任务的话，那么区域经济发展战略规划就是各地区政府加快市场经济体制建设中的自觉行动，是地方政府为发展本区域经济而主动采取的行动。区域经济发展战略规划属于概念性规划，它主要是解决区域的发展思路、发展方向和发展目标问题，是现代区域规划体系的重要组成部分。一个地区制定了正确的发展战略，那么它在一个相当长的时期内，都可以根据这一战略思想制订具体的行动计划，并为地方政府制定区域性政策提供依据。区域经济发展战略规划是今后区域规划工作的重点。

2.3.3　21 世纪的区域规划

从理论研究来看，区域规划理论在不断发展和成熟。改革开放以后，理论界引进国外先进的规划理念，使中国的区域规划理论日益成熟起来。进入 21 世纪，区域规划理论更加成熟，并进入到具体的规划实施阶段。

主要的表现是：

第一，对区域规划性质的认识发生重大转变。随着市场经济的发展和体制改革，过去对计划经济体制下的规划的认识，开始向以市场经济为前提的规划思想转变。过去认为区域规划是国民经济计划的实施手段，现在则认为是国民经济发展规划制定的依据和中心组成部分，是对一个地区国民经济发展的总体战略部署。

第二，对区域规划内涵的研究进一步拓展。从对象本质和各种关系上，对区域规划进行深入认识，从早期的区域土地利用规划，到地区开发规划，再到不同类型地区的综合发展规划，区域规划的内涵在变化，外延也在拓展。

第三，对区域规划方法的使用进一步丰富。传统的理论分析在加入了新的理念之后，分析的深度和广度都超过了以前。定性分析的方法用在条件和产业现状的分析方面，加强了内容的说服力。定量分析的变化最大，从一般的简单数字分析，进入到回归分析和模型分析，使用计算机进行大量的计算，取得了很好的效果。但在新的方法不断使用的同时，对调查分析的轻视成为区域规划工作当中的突出问题。"一本年鉴、一台计算机"就"包打天下"，是极其危险的倾向，应当引起区域规划工作者的重视。

从实践来看，区域规划在引领区域发展方面起着越来越重要的作用。1999年开始西部大开发，2002年实施东北振兴，2004年提出中部崛起，加上东部沿海地区的率先发展，到2005年最后形成了"区域发展总体战略"。到"十一五"时期，国家为了贯彻"区域发展总体战略"，陆续出台了国家级的区域规划。2012年之后，国家把规划的重点转移到经济区和经济带上面。

习近平总书记2014年提出"一带一路"倡议之后，国内对于经济带的规划开始加速，主要有以下八个大区域的国家级规划（见表2-3）。

表2-3 八项规划对应的具体文件名称列表

序号	国家战略	对应的代表性政府文件	年份
1	西部大开发	《国务院关于实施西部大开发若干政策措施的通知》	2000年
		《"十五"西部开发总体规划》	2002年
		《关于进一步推进西部大开发的若干意见》	2004年
		《西部大开发"十一五"规划》	2007年
		《关于深入实施西部大开发战略的若干意见》	2010年
		《西部大开发"十二五"规划》	2012年
		《西部大开发"十三五"规划》	2017年
		《关于新时代推进西部大开发形成新格局的指导意见》	2019年

序号	国家战略	对应的代表性政府文件	年份
2	东北振兴	《中共中央 国务院关于实施东北地区等老工业基地振兴战略的若干意见》	2003 年
		《关于进一步实施东北地区等老工业基地振兴战略的若干意见》	2009 年
		《东北振兴"十二五"规划》	2012 年
		《中共中央 国务院关于全面振兴东北地区等老工业基地的若干意见》	2016 年
		《东北振兴"十三五"规划》	2016 年
3	中部崛起	《关于促进中部崛起的若干意见》	2006 年
		《关于中部六省实施比照振兴东北等老工业基地和西部大开发有关政策的通知》	2008 年
		《促进中部地区崛起规划》	2009 年
		《关于中西部地区承接产业转移的指导意见》	2010 年
		《国务院关于大力实施促进中部地区崛起战略的若干意见》	2012 年
		《促进中部地区崛起"十三五"规划》	2016 年
4	京津冀协同发展	《京津冀协同发展规划纲要》	2015 年
5	长江经济带	《长江经济带发展规划纲要》	2016 年
6	粤港澳大湾区	《粤港澳大湾区发展规划纲要》	2019 年
7	"长三角"一体化	《长江三角洲区域一体化发展规划纲要》	2019 年
8	雄安新区	《河北雄安新区规划纲要》	2018 年
		《河北雄安新区总体规划（2018—2035 年）》	2018 年

资料来源：根据相关文件整理。

2.3.4 功能区规划

进入 21 世纪以来，国家发展在区域上的反映是各类功能区承载着国民经济发展的新的空间功能。

目前，国家级城市新区规划有 19 个；其他各种功能区规划包括各种开发区规划等，全国共有 1792 个（截至 2017 年 4 月 13 日），其中国家级各种开发区至少包括 22 类、626 个，省级各种开发区至少有 1166 个（见表 2-4）。这些区域的共同特点是：规划区域相对比较小，依靠相对优惠的开发和发展政策，建设成为区域新的增长极。

表 2-4　国家级新区和其他国家级和省级开发区数量统计

序号	名称	数量
1	国家级新区	19
2	国家级经济技术开发区	219
3	国家级高新技术产业开发区	156
4	国家级保税区	12
5	国家级出口加工区	63
6	国家级边境经济合作区	17
7	国家级综保区	52
8	国家级保税港区	14
9	国家级自由贸易试验区	11
10	国家级自主创新示范区	17
11	境外产业园区	14

序号	名称		数量
12	其他国家级开发区	国家旅游度假区	12
		保税物流园区	6
		互市贸易区	2
		科技工业园	2
		投资区	4
		跨境工业区	1
		金融贸易区	1
		经济开发区	2
		循环经济试验区	1
		创业园	1
	小计		32
13	国家级开发区		626
14	省级开发区		1166
合计			1792

资料来源：中国开发区网，http://www.cadz.org.cn（截至 2017 年 4 月 13 日），张满银整理。

2.4　进入 21 世纪以来中国重要区域规划简介

21 世纪以来中国制定的影响重大的区域规划主要有：

2.4.1　西部大开发规划

1999 年年底，中央决定启动西部大开发。由于自然、历史、社会等原因，西部地区经济发展相对落后，人均国内生产总值相对较低，迫切需要加快改革开放和现代化建设步伐。西部大开发的空间范围包括12个省、自治区、直辖市（加上3个自治州）：四川省、陕西省、甘肃省、青海省、云南省、贵州省、重庆市、广西壮族自治区、内蒙古自治区、宁夏回族自治区、新疆维吾尔自治区、西藏自治区、恩施土家族苗族自治州、湘西土家族苗族自治州、延边朝鲜族自治州。

西部大开发规划经历了酝酿探索、全面推进、深化发展三个阶段。

第一，2000—2007年，酝酿探索阶段。由于东西部地区发展差距的历史存在和过分扩大，并逐渐成为国内一个长期困扰经济和社会健康发展的全局性问题，西部大开发成为全面推进社会主义现代化建设的一个重大战略部署。2000年1月，国务院西部地区开发领导小组首次召开西部地区开发会议，研究提出加快西部地区发展的基本思路、战略任务和工作重点，标志着西部大开发战略的初步实施迈出了实质性步伐。2000年10月，《国务院关于实施西部大开发若干政策措施的通知》针对西部大开发的政策制定做出了指导，指出应在扩大对外对内开放、改善投资环境、增加资金投入、发展科技教育和吸引人才等方面制定相关政策。2002年，国家计委、国务院西部开发办联合发布了《"十五"西部开发总体规划》，提出实施西部大开发的指导方针和战略目标，以及"十五"期间西部大开发的主要任务、重点区域和政策措施，这标志着西部大开发第一个五年规划正式形成。2004年，国务院发布了《关于进一步推进西部大开发的若干意见》，强调持续推进西部大开发仍面临诸多现实矛盾和问题，并针对进一步推进西部的开发建设部署了多项工作。

第二，2007—2017年，全面推进阶段。经过数年的打磨和实践，2007年正式出台《西部大开发"十一五"规划》，重点围绕九个方面推进实施，具体包括"扎实推进社会主义新农村建设、继续加强基础设施建设、大力发展特色优势产业、引导重点区域加快发展、坚持抓好生态保护和建设、着力改善基本公共服务、切实加强人才队伍建设、积极扩大对内对外开放以及建立健全西部大开发保障机制"等内容。2010年6月，《中共中央 国务院关于深入实施西部大开发战略的若干意见》指出，西部大开发第一个十年取得了良好开局、打下了坚实基础，并针对新一轮西部大开发，提出应加快西部地区基础设施建设、夯实农业基础、发展特色优势产业、强化科技创新以及统筹城乡发展等多方面的措施建议。同年7月，国务院西部地区开发领导小组再次召开西部大开发工作会议，提出新一轮西部大开发的总体目标、工作重点和主要任务，标志着西部大开发进入了新的发展阶段。2010年以后，新一轮西部大开发进入了承前启后、深入推进的关键时期。2012年，国家发展和改革委员会再次召开西部大开发工作会议，全面总结了西部大开发战略实施以来的成就与问题，深入分析了西部大开发面临的新形势，并研究部署了《西部大开发"十二五"规划》的落实工作。同年2月，《西部大开发"十二五"规划》正式出台，主要围绕重点区域、基础设施、生态环境、特色优势产业、城镇化与城乡统筹、科教与人才以及民生事业等多个方面对新一轮西部大开发做出了规划部署。自2013年起，国家发展和改革委员会连续多年发布西部大开发新开工的重点工程，并对上一年的工程进展进行公布。

第三，2017 年至今，深化发展阶段。2017 年，国家发展和改革委员会发布了《西部大开发"十三五"规划》，围绕多个重点方面对深入推进西部大开发做出了新指示，主要包括"构建区域发展新格局、坚持开放引领发展、筑牢国家生态安全屏障、培育现代产业体系、完善基础设施网络、增加公共服务供给以及推进新型城镇化"等多个方面的规划措施。2019 年 3 月 19 日，中央全面深化改革委员会第七次会议通过的《关于新时代推进西部大开发形成新格局的指导意见》指出："要更加注重推动高质量发展，贯彻落实新发展理念，深化供给侧结构性改革，促进西部地区经济社会发展与人口、资源、环境相协调。"

2.4.2   东北振兴规划

继西部大开发之后，2002 年中央提出振兴东北老工业基地的战略部署，这是在中国沿海地区经济发展的基础上，实行区域协调发展的重大举措。东北振兴的空间范围包括三个省级行政区（辽宁省、吉林省、黑龙江省）加上蒙东五盟市（呼伦贝尔市、兴安盟、赤峰市、通辽市、锡林郭勒盟）。

东北振兴规划经历了初步探索、改革深化、全面振兴三个阶段。

第一，2002—2012 年，初步探索阶段。东北地区经济社会的持续走低引起了国家的关注和重视，2002 年 11 月，党的十六大报告明确提出"支持东北地区等老工业基地加快调整和改造"。2003 年 10

月，中共中央、国务院印发《中共中央 国务院关于实施东北地区等老工业基地振兴战略的若干意见》，正式启动实施东北地区等老工业基地振兴战略，明确提出"支持东北地区等老工业基地加快调整改造，是党中央从全面建设小康社会全局着眼做出的又一次重大战略决策，各部门各地方要像当年建设沿海经济特区、开发浦东新区和实施西部大开发战略那样，齐心协力，扎实推进，确保这一战略的顺利实施"。这标志着中国的老工业基地振兴政策从过去的企业和产业调整改造，正式成为以东北地区为重点的区域战略。2009年9月，国务院印发《关于进一步实施东北地区等老工业基地振兴战略的若干意见》，对进一步促进东北地区等老工业基地振兴、应对国际金融危机、促进全国经济平稳较快发展做出重要指导。

第二，2012—2016年，改革深化阶段。党的十八大以来实施新一轮东北振兴战略、经济发展进入新常态后，在周期性和结构性因素的影响下，东北地区经济下行压力持续增大，部分行业和企业生产经营困难，民生问题日益突出。2012年1月，国务院振兴东北地区等老工业基地领导小组会议讨论通过《东北振兴"十二五"规划》，提出解放思想，深化改革，破解制约东北振兴的体制性、机制性、结构性矛盾，推动体制机制不断创新；着力加快东北老工业基地调整改造，推动经济转型取得更大进展；着力增强科技创新能力，推动区域发展质量和效益进一步提升；着力保障和改善民生，推动文化和社会事业全面进步；着力加强生态建设和环境保护，推动生态文明水平显著提高。要继续实施区域发展总体战略和主体功能区规划，充分发挥东北地区的特色和优势，促进区域经济良性互动、协调发展。党的十八大以来，习近平总书记多次到东北地区调研，召开专题会议，就东北振兴工作发表系列重要讲话。2015 年 7 月，习近平在吉林长春召开的部分省区党委主要负责同志座谈会上强调，无论从东北地区来看，还是从全国发展来看，实现东北老工业基地振兴都具有重要意义。振兴东北老工业基地已到了滚石上山、爬坡过坎的关键阶段，国家要加大支持力度，东北地区要增强内生发展活力和动力，精准发力，扎实工作，加快老工业基地振兴发展。

第三，2016 年至今，全面振兴阶段。2016 年 2 月，《中共中央 国务院关于全面振兴东北地区等老工业基地的若干意见》发布，明确提出"当前和今后一个时期是推进老工业基地全面振兴的关键时期"，指出全面振兴东北地区等老工业基地"事关我国区域协调发展战略的实现，事关我国新型工业化、信息化、城镇化、农业现代化的协调发展，事关我国周边和东北亚地区的安全稳定。意义重大，影响深远"，要求"适应把握引领经济发展新常态，贯彻落实发展新理念，加快实现东北地区等老工业基地全面振兴"。这标志着新一轮东北振兴战略正式启动实施。2017 年 10 月召开的党的十九大深刻分析了国际国内形势变化，做出了中国特色社会主义进入了新时代、中国社会主要矛盾发生变化等重大论断，确立了习近平新时代中国特色社会主义思想的指导地位，提出了新时代坚持和发展中国特色社会主义的基本方略，明确了决胜全面建成小康社会、开启全面建设社会主义现代化国家新征程的目标。党的十九大明确提出，"深化改革加快东北等老工业基地振兴"，同时持续优化营商环境、加快培育发展新动能、支持传统产业优化升级、培育若干世界先进制造业集群、加强创新体系建设、实施乡村振兴战略、推进新型城镇化、深化国有企业改革、扩大对外开放等领域也提出了与东北振兴紧密相关的新要求，新一轮东北振兴战略的实施进入了新阶段。

2.4.3 中部崛起规划

党中央、国务院于2004年做出重大决策，实施促进中部地区崛起战略。中部地区的空间范围包括山西、安徽、江西、河南、湖北、湖南六省。促进中部地区崛起，是落实四大板块区域布局和"三大战略"的重要内容，是构建全国统一大市场、推动形成东中西区域良性互动协调发展的客观需要，是优化国民经济结构、保持经济持续健康发展的战略举措，是确保如期实现全面建设小康社会目标的必然要求。

中部崛起规划经历了探索、改进、深化三个阶段。

第一，2004—2007年，探索阶段。中部地区在全国区域发展格局中具有举足轻重的战略地位。为了解决区域发展不协调的问题，2004年3月，温家宝总理在《政府工作报告》中首次提出"促进中部地区崛起"。2006年3月，国家"十一五"规划纲要明确提出"促进中部地区崛起"。同年4月，国务院正式出台了《关于促进中部崛起的若干意见》，提出坚持把改革开放和科技进步作为动力，着力增强自主创新能力、提升产业结构、转变增长方式、保护生态环境、促进社会和谐，建设全国重要的粮食生产基地、能源原材料基地、现代装备制造及高技术产业基地和综合交通运输枢纽，在发挥承东启西和产业发展优势中崛起，实现中部地区经济社会全面协调可持续发展，为全面建设小康社会做出新贡献。

第二，2007—2014 年，改进阶段。为了更好借鉴和吸纳西部地区和东北地区发展规划的具体做法，2007 年年初，国务院办公厅批准同意中部 26 个城市比照实施振兴东北地区等老工业基地有关政策，243 个欠发达县（市、区）比照实施西部大开发有关政策。同年，国家发改委批准武汉都市圈和长株潭城市群建设"全国资源节约型、环境友好型社会建设综合配套改革试验区"。2008 年年初，国务院办公厅印发《关于中部六省实施比照振兴东北等老工业基地和西部大开发有关政策的通知》，"两个比照"政策正式出台。同年，由国家发改委牵头的促进中部地区崛起工作部际联席会议制度开始运行。2009 年 9 月，国务院通过了《促进中部地区崛起规划》，提出了"四带六圈"的战略布局：加快构建沿长江经济带、沿陇海经济带、沿京广经济带和沿京九经济带，大力发展武汉城市圈、中原城市群、长株潭城市群、皖江城市带、环鄱阳湖城市群和太原城市圈。2009 年 12 月，国家先后批准了武汉东湖自主创新示范区和江西省鄱阳湖生态经济区建设。2010 年年初，安徽省皖江城市带建设获批。同年 9 月，国务院颁布了《关于中西部地区承接产业转移的指导意见》。同年 12 月，山西省国家资源型经济转型综合配套改革试验区成立。2012 年，为了加快中部地区崛起速度，国家出台了《国务院关于大力实施促进中部地区崛起战略的若干意见》；同年 7 月，作为中国首个内陆开放试验区，郑州航空港经济综合实验区成立；同年 11 月，河南省提出的中原经济区建设获批。

第三，2014 年至今，深化阶段。2014 年 3 月，《晋陕豫黄河金三角区域合作规划》通过国务院审议。同年4月，湖北省和湖南省联合设立的洞庭湖生态经济区获得国务院批准。同年8月，长株潭自主创新示范区设立。2015年3月，湖北省、湖南省和江西省三省共建的《长江中游城市群发展规划》获批。同年4月，湖南湘江新区得以设立。2016年，国务院先后批复同意河南省建设郑洛新国家自主创新示范区、安徽省建设合芜蚌国家自主创新示范区、江西省设立赣江新区。同年5月，国务院办公厅《关于加快中西部教育发展的指导意见》出台。2016年12月，国务院审议通过了《促进中部地区崛起"十三五"规划》，规划巩固提升"三基地、一枢纽"的地位，并适应新形势新任务新要求，科学确定新时期中部地区在全国发展大局中的战略定位，根据新形势提出了中部地区"一中心、四区"的新战略定位，即把中部地区建设为"全国重要先进制造中心、全国新型城镇化重点区、全国现代农业发展核心区、全国生态文明建设示范区、全方位开放重要支撑区"。新规划也明确了中部崛起战略的九项任务。截至2016年年底，国家为促进中部地区崛起共出台了25项主要政策，其中4项为纲领性政策，对中部经济社会建设起到了引领性作用。其余为具体性政策，主要针对具体省份不同省情而出台。这些政策的出台大大加快了中部崛起的步伐。

2.4.4 京津冀协同发展规划

2014年2月，习近平总书记在北京召开座谈会时首次提出京津冀协同发展。2015年4月底，《京津冀协同发展规划纲要》由中央政治局会议审议通过，为推进京津冀协同发展定下了基本目标。

第一，功能定位。在规划纲要中，最受瞩目的无疑是京津冀三地功能定位。具体而言：a.北京市：全国政治中心、文化中心、国际交往中心、科技创新中心；b.天津市：全国先进制造研发基地、北方国际航运核心区、金融创新运营示范区、改革开放先行区；c.河北省：全国现代商贸物流重要基地、产业转型升级试验区、新型城镇化与城乡统筹示范区、京津冀生态环境支撑区。上述定位以三省市"一盘棋"为指导思想，体现了功能互补、错位发展、相辅相成的基本理念。三省市定位服从国家整体发展要求，服务于京津冀区域整体定位，符合京津冀协同发展的战略需要。

第二，发展目标。纲要阐明了京津冀协同发展的近期、中期及远期目标。a.近期：到 2017 年，有序疏解北京非首都功能取得明显进展，在交通一体化、生态环境保护、产业升级转移等重点领域率先取得突破，深化改革、创新驱动、试点示范有序推进，协同发展取得显著成效。b.中期：到 2020 年，北京市常住人口控制在 2300 万人以内，北京"大城市病"得到缓解；区域一体化交通网络基本形成，生态环境质量得到有效改善，产业联动发展取得重大突破；协同发展机制有效运转，区域内发展差距趋于缩小。京津冀协同发展、互利共赢的新局面初步形成。c.远期：到 2030 年，首都核心功能更加优化，京津冀区域一体化格局基本形成，区域经济结构更加合理，生态环境质量总体良好，公共服务水平趋于均衡，成为具有较强国际竞争力和影响力的重要区域，在引领和支撑全国经济社会发展中发挥更大作用。

第三，空间布局。经反复研究论证，京津冀以"功能互补、区域联动、轴向聚集、节点支撑"为基本思路，明确提出构建"一核、双城、三轴、四区、多节点"的空间格局。a.一核：以北京为核心，把有序疏解非首都功能、优化提升首都核心功能、解决北京"大城市病"作为京津冀协同发展的首要任务。b.双城：要进一步强化京津联动，全方位拓展合作广度和深度，加快实现同城化发展，共同发挥高端引领和辐射带动作用。c.三轴：京津、京保石、京唐秦三个产业发展带和城镇聚集轴。d.四区：中部核心功能区、东部滨海发展区、南部功能拓展区和西北部生态涵养区。e.多节点：包括石家庄、唐山、保定、邯郸等区域性中心城市和张家口、承德、廊坊、秦皇岛、沧州、邢台、衡水等节点城市，重点是提高其城市综合承载能力和服务能力，有序推动产业和人口聚集。

　　第四，功能疏解。疏解北京非首都功能是京津冀协同发展的工作重点。a.疏解对象：（a）一般性产业特别是高消耗产业；（b）区域性物流基地、区域性专业市场等部分第三产业；（c）部分教育、医疗、培训机构等社会公共服务功能；（d）部分行政性、事业性服务机构和企业总部。b.疏解原则：（a）坚持政府引导与市场机制相结合，既充分发挥政府规划、政策的引导作用，又发挥市场的主体作用；（b）坚持集中疏解与分散疏解相结合，考虑疏解功能的不同性质和特点，灵活采取集中疏解或分散疏解方式；（c）坚持严控增量与疏解存量相结合，既要把好增量关，明确总量控制目标，也要积极推进存量调整，引导不符合首都功能定位的功能向周边地区疏解；（d）坚持统筹谋划与分类施策相结合，结合北京城六区不同的发展要求和资源环境承载能力，统筹谋划，建立健全倒逼机制和激励机制，有序推出改革举措和配套政策。

第五，重点领域。京津冀协同发展的重点领域主要包括三类。a.交通一体化：构建以轨道交通为骨干的多节点、网格状、全覆盖的交通网络。重点是打通国家高速公路"断头路"，全面消除跨区域国省干线"瓶颈路段"，加快构建现代化的津冀港口群，打造国际一流的航空枢纽，加快北京新机场建设。b.生态环境保护：打破行政区域限制，推动能源生产与消费的革命，促进绿色循环低碳发展。重点是联防联控环境污染，建立一体化的环境准入和退出机制，推进生态保护，建设一批环首都国家公园。c.产业发展：加快产业转型升级，打造立足区域、服务全国、辐射全球的优势产业聚集区。注重三省市产业发展规划的衔接，制定京津冀产业转移指导目录，加快津冀产业承接平台建设。

2.4.5　长江经济带发展规划

2016 年 3 月，中共中央政治局召开会议，审议通过了《长江经济带发展规划纲要》。纲要以"共抓大保护，不搞大开发"为总基调，从规划背景、总体要求、大力保护长江生态环境、加快构建综合立体交通走廊、创新驱动产业转型升级、积极推进新型城镇化、努力构建全方位开放新格局、创新区域协调发展体制机制、保障措施等方面描绘了长江经济带发展的宏伟蓝图。

第一，发展目标。纲要提出了长江经济带建设的近期目标与中长期目标。a.近期：到 2020 年，（a）生态环境明显改善，水资源得到有效保护和合理利用，生态环境保护体制机制进一步完善；（b）长江黄金水道瓶颈制约有效疏畅、功能显著提升,基本建成衔接高效、安全便捷、绿色低碳的综合立体交通走廊;(c)创新驱动取得重大进展,培育形成一批世界级的企业和产业集群;(d)基本形成陆海统筹、双向开放,与"一带一路"建设深度融合的全方位对外开放新格局;(e)基本建立以城市群为主体形态的城镇化战略格局,城镇化率达到60%以上,人民生活水平显著提升,现行标准下农村贫困人口实现脱贫;(f)协调统一、运行高效的长江流域管理体制全面建立,统一开放的现代市场体系基本建立;(g)经济发展质量和效益大幅提升,基本形成引领全国经济社会发展的战略支撑带。b.中长期:到2030年,(a)水环境和水生态质量全面改善,生态系统功能显著增强,水脉畅通、功能完备的长江全流域黄金水道全面建成;(b)创新型现代产业体系全面建立,上中下游一体化发展格局全面形成;(c)生态环境更加美好,经济发展更具活力,人民生活更加殷实,在全国经济社会发展中发挥更重要的示范引领和战略支撑作用。

第二,空间布局。长江经济带横跨11个省市,"一轴、两翼、三极、多点"是基本的空间布局。a.一轴:以长江黄金水道为依托,发挥上海、武汉、重庆的核心作用,以沿江主要城镇为节点,构建沿江绿色发展轴。b.两翼:发挥长江主轴线的辐射带动作用,向南北两侧腹地延伸拓展,提升南北两翼支撑力。c.三极:以长江三角洲城市群、长江中游城市群、成渝城市群为主体,发挥辐射带动作用,打造长江经济带三大增长极。d.多点:发挥三大城市群以外地级城市的支撑作用,以资源环境承载力为基础,不断完善城市功能,发展优势产业,建设特色城市,加强与中心城市的经济联系与互动,带动地区经济发展。

第三，长江生态环境保护与黄金水道建设。一方面，长江生态环境保护是一项系统工程，涉及面广，要推动建立地区间、上下游生态补偿机制，加快形成生态环境联防联治、流域管理统筹协调的区域协调发展新机制。具体而言，包括建立负面清单管理制度、加强环境污染联防联控、建立长江生态保护补偿机制三项措施。另一方面，要着力推进长江水脉畅通，把长江全流域打造成为黄金水道，促进港口合理布局。在此基础上，加快综合交通网络建设，大力发展联程联运，率先建成网络化、标准化、智能化的综合立体交通走廊。

第四，产业发展。在提及增强自主创新能力、推进产业转型升级、打造核心竞争优势的基础上，纲要还特别强调了引导产业有序转移，主要包括三个要点：一是突出产业转移重点，下游地区积极引导资源加工型、劳动密集型产业和以内需为主的资金、技术密集型产业向中上游地区转移，严格禁止污染型产业、企业向中上游地区转移；二是建设承接产业转移的平台，推进国家级承接产业转移示范区建设；三是创新产业转移方式，鼓励上海、江苏、浙江到中上游地区共建产业园区，发展"飞地经济"。

第五，新型城镇化建设。长江上中下游城镇化水平和质量差别很大，推进新型城镇化不能搞"一刀切"，而是要大中小结合、东中西联动。纲要围绕提高城镇化质量这一目标，提出了优化城镇化空间格局、推进农业转移人口市民化、加强新型城市建设、统筹城乡发展等重点内容。

第六，对外开放。着力构建长江经济带东西双向、海陆统筹的对外开放新格局。立足上中下游地区对外开放的不同基础和优势，因地制宜提升开放型经济发展水平。一是发挥上海及长江三角洲地区的引领作用。加快复制推广上海自贸试验区改革创新经验。二是将云南建设成为面向南亚、东南亚的辐射中心。三是加快内陆开放型经济高地建设，推动区域互动合作和产业聚集发展，打造重庆、成都、武汉、长沙、南昌、合肥等内陆开放型经济高地。

第七，市场一体化。实现市场一体化不仅需要统一市场准入制度、加快完善投融资体制，还需要清理阻碍要素合理流动的地方性政策法规，推动劳动力、资本、技术等要素跨区域流动与优化配置。在此基础上，通过 PPP 模式建设基础设施、推进公用事业项目，实现江海联运、铁水联运、公水联运，构建统一开放有序的交通运输市场，为市场一体化保驾护航。

第八，基本公共服务一体化。推进基本公共服务一体化发展，是长江经济带区域协调发展的重要内容。域内基本公共服务合作发展的关键，在于创新体制机制。纲要主要围绕加快教育合作发展、推进公共文化协同发展、加强医疗卫生联动协作三点展开论述。

2.4.6　粤港澳大湾区发展规划

2019 年 2 月，中央发布《粤港澳大湾区发展规划纲要》。该规划主要可划分为三大部分：

一是总论。阐述了大湾区的发展基础、机遇挑战、重要意义，明确了大湾区建设的指导思想、基本原则与战略定位。纲要指出，在新一轮科技革命和产业变革蓄势待发、供给侧改革持续推进、全面深化改革取得重大突破的背景下，湾区建设面临无限机遇，但湾区内部同时也存在产能过剩、供需矛盾、要素流动不通畅、内部发展差异明显、资源约束趋紧等问题。因此，只有在坚持五大发展理念的基础上，深入贯彻"一国两制"的基本国策，才能实现到2022年"国际一流湾区和世界级城市群框架基本形成"与到2035年"国际一流湾区全面建成"的目标。

二是分论。围绕粤港澳大湾区的空间布局、科技创新、基础设施、产业体系、生态文明、人民生活、扩大开放、深度合作等关键问题展开系统性论述：

空间布局：以香港－深圳、广州－佛山、澳门－珠海为核心，构建极点带动、轴带支撑的网络化空间格局，完善中心城市（港澳深广）与节点城市并存的城市群体系，以辐射带动"珠三角"区域发展。

科技创新：推进广州－深圳－香港－澳门科技创新走廊建设，建立以企业为主体、市场为导向、产学研深度融合的技术创新体系，打造高水平科技创新载体和平台，优化区域创新环境。

基础设施：构建以广深港澳为枢纽的对外综合运输通道以巩固现代化的综合交通运输体系，推进粤港澳网间互联宽带扩容、加快新型智慧城市试点示范和"珠三角"国家大数据综合试验区建设、提升网络安全保障水平以优化提升信息基础设施，优化能源供应结构、强化能源储运体系以建设能源安全保障体系，完善水利基础设施、加强海堤达标加固、建设珠江干支流河道崩岸治理重点工程以强化水资源安全保障。

产业体系：在加快发展先进制造业、培育壮大战略性新兴产业、加快发展现代服务业（多集中于金融领域）的基础上，大力发展海洋经济，促进产业优势互补、紧密协作、联动发展，培育若干世界级产业集群。

生态文明：以建设美丽湾区为引领，打造生态防护屏障，加强水体、大气、土壤环境治理，创新绿色低碳发展模式。

人民生活：在支持粤港澳三地合作办学、加快建设粤港澳人才合作示范区、拓展就业创业空间、促进社会保障和社会治理合作的同时，共同打造公共服务优质、宜居宜业宜游的人文湾区、休闲湾区、健康湾区，增进湾区人民生活福祉。

扩大开放：落实内地与香港、澳门 CEPA 系列协议，进一步优化"珠三角"九市投资和营商环境，提升大湾区市场一体化水平，全面对接国际高标准市场规则体系，加快构建开放型经济新体制，形成全方位开放格局，共创国际经济贸易合作新优势，为"一带一路"建设提供有力支撑。

深度合作：优化提升深圳前海深港现代服务业合作区功能，打造广州南沙粤港澳全面合作示范区，推进珠海横琴粤港澳深度合作示范，发挥各地优势，共建特色合作平台。

三是规划组织实施的基本要求。围绕加强组织领导、推动重点工作、防范化解风险、扩大社会参与等四方面展开系统性论述，多力并举，共同助力粤港澳大湾区发展。

2.4.7 "长三角"一体化发展规划

《长江三角洲区域一体化发展规划纲要》(以下简称《规划纲要》)经 2019 年 5 月 13 日中共中央政治局会议通过,由中共中央、国务院于 2019 年 12 月印发实施。《规划纲要》分为十二章。规划期至 2025 年,展望到 2035 年。

第一,战略定位。2018 年 11 月 5 日,习近平总书记在首届中国国际进口博览会上宣布,支持长江三角洲区域一体化发展并上升为国家战略,着力落实新发展理念,构建现代化经济体系,推进更高起点的深化改革和更高层次的对外开放,同"一带一路"建设、京津冀协同发展、长江经济带发展、粤港澳大湾区建设相互配合,完善中国改革开放空间布局。

长江三角洲地区是中国经济发展最活跃、开放程度最高、创新能力最强的区域之一,在国家现代化建设大局和全方位开放格局中具有举足轻重的战略地位。推动"长三角"一体化发展,增强"长三角"地区创新能力和竞争能力,提高经济聚集度、区域连接性和政策协同效率,对引领全国高质量发展、建设现代化经济体系意义重大。

第二,规划范围。规划范围包括上海市、江苏省、浙江省、安徽省全域(面积 35.8 万平方公里)。以 27 个城市为中心区(面积 22.5 万平方公里),辐射带动"长三角"地区高质量发展。以上海青浦、江苏吴江、浙江嘉善为"长三角"生态绿色一体化发展示范区(面积约 2300 平方公里),示范引领"长三角"地区更高质量一体化发展。以上海临港等地区为中国（上海）自由贸易试验区新片区，打造与国际通行规则相衔接、更具国际市场影响力和竞争力的特殊经济功能区。

纲要将"长三角"生态绿色一体化发展示范区和上海自贸试验区新片区特别用两章内容进行阐述。对示范区，要推进统一规划管理、统筹土地管理、建立要素自由流动制度、创新财税分享机制、协同公共服务政策等，为"长三角"地区全面深化改革、实现高质量一体化发展提供示范。对上海自贸区新片区，要以投资自由、贸易自由、资金自由、运输自由、人员从业自由等"五个自由"为重点，打造特殊经济功能区，带动"长三角"新一轮改革开放。

第三，七大领域发力。纲要从推动形成区域协调发展新格局、加强协同创新产业体系建设、提升基础设施互联互通水平、强化生态环境共保联治、加快公共服务便利共享、推进更高水平协同开放、创新一体化发展体制机制七大方面，提出了系列改革举措。

推动形成区域协调发展新格局。发挥上海的龙头带动作用，苏浙皖各扬所长，加强跨区域协调互动，提升都市圈一体化水平，推动城乡融合发展，构建区域联动协作、城乡融合发展、优势充分发挥的协调发展新格局。

加强协同创新产业体系建设。深入实施创新驱动发展战略，走"科创＋产业"道路，促进创新链与产业链深度融合，以科创中心建设为引领，打造产业升级版和实体经济发展高地，不断提升在全球价值链中的位势，为高质量一体化发展注入强劲动能。

提升基础设施互联互通水平。坚持优化提升、适度超前的原则，统筹推进跨区域基础设施建设，形成互联互通、分工合作、管理协同的基础设施体系，增强一体化发展的支撑保障。

强化生态环境共保联治。坚持生态保护优先，把保护和修复生态环境摆在重要位置，加强生态空间共保，推动环境协同治理，夯实绿色发展生态本底，努力建设绿色美丽"长三角"。

加快公共服务便利共享。坚持以人民为中心，加强政策协同，提升公共服务水平，促进社会公平正义，不断满足人民群众日益增长的美好生活需要，使一体化发展成果更多更公平惠及全体人民。

推进更高水平协同开放。以"一带一路"建设为统领，在更高层次、更宽领域，以更大力度协同推进对外开放，深化开放合作，优化营商环境，构建开放型经济新体制，不断增强国际竞争合作新优势。

创新一体化发展体制机制。坚持全面深化改革，坚决破除制约一体化发展的行政壁垒和体制机制障碍，建立统一规范的制度体系，形成要素自由流动的统一开放市场，完善多层次多领域合作机制，为更高质量一体化发展提供强劲内生动力。

2.4.8 雄安新区规划

2017 年 4 月 1 日，中共中央、国务院印发通知，决定设立国家级新区河北雄安新区。雄安新区下辖河北省保定市的雄县、容城县、安新县三个县及周边部分地区，面积约 2000 平方公里。

2018 年 2 月 22 日，习近平总书记主持召开中央政治局常委会会议，听取雄安新区规划编制情况的汇报并发表重要讲话。李克强总理主持召开国务院常务会议，审议雄安新区规划并提出明确要求。京津冀协同发展领导小组直接领导推动新区规划编制工作。按照党中央要求，进一步修改完善形成了《河北雄安新区规划纲要》。2018年4月，《河北雄安新区规划纲要》全文公布。2018年12月，经党中央、国务院同意，国务院正式批复《河北雄安新区总体规划（2018—2035年）》。《河北雄安新区总体规划（2018—2035年）》共14章58节，与2018年4月公布的《河北雄安新区规划纲要》相比，增加了承接北京非首都功能疏解、推进城乡融合发展、塑造新区风貌和打造创新发展之城等4章22节。

第一，战略意义。设立河北雄安新区，是以习近平同志为核心的党中央深入推进京津冀协同发展做出的一项重大决策部署，是继设立深圳经济特区和上海浦东新区之后再度设立一具有全国意义的新区，是千年大计、国家大事。雄安新区作为北京非首都功能疏解集中承载地，与北京城市副中心形成北京新的两翼，有利于有效缓解北京"大城市病"，探索人口经济密集地区优化开发新模式；与以2022年北京冬奥会和冬残奥会为契机推进张北地区建设形成河北两翼，有利于加快补齐区域发展短板，提升区域经济社会发展质量和水平。

第二，空间布局。雄安新区实行组团式发展，选择容城、安新两县交界区域作为起步区先行开发并划出一定范围规划建设启动区，条件成熟后再稳步有序推进中期发展区建设，划定远期控制区为未来发展预留空间。坚持以资源环境承载能力为刚性约束条件，统筹生产、生活、生态三大空间，将雄安新区蓝绿空间占比稳定在70%，远景开发强度控制在30%。将淀水林田草作为一个生命共同体，形成"一淀、三带、九片、多廊"的生态空间结构。

第三，有序承接北京非首都功能疏解。雄安新区作为北京非首都功能疏解集中承载地，重点承接北京非首都功能和人口转移。积极稳妥有序承接符合雄安新区定位和发展需要的高校、医疗机构、企业总部、金融机构、事业单位等，严格产业准入标准，限制承接和布局一般性制造业、中低端第三产业。与北京市在公共服务方面开展全方位深度合作，引入优质教育、医疗、文化等资源，提升公共服务水平，完善配套条件。

第四，总体思路。纲要系统性阐明了新区建设的总体思路。具体而言：

实现城市智慧化管理。坚持数字城市与现实城市同步规划、同步建设，适度超前布局智能基础设施，打造全球领先的数字城市。

营造优质绿色生态环境。践行"绿水青山就是金山银山"的理念，大规模开展植树造林和国土绿化，将生态湿地融入城市空间，坚持绿色发展，强化大气、水、土壤污染防治，加强白洋淀生态环境治理和保护。

实施创新驱动发展。瞄准世界科技前沿，面向国家重大战略需求，积极吸纳和聚集创新要素资源，高起点布局高端高新产业，大力发展高端服务业，构建实体经济、科技创新、现代金融、人力资源协同发展的现代产业体系。

建设宜居宜业城市。按照雄安新区功能定位和发展需要，沿城市轴线、主要街道、邻里中心，分层次布局不同层级服务设施，落实职住平衡要求，形成多层级、全覆盖、人性化的基本公共服务网络。着力提升教育、医疗、就业、住房等环节的服务和保障。

打造改革开放新高地。体制机制改革创新在新区先行先试，争取率先在重要领域和关键环节取得新突破，形成一批可复制可推广的经验，为全国提供示范。

塑造新时代城市特色风貌。要坚持顺应自然、尊重规律、平原建城，坚持中西合璧、以中为主、古今交融，做到疏密有度、绿色低碳、返璞归真，形成中华风范、淀泊风光、创新风尚的城市风貌。

保障城市安全运行。牢固树立和贯彻落实总体国家安全观，以城市安全运行、灾害预防、公共安全、综合应急等体系建设为重点，构建城市安全和应急防灾体系，提升综合防灾水平。

统筹区域协调发展。加强同北京、天津、石家庄、保定等城市的融合发展，与北京中心城区、北京城市副中心合理分工，实现错位发展。

参考文献：

[1] [英] 彼得·霍尔. 城市和区域规划. 北京: 中国建筑工业出版社, 1985.

[2] 蔡玉梅, 高平. 发达国家空间规划体系类型及启示. 中国土地, 2013 (2): 60—61.

[3] 刘慧, 樊杰, 李扬. "美国2050"空间战略规划及启示. 地理研究, 2013 (1): 90—98.

[4] 孙久文, 叶裕民. 区域经济学教程. 北京: 中国人民大学出版社, 2003.

[5] 中共中央 国务院关于新时代推进西部大开发形成新格局的指导意见. 2019.

[6] 中共中央 国务院关于全面振兴东北地区等老工业基地的若干意见. 2016.

[7] 国务院关于大力实施促进中部地区崛起战略的若干意见. 2012.

[8] 长江经济带发展规划纲要. 2016.

[9] 粤港澳大湾区发展规划纲要. 2019.

[10] 长江三角洲区域一体化发展规划纲要. 2019.

[11] 河北雄安新区规划纲要. 2018.

[12] 王红茹. 专家解读《京津冀协同发展规划纲要》. 中国经济周刊, 2015 (18): 52—54.

第 3 章　区域规划的客观基础

　　要进行一个特定地区的区域规划，必须明确规划所依据的客观基础是什么。很显然，政治、经济和资源环境是要考虑的三个基本要素。

3.1　政府的主体地位

　　中央和地方政府作为区域规划的主体，是由其在区域经济中的利益主体的地位决定的。这主要体现在中央和地方政府对于区域经济所拥有的各类资源的事实上的支配权，对于中央和地方国有企业的所有权和对于区域经济运行的管理、指导等权力方面，因此它们既是区域规划的主体，也是使用者。只有使区域规划的具体内容变为中央和地方政府的决策，区域规划才能真正得到落实。

3.1.1　规划为区域经济发展服务

　　区域规划主要解决"为谁规划"和"规划为用"的问题。区域规划是为地区的区域经济发展服务的，所以它的服务对象只能是地区的利益主体。由于区域经济理论研究的是空间问题，而这个空间上的主体只有两个——政府和企业，毫无疑问，区域规划是为它们而做。

（1）为政府规划

政府是区域经济的利益主体，以人民为中心的要求，使政府的行为必须符合人民的利益。区域规划一般是中央和地方政府委托的活动，同时用户也是中央和地方的各级政府。中央政府是全国人民利益的代表，地方政府是该区域人民利益的代表，是地方资源的拥有者和管理者。它们要对国家和地方的发展负责，它们必须要想方设法使经济增长，以保证人民的利益和幸福指数的提升。它们需要确立发展经济的指导思想，需要知道发展经济的途径和道路，需要吸引投资，改善环境。因此，政府需要制定区域规划。无论是由政府自己制定，还是由专业的规划组织制定，都能够起到促进经济发展的作用。

（2）为企业规划

企业本身不应当直接参与规划，但区域规划应当为企业的发展服务。企业是区域经济的主体，是区域经济运行的微观基础。区域规划如何为企业服务，是真正需要认真探讨的问题，也更能体现市场经济条件下区域规划的作用。

区域规划作为企业发展的宏观经济背景，对企业未来的发展有指导性意义。包括企业规模扩大、企业市场战略调整、企业机构设置和企业搬迁等多方面行动，都与区域规划有各种各样的联系。区域规划是企业发展规划的条件，企业发展与区域发展应融为一体。有些企业集团，依靠某一个区域作为基础，把这个区域的开发看成是企业本身发展的一部分，通过企业发展来带动区域发展，通过区域发展来促进企业发展，积累了很好的经验。例如，区域规划中的产业发展规划是具体规划某一类产业在某一个特定地区的发展方向、规模、水平等的规划，成为企业未来发展的指导性行动纲领和发展依据。这类规划指导性强，对企业发展的指导作用十分明显。

3.1.2 政府主体地位是怎样形成的？

中央和地方政府的区域规划的主体地位，是通过以下四个方面形成的：

（1）政府拥有区域资源的所有权

由土地、矿产等组成的自然资源，管理者是国家。但除了少数特大型矿山由国家直接开发外，这些资源的管理者和开发者，是各级地方政府。地方政府可以通过对各类资源的开发利用，获得经济利益，取得建设用的资本。特别是土地资源，随着土地所有权、经营权和使用权的分置，土地资源的价格相差很大。发达的城市，通过对土地的开发利用，可以获得大量的建设资本。这种拥有资源、开发资源、获取利益等一系列经济活动的本身和结果，就说明地方政府已经取得了利益主体的地位。

公共的自然资源归国家所有。各级政府之所以成为资源配置的主体，是由于政府代表全体人民来管理国家，维护主权，发展经济。政府行使的是宪法赋予的权力，是代表全国各民族人民的共同利益的。政府可以通过对资源利用的长期规划，合理利用资源，使资源的利用能够成为经济建设的基础和获取物质财富的源泉。由于政府拥有行政权威及公正性，因此政府拥有配置资源的权力，才符合人民群众的利益。资源本身是稀缺的和有限的，只有政府按照规划合理配置，才能防止资源的枯竭，达到可持续发展的目的。

（2）政府拥有对国有企业的所有权

中国国有企业的形成，或者是原来由国家投资兴建，随着调整中央与地方的关系，转隶给地方政府，或者是地方政府利用自己的资本或贷款兴建。无论是哪种来源，中央和地方政府都是代表人民的企业的真正所有者。国有企业的股份制改造，并不是要取消中央和地方政府对企业的拥有权，而是通过股份制改造，增强企业的活力。政府是企业中国有股份的所有者，是代表国家和全体人民来行使这种所有权。当然，股份的所有权和企业的经营权是两回事，二者应当分离。只有这样，企业才能真正按照市场规律运行，担负起使国有股份保值和增值的责任。

中央和地方政府的这种利益主体地位，是推动地区经济发展的一种动力。各级政府从自己地区经济发展的愿望出发，对本地区老百姓负责，有义务使人民的生活水平不断提高；为增强本身的经济实力，有必要使国有经济保值增值。

（3）政府是地区经济调控的主体

中央和地方政府一方面通过自身的经济活动和对国有企业的管理来影响经济的运行，成为运行的主体，另一方面又通过对其他经济成分运行的调控，促进市场发育和经济增长。

中国目前在市场经济体制确立之后，企业是多种所有制共存、国有经济成分为主导。在市场经济发展的过程中，政府不是唯一的运行主体，还有许多其他的经济运行主体。也就是说，经济运行不完全是政府行为，而更多是企业行业。政府要保持对一个地区经济发展的控制能力，使之不至于陷入无政府的混乱状态，增强政府对经济发展的调控能力，增加调控的手段，是十分必要的。

（4）政府是地区经济运行的主体之一

任何一个地区的经济发展，从基础设施建设到技术进步、增加投资、制定区域经济发展战略，都要依靠政府来组织，并通过政府运用各种手段去促进和规范。

中国的地区经济运行，其主要的调节机制是市场。中国的市场经济是由多种所有制成分构成的。地方政府所代表的国有成分，是一个地区经济发展的主导成分，代表着一个地区经济发展的方向和经济增长的主力。国有经济的运行，规范和影响着其他经济成分的运行。

不仅如此，中央和地方政府日益增长的支出数量，也对地区的经济运行产生了极大的影响。地方政府的支出，包括生产性的投资和支出，如基本建设投资、企业技改投资等，也包括非生产性支出，如工作人员的工资、为机关单位和事业单位的行政业务支出等等，都增加了全社会的经济活动总量，增加了对各种产品的最终需求，促进了社会上货币的流通，也促进了市场的发育。

3.1.3　区域规划的应用领域

政府在以下几个领域应用区域规划：

（1）宏观经济发展领域

地区经济发展，从宏观领域来看，必须要有明确的目标，并保持经济发展的连续性，这就要求地方政府必须有一个长期的发展战略规划。

首先，确定经济增长的目标，选择实现目标的手段。地区经济发展的目标体系当中，总量目标、速度目标和质量目标，是地方政府最关心的三个方面。地区经济发展总量目标，是一个地区在未来一段时期内经济发展的总体规模，是地区经济实力的体现，也是地方政府政绩的主要体现。速度目标则是地方政府实现总量目标的具体安排。质量目标是区域经济发展是否健康、平稳以及人民生活水平是否提高的标志。地方政府要实现其经济增长的目标，必须制定一定时期的经济发展战略，运用自己掌握的手段来实现自己的目标。通过对区域内经济发展的优势和劣势进行具体分析，制定出科学的发展战略和具体规划。

其次，通过对基础设施的投资，引导地区的产业发展方向，以达到调整产业结构与布局的目的。一个地区内各项基础设施的建设，包括水、电、交通、通信等，基本上属于地方政府的投资范畴，或者地方政府吸引社会资本或国外资本投入。其中为企业服务的生产性基础设施的建设，往往带有强烈的倾向性，反映出地方政府在一定时期对产业选择的态度。为了鼓励各种资本投向地方政府所希望的领域或者区域，常见的情况是地方政府投资修筑一些道路，供电、供水设施，以改善这些领域或区域的投资环境。

最后，通过对地方政府所拥有的各种经济手段的使用，平衡地区关系，促进区内欠发达地区的发展。例如，在2013—2020年间，发展本地区内的欠发达地区，帮助一部分人脱贫致富，是许多地方政府的重要任务。当时由中央推动执行"精准扶贫"战略，就是要解决全国 832 个贫困县和"片区县"人均收入提高，"两不愁、三保障"① 的问题。如果我们不把扶贫当作地方政府的一个重要经济职能来看待，就会背离经济发展的根本宗旨，也不符合中国社会主义的经济性质。所以扶贫仍然是许多地方政府日常工作表中名列前茅的目标。

（2）地区自然资源开发领域

通过开发自然资源，达到发挥地区优势的目的，从而促进地区经济的发展。地方政府在这其中扮演重要的角色。而开发资源的顺序，应当有一个详细的规划，这是区域规划要完成的工作。

同"合理分工、分级管理"的方式相适应，中央政府对自然资源的管理也是逐步下放到地方各级政府，这样，资源开发就有三种形式：（1）国家直接开发的自然资源。有些资源，由于其国民经济的意义极大，或开发的资本金要求极高，只能由国家投入，组建开发公司来开发，如三峡工程、海上石油的勘探和开发等。这一部分的项目一般是数目少、单体的投资巨大。也有一部分国家级的开发项目，要由国家和地方共同投资。这部分项目没有前一类规模大，但对地区的发展有很大的促进作用，开发之后，当地受益较大。（2）地方开发的自然资源。地方开发的自然资源，一般规模小一些，但却代表了地方的优势条件，是一些资源丰富地区经济发展的启动器，特别是土地资源，其收入成为地方建设资金的主要来源。资源导向

---

① "两不愁、三保障"指吃不愁、穿不愁，教育、住房和医疗有保障。

型产业的发展顺序是：资源→产品→市场→技术→资本，也就是说，有什么样的资源，就发展什么样的产业，根据可能发展的规模，去寻找可能的资本。（3）正确处理中央与地方在资源开发上的关系。中央让利和地方顾全大局，是解决资源开发上产生的诸多问题的唯一可行方案。地方上顾全大局，与中央让利是相辅相成的。地方不应只顾本地利益，干扰国家重点项目的建设生产；国家开发自然资源，也要考虑到地方的利益，使地方能够获得发展的机会。

（3）地区经济运行领域

为优化地区的经济运行机制，建立完善的市场机制，是地方政府重要的经济职能。所谓市场机制，一方面是成熟的市场体系，另一方面是畅通的流通渠道。规划所能够做到的，是有序地获取各类生产要素。

对各类市场的管理，是地方政府的一项重要的日常经济功能。地方政府的工商、税务等部门，是管理市场的主要职能部门。政府对市场的管理，主要体现在维护公平、维持秩序、维系经济关系等方面。市场运行的情况如何，市场吸引范围的大小，都与市场管理的水平分不开。地方政府必须加强对市场的管理，并借助现代的管理手段和传媒技术，扩大市场的影响。

生产要素的供给和流通，是地区经济运行的前提条件。各种生产要素的运行都有其自身的规律，地方政府的经济职能，是有效地组织这些生产要素，形成完善的生产要素流通体制和要素市场，并通过区际合作获取本地区缺少的那些生产要素。

（4）地区各种经济活动领域

政府调节经济活动，是指地方政府通过规划来进行决策，并通过职能部门贯彻这些决策，达到管理区域经济活动的目的。政府决策的基础是区域规划。

行政手段的调节，具有相对规范性。行政手段对经济活动的调节，是通过政府的职能部门。作为规范的行政机构，一般是用规范的行政模式来调节经济活动，因此具有相对规范性。但是，由于经济活动的相对易变性，使用行政性的规范调节，有时会将经济活动限制过死，不利于经济活动的创新和发展，所以把区域规划的文本作为调节的依据，是十分得体的。而通过规划来调节经济发展，一般都有一定的倾向性，表现为政府将优先发展的主导产业或支柱产业，或者重点发展的区域作为主要调节对象，在政策上和生产上对其进行倾斜，以引导地区经济聚集到特定的部门和特定的地区。为防止产业的盲目发展，也同样需要区域规划来事先谋划。

政府通过规划调节经济活动的范围包括：（1）社会基础产业的发展。主要包括能源、交通、通信、原材料工业和农业。基础产业的建设投入大、周期长、回报率低，有时跨部门、跨行业、跨区域。这种类型的产业，从兴建到管理，都要接受政府的行政调节。（2）国有企业的壮大。国有企业是国家或地方政府投资兴办的企业，一般都隶属于某一个职能部门。股份制改造后，国有股份仍将占主导地位，也必须接受地方政府的行政调节。（3）资源的开发。资源产业一般都归国家所有，接受国家或地方政府职能部门的管理。资源产业主要指各类能源、矿产开发的部门。

3.2 政治、经济和科技基础

那么，政府为什么能够积极地去制定区域规划？很显然，政府制定区域规划是为地区的政治目的服务的，即为地区社会发展和管理的要求服务。区域规划的制定，具有相应的政治、经济和法律基础

3.2.1 政府干预区域发展的理论

在区域经济学当中，中心地理论、新古典区域经济理论、增长极理论、输出基础理论和核心－边缘理论都阐述了政府干预区域经济发展的思想，包括干预目标、干预领域和干预手段。

政府干预的理由是：人类社会在不断前进，经济在不断发展，人类本身和文化也在发生巨大的变化。如果任其自由发展，结果可能对人类有利，也可能不利，甚至是灾难。例如，人类对环境的无休止破坏、对其他生物的无休止猎杀反过来影响到人类自身的健康和生存，非典、禽流感等都给了我们很大的教训。所以，需要有一个政府来组织、安排人类的发展过程，处理好人类与资源和环境的关系。区域规划是政府组织和安排人类社会生活的一个重要的、具体的行动。

区域规划的理论基础是政府干预理论。政府通过制定合适的政策去对区域经济进行干预，区域规划是制定政策的基本依据，政策、规划与社会发展有着密切的关系。

政府干预区域规划的种类，一般分为两种：a.目标性干预。即

通过对区域未来发展远景的展望，确定未来区域发展的目标，以此引导区域经济发展的路径，是思想性和展望性的干预；b.问题性干预。发现区域经济发展中的现实问题，提出解决问题的方法，对已经有的规划进行修改，调整区域经济发展的方向，是适应性和策略性的干预。

政策、规划、社会发展和政府干预的关系如图 3-1 所示：

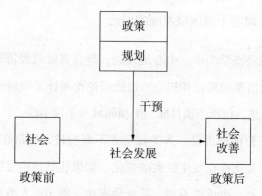

图 3-1　规划、政策与政府干预的关系

近年来，中国中央政府干预区域经济的行动，主要集中在三个方面：a.提出跨省区的区域经济开发战略，如 2000 年的"西部大开发"，2003 年的"东北振兴"等。b.协调区域经济关系。中央政府通过发展规划的形式，提出并协调不同行政区的经济关系，如京津冀协同、"长三角"一体化和粤港澳大湾区建设等。c.投资建设跨区域的大型基础设施项目。国家的基本建设投资，大多使用在这些项目上，如"西电东送"工程、"西气东输"工程、"南水北调"工程，特别是全国的高速铁路建设。

中国地方政府干预区域经济的行动，主要集中在五个方面：a. 为区域经济发展营造一个稳定的经济环境；b. 集中投资于地区的基础设施建设；c. 领导社区的改造；d. 开发地区的人力资源和自然资源；e. 为企业和部门创造发展的机会。无论中国还是西方国家，政府每时每刻都在干预地区的经济发展，只是有些干预是成功的，也有些是失败的。

3.2.2 政府制定区域规划的政治和法律依据

如果说政府干预区域经济发展在理论上是有依据的，那么政府干预区域规划同样可以依据这些理论。同时，政府干预区域规划还有特殊的依据。

（1）政治依据

区域规划是一项政治性很强的行动。首先，规划的过程涉及地区的土地、资源、建筑、公共设施等，影响面很大，关系到社会的发展和稳定；其次，规划还会涉及私人财产，如私人的住宅等，处理起来十分复杂；再次，规划涉及今后行动的巨大的资本投入，规划的好与不好，对未来投资使用的效果有很大影响；最后，规划发展的领域与地方政府未来财政收入的来源有很大关系。

政府在制定区域规划时进行的政治考虑，一般遵循三个理论：

第一，均衡论。社会是一个系统，机关、团体、组织、个人组成社会结构，每种要素都有自己的功能，彼此之间有一定的联系，相互交流，不断调整，达到均衡，形成社会的稳定结构。这种均衡包括三个方面：通过法律制度维护政治权威的均衡，通过经济活动维护生产关系的均衡，通过分配制度维护社会结构的均衡。均衡论认为，政府主要是通过实施政策和规划来实现这些均衡。

第二，冲突论。社会是一个开放系统，任何区域都存在区内矛盾和区际矛盾，矛盾产生冲突，冲突推动变革，最后达到区域的协调。例如，中国在 20 世纪 80—90 年代，存在较为激烈的省区之间的冲突，而今天更多是看到省区之间的合作与协调。冲突论对区域经济政策和规划的影响很大，地方政府必须从本地区最广大人民的利益和价值观出发，并以此作为制定政策和规划的基本原则。

第三，结合论。均衡与冲突并不完全是对立的，在更多的情况下是可以互相结合的。不稳定增长理论认为，经济增长过程是不平衡和不稳定的，而且是周期性的。由于新技术应用于生产领域，经济增长可分为准备阶段、快速增长阶段，然后转入成熟阶段和缓慢增长阶段，这样形成一个发展的周期，这个周期是周而复始的。其中前面两个阶段是为冲突论所支配，后两个阶段为均衡论所支配。所以，该理论认为，区域经济政策和规划应当考虑到区域的特点，鼓励区域内部和区域之间的竞争，并在新技术应用的前提下，实现区域经济的新增长。同时，要协调区域的关系，使区域关系在统筹发展的前提下实现均衡。

（2）法律依据

区域规划的法律基础，首先是"征用权"的使用。所谓"征用权"是政府为了公共目的所具有的征用财产的权力。例如，道路建设时对建设范围内房屋和其他建筑物的征用，城市改造时对旧房屋的搬迁等，都是使用这个权力的例子。当政府征用财产时，必须对所征用的财产部分进行价值补偿。其次是政府对单位和私人财产实施公共管理的权力，主要表现为政府通过规划来规范各类财产的使用范围和途径。例如，个人房屋的修建必须经过规划部门的批准，对违反功能分区的投资项目坚决禁止等。

3.2.3 影响政府制定区域规划的机制

根据上面的理论分析，在制定区域规划的实践中，影响中国地方政府制定区域规划的机制主要有：

（1）目标驱动

影响地方政府制定区域规划的首要因素是区域发展的目标。区域规划目标的内容，包括对区域经济活动的约束目标和推动目标两个方面。从其约束目标来看，关键是要处理好国家、地方和企业目标的关系。由于中国的改革开放给社会生活带来了巨大变化，目前的投资主体发生了很大的变化，在由国家、地方政府、企业（含外资）所构成的总的投资份额中，企业的比重越来越大。因此，从发展目标来看，政府对国家经济增长和区域平衡发展的追求与企业对最大利润的追求两个目标之间的冲突，制约着产业选择的合理化，而通过规划协调是最有说服力的。从国家发展和经济增长的大目标出发，兼顾区域和企业的利益，制定一系列完整的目标体系，分层次来实现各类目标的任务，这就是区域规划的目标机制，也正是这个机制，驱动着政府去发展经济，反过来又需要区域规划为经济发展服务。

（2）利益驱动

利益驱动是区域经济发展机制中的主体部分，也是影响地方政府制定区域规划的首要因素。无论杜能、韦伯，还是胡佛、艾萨德的理论当中，所强调的都是如何实现区域经济利益的最大化，亦即体现了利益驱动型区域经济发展的指导思想。

地方政府作为地方利益的代表，所考虑的既不是全局的最优，也不是企业的利益，而是一个地方的最大利益。地方政府行为是介于中央政府行为和企业行为两者之间的一种行为。由于地方政府是中央政府的下级机构，不能不服从国家的统一规划，但对牺牲地方利益也不情愿。在更多的时候，地方政府更愿意考虑企业的利益，特别是当企业利益与地方利益相统一的时候。通过区域规划去追求区域的最大利益，是区域利益的很好的获得途径。

（3）宏观调控

地方政府在制定区域规划时，还必须要考虑到国家的宏观调控。宏观调控的有效途径是控制经济发展的规模和方向。调控的手段主要包括国家的直接投资和财政税收、产业协调、区域倾斜等。其中国家的直接投资虽然目前在社会总投资中的份额较小，但都是投在国计民生的重大项目上，对改善地区的投资环境起着重大作用。而国家的财政、税收政策，则是从收支上来制约区域的投资行为。而转移支付等手段，可以用来平衡地区的发展差距。宏观调控机制所要实现的目的是从宏观上为产业部门选择最适宜发展的地域，同时为地区选择最需要的产业部门。要准确评估规划期内中央政府的政策动态，做好本区域的发展规划，建好项目库，一旦中央在某方面的政策出台，作为地方，可以有备无患。

（4）市场竞争

市场因素对区域规划的影响，反映在市场变化的不确定性上。通过规划去规范某些市场行为，能够使政府管理经济的政策更科学、更有章法。市场机制作用的特点首先是由企业的独立法人地位所决定的。企业生产的产品、采用的技术、选择的生产地点，都由企业来决定。企业通过衡量不同地区的收益收入，并对投资进行风险分析，最终确定所选区位。企业的区位选择是否最优需通过生产产品的市场价格和需求量的变化来检验。政府要规范企业的行为，要有一个能够共同自觉遵守的规范；在产业发展上，最有约束力的就是发展规划。

（5）创新引领

区域经济增长的另一个重要原因是区域创新的存在。熊彼特的创新理论，是发达地区经济增长理论的基础。人力资本成为经济增长的主要因素后，创新就成为左右经济增长的关键性行动。事实上，人力资本的开发是通过创新表现出来的，这种创新可以反映在熊彼特指出的五个方面：使用一种新的技术，开发一种新的产品，运用一种新的工艺，开拓一种新的市场和尝试一种新的组织形式。区域创新是这五个方面的集成，是把人力资本所实现的创新在区域上表现出来。总之，可以认为区域经济增长是一种综合性的或者混合型的经济增长。

3.2.4 影响政府制定规划的主要因素

影响区域规划的主要因素由于种类多，情况复杂，本身具有很大的不确定性，对区域规划的影响，具有灵活、富于变化的特点。

（1）人口和劳动力

区域规划不仅涉及一个部门或一个企业，而是涉及区域内的所有企业或部门，这些部门或企业对劳动力的数量、质量和价格等方面都提出了不同的要求。我们在区域规划中，应当把人口和劳动力资源上升到人力资本和智力资本的高度来认识。人力资本和智力资本对产业发展的影响增大，可以从以下三个方面理解：

首先，在农业经济时代和工业经济时代，自然环境和自然资源是影响产业发展的主要因素，如农业生产主要取决于降水、土壤、气候、日照等因素，工业的采掘业和制造业也主要取决于矿产资源的分布和初级产品是否丰富。而在当今的人工智能时代，基因农业等依靠高科技进行农业生产等形式的产生，正在改变传统的农业生产形式。在工业领域，高新技术产业成为主导产业，高新技术产业是一种主要依靠智力资本的产业，同时，随着科技进步，新材料、新能源不断产生，利用原材料的深度和广度也不断加大。对于我们来讲，体力的支出越来越变为脑力的支出，所以必须加快智力资本的开发。

其次，在当今时代，产业结构升级的方向是以劳动、资本密集型产业为主向知识、技术密集型产业为主过渡，无形的服务性产品生产渐渐占据重要的产业发展的地位，信息、网络、资讯、金融、文化等智力资本产业将成为主导产业。因此，对人力和智力资本的占有、配置、生产、分配、使用成为衡量地区发展条件的最重要因素，同时也成为企业拥有的一种资本。包括智力资本在内的无形资产将成为重要的投资方向，成为地区企业之间角逐的焦点。

最后，人口和劳动力资源上升到人力资本和智力资本之后，对产业发展影响的综合性更强。人口和劳动力资源对某些产业是限制性的，例如作为地区发展方向的高新技术产业。从各类企业对科技人员数量的要求来看，如果劳动密集型产业要求科技人员比例为4%—5%，那么高新技术产业则须达到15%—20%，或者更高。因此，高新技术产业对科技人员的要求，也同样有一个门槛数量。

（2）资本

资本因素是现代经济发展的决定性因素之一。经济增长是资本投入的函数。资本问题与规划地区的投资项目有很大关系。这包括两个方面的问题：吸引资本和投资分配。对于一个地区来说，其资本来源可能是多方面的，归结起来，可分为内部积累资本和外部投入资本。目前，第一类资本的重要性日益增加，第二类资本则又分为两部分——国家投入的资本和外商、其他地区投入的资本，前者逐年减少，后者逐年增加。招商引资是许多地区经济生活中的大事，但招商引资不应是盲目的，应当从区域规划的要求出发。

区域规划考虑的是一个地区资本投入的总量和这些资本在地区各产业之间的配置情况。所以规划的产业发展和重点项目都应当有一个很详细的项目库，每一个项目的投资概算都应当十分完备。发展规划和项目准备是招商引资的基础，也是争取国家发展计划支持的基础。

（3）市场

市场因素对区域规划的影响，是规划发展的产业部门最终能否真正发展起来的重要依据。市场的需求量和产品的市场价格，决定了市场容量的大小。而需求量的变化，对生产产品的数量和品种都会产生新的需求。市场需求量和市场价格，是地区产业发展的宏观前提。

市场因素对区域规划影响的集中表现：一是由于距离因素对区位选择的影响减弱，市场成为对农业和工业指向性最大的因素，因此规划中发展哪些产业、发展到多大规模，都需要依据市场因素来决定。二是由于市场因素是对第三产业影响最大的因素，而第三产业是消费区产业，它的发展是由人口数量和人均收入水平决定的，它的大部分行业对区位没有任何特殊要求，同时它对环境的污染小，地区容量大，布局的自由度大，因此，第三产业布局是随着市场的扩大而增加的。三是企业的任何一种产品或服务，都有一个最大的销售范围，占有一定范围的市场区，只有在这个范围内才可能达到最大的销售额，也就是每一种产品或服务都有自己的限界。区域规划要认识到规划区域主要产业的主要市场区的基本范围，并在规划当中体现出来，用来指导区域产业发展规划。

（4）运输

在古典的农业区位理论和工业区位理论中，距离因素是产业区位选择的最主要因素。传统工业运量大、单位重量的价值低，降低运费是降低产品成本的关键，因此运输因素是最主要的区位因素。

在区域规划当中考虑运输因素，主要是将其作为区域基础设施的一个组成部分，考虑其发展的总体规模和分布格局。本区域经济发展的规模和水平与运输能力之间要有一个平衡，人口和产业分布的形态与运输能力的分布形态之间要有一个平衡，本区域对外经济联系的需要与对区外运输的通道的能力之间要有一个平衡。这些平衡需要通过市场机制的作用来调节，而不可能完全靠国家或政府投资的项目来调节，这就要求发展运输业的体制必须进行改革，把过去按照地区的国土面积来平衡分配运输资源，改为按照地区的经济规模和产业分布的要求来分配运输资源。

（5）科技

经济增长是地区社会发展的基础，通过区域规划来促进区域经济增长是一条规范的发展道路；制定区域规划的根本目的，是促进区域经济增长。区域经济产值的增长是区域经济增长的核心，产品生产能力的上升是区域经济增长的标志，先进技术的应用是区域经济增长的基础，制度建设是区域经济增长的条件。我们制定区域规划也必然要涉及这四个方面的问题。

技术对区域规划的影响是通过技术进步来体现的。进行区域规划，必须把技术进步考虑在内。技术的影响包括：a.技术的进步扩展了产业分布的地域范围，改善了各类矿物资源的平衡状况及其地理分布。b.技术进步改善了产业本身的分布状况。生产工艺、运输技术、输电技术等的进步，降低了生产成本，扩展了时空范围，从而改变了产业分布的面貌。c.技术进步改变了产业内部的结构，新的工业部门不断涌现，老的工业部门在新技术武装下被赋予了新内涵，它们所消耗的能源、原材料也发生了很大变化。

区域规划考虑的技术因素包括三个方面：

第一，科研人员数量。例如，据统计，2018 年中国共有研发机构 3306 个，研发人员 46.4 万人（见表 3–1）。

表 3–1 中国科学研究人员与研发机构数量

年度	机构数（个）	研发人员（万人）
2014	3677	42.3
2015	3650	43.6
2016	3611	45
2017	3547	46.2
2018	3306	46.4

资料来源：《中国统计年鉴 2019》。

第二，区域的技术开发能力。2018 年，全国共投入研发经费 19677.9 亿元，比上年增加 2071.8 亿元，增长 11.8%；研发经费投入强度（与国内生产总值之比）为 2.19%，比上年提高 0.04 个百分点；按研发人员全时工作量计算的人均经费为 44.9 万元，比上年增加 1.3 万元。[1] 地区研发经费投入超过千亿元的省（市）有六个，分别为广东（占 13.7%）、江苏（占 12.7%）、北京（占 9.5%）、山东（占 8.4%）、浙江（占 7.3%）和上海（占 6.9%）。研发经费投入强度超过

---

[1] 国家统计局、科学技术部、财政部：《2018 年全国科技经费投入统计公报》，2019 年 8 月 30 日。

全国平均水平的省（市）有六个，分别为北京、上海、广东、江苏、天津和浙江（见表3-2）。

表3-2 2018年各地区研发经费

地区	研发经费（亿元）	研发经费投入强度（%）	地区	研发经费（亿元）	研发经费投入强度（%）
全国	19677.9	2.19	河南	671.5	1.4
北京	1870.8	6.17	湖北	822.1	2.09
天津	492.4	2.62	湖南	658.3	1.81
河北	499.7	1.39	广东	2704.7	2.78
山西	175.8	1.05	广西	144.9	0.71
内蒙古	129.2	0.75	海南	26.9	0.56
辽宁	460.1	1.82	重庆	410.2	2.01
吉林	115	0.76	四川	737.1	1.81
黑龙江	135	0.83	贵州	121.6	0.82
上海	1359.2	4.16	云南	187.3	1.05
江苏	2504.4	2.7	西藏	3.7	0.25
浙江	1445.7	2.57	陕西	532.4	2.18
安徽	649	2.16	甘肃	97.1	1.18
福建	642.8	1.8	青海	17.3	0.6
江西	310.7	1.41	宁夏	45.6	1.23
山东	1643.3	2.15	新疆	64.3	0.53

资料来源：国家统计局、科学技术部、财政部：《2018年全国科技经费投入统计公报》。

第三，区域的适用技术选择。对于地区发展来讲，规划中应当根据区域的经济发展水平和发展的特点选择适用的技术。有些技术很先进，但其应用需要有与之相适应的基础设施和人文条件，与地区或企业的资本能力也有很大的关系。所以，真正能够为地区发展带来机遇的是那些适用的技术，是与地区发展阶段和发展能力相适应的技术。例如，关于高新技术产业在中国的发展，北京选择的是科研开发和总部基地，上海和深圳选择的是微电子等高技术产业的生产，长沙选择的是软件开发，西安选择的是以农业技术为先导的技术开发，而其他地区只能是围绕这些中心城市发展一些配套的产品生产。技术的地域转移是区域规划必须考虑的重要因素，是充分考虑地区发展现状、准确估计将来发展的基础性条件。最近20年来，国际制造业及其生产技术向中国沿海地区转移，使沿海原来的一些纺织、原材料等的生产技术向内地转移。地区规划要有充分的预见性，不失时机地引进对本地区有用的、相对先进的技术。为了能够为引进技术创造条件，必须有效地改善本地的投资环境，包括税收、管理、土地价格、能源和水资源供应等方面的条件。

3.3　区域规划的资源环境基础

区域规划的客体是我们面对的要规划的区域。对于规划的制定者来说，首先要考虑有哪些因素对区域经济产生影响，然后考虑在这些因素的作用下区域经济如何增长和发展。区域经济发展的影响因素，就是区域规划的影响因素。对影响因素的分析，既是我们研究区域规划的起点，也是具体规划的起点。

3.3.1　影响区域规划的自然因素

（1）自然环境

自然环境由区域的自然条件和生态环境构成。自然条件包括区域的气候条件、地形地貌条件和土壤条件等，生态环境则包括土地和水环境、植被环境、生物多样性环境等。自然环境的影响主要有：

首先，对产业部门发展的影响。自然条件对各类产业发展的影响，表现为直接影响到各类产业的区位选择。其中，自然条件对农业的影响最为明显。在各种自然条件中，降水、气温、日照等要素，往往能够决定某种农产品的布局区域。例如，棉花生产对日照的要求很高，日照时数低的地区就无法进行种植；茶叶对积温的要求很高，积温不达标的地方基本上也无法种植。热带作物、亚热带作物和温带作物在生产地域上的区别，是反映自然条件影响的最主要标志。在农业区划中进行农作物适宜区选择时，主要依据的就是这几种自然条件的情况。自然条件对工业的影响，主要表现在各类工业企业的用水、用地及一些特殊环境的要求上。地质地貌条件、气候的干湿度情况，以及光照、风向等，都能够决定某些部门能否在一些特定的地域布局，这对于规划部门发展来讲，是必须要考虑的。

其次，对城乡建设和人居环境的影响。随着科学技术的进步和可持续发展战略的实施，区域和城市各类基础设施的建设对自然条件的要求越来越高，特别是人类对城市建设的环境要求越来越高。除了满足城市建设中的用地用水等必备条件外，第三产业的发展，也由于城市的这些变化，形成不同的特色，自然条件是其发展的主要影响因素。风向、水流和降雨等情况对道路、车站、机场、港口等的影响都很大，都在一定程度上制约其能否进行布局。

再次，考虑到人类本身对居住环境的要求不断提高，城乡建设过程当中对自然条件的选择显得十分重要。优雅的环境、清澈的河流、美丽的山峦，都成为城乡人居环境建设必不可少的条件。人类对自然条件的改造，是为了提高人类对自然环境的适应能力，同时通过人类的努力，使自然条件发生变化，成为对人类生产、生活有利的环境。

（2）自然资源

在一定的经济、技术条件下，产业的地区组合和企业规模都受到地区资源禀赋的制约。第一产业的产品直接取自于自然资源，它的分布必须与自然资源完全一致。农业的发展，主要取决于土地的情况，矿业则取决于矿产资源的分布。

第二产业的产品间接来源于自然资源，它的分布因此出现多种情况。从传统形式上看，工业接近原料地和消费地，就近取得所需的原料和燃料，这是自然资源对第二产业影响的最直接体现。例如，19世纪末和20世纪初的钢铁企业，主要布局在煤炭产地，采取"移铁就煤"的布局方式，就反映出这一点。随着科技的进步，自然资源对工业布局的约束越来越小，布局的自由度加大，自然资源对它的影响更多的以间接的形式表现出来。工业企业在远离原、燃料产地的市场区域或交通枢纽进行布局，使工业生产和自然资源在空间上脱节。南美洲和澳大利亚产的铁矿砂可能运到日本去生产钢铁，中东的石油运到法国和德国去加工等，无不表明自然资源影响能力的减弱。从理论上讲，这种减弱主要来源于两个方面：其一，交通运输业的发展，使运输速度更快，运输成本更低。其二，产业结构的高级化，使某些产品中自然资源的含量微不足道，而智力资源的含量却大幅度增加。但是，这并不意味着资源对人类的重要性在减弱，而是恰恰相反。由于人口的增加、生产总规模的不断扩大，人类所消耗的自然资源的总量与日俱增，而资源存量又十分有限，使许多种类的资源面临枯竭。因此，产业的合理布局，应充分体现出资源合理利用和合理配置的要求。总的来看，这种使其布局自由度增大的倾向，对区域规划的好处是：技术的进步改变了自然资源的经济意义，改善了各类矿物资源的平衡状况和地理分布，距离因素对产业区位选择的影响减弱，运输的制约性在降低，因而使规划产业部门的选择自由度加大。例如，原来只有在资源富集区才能发展的产业部门，可以成为中心城市规划中的选择部门。在工业社会，处于资源经济时代，资源的有效供给决定着企业的命脉，而在知识经济时代，自然资源不再是产业发展的唯一需要，产业发展更多的需要智力资源和社会资源（包括资本、制度、劳动力、文化、管理等）。因此，在有限的自然资源衰竭和减少的同时，智力资源和社会资源变得更加丰富，区域规划中应当更加注意选择以智力和文化为基础的产业部门的发展。

3.3.2　中国区域经济发展的资源环境评价

资源是人类赖以生存的物质来源，是经济和社会发展的物质基础，也是人类生存环境的基本要素。合理利用和有效保护资源是全人类面临的长期任务，也是人类社会可持续发展战略中的一个重要组成部分。目前，随着中国经济迅速发展和人口不断增加，对资源的需求与日俱增，资源与经济发展的矛盾日渐突出。为此，必须对中国资源的现状有较深刻的了解。

（1）土地资源

中国的国土面积约为 960 万平方公里，占世界有人居住土地总面积的 7.2%，仅次于俄罗斯和加拿大而位居世界第三。2017 年耕地面积为 134.9 万平方公里，次于美国和印度而名列第三；草地面积 4 亿公顷，位居世界第二，其中，牧草地面积为 219.3 万平方公里；林地和有林地面积为 3.92 亿公顷，少于巴西、俄罗斯、加拿大和美国而居世界第五。

（2）水资源

中国是世界上水资源最丰富的国家之一。根据水利部《2018 年中国水资源公报》，2018 年，全国水资源总量为 27462.5 亿立方米，地表水资源量为 26323.2 亿立方米，地下水资源量为 8246.5 亿立方米，地下水与地表水资源不重复量为 1139.3 亿立方米。在中国，流域面积在 100 平方公里以上的河流有 5 万余条，总长度达 42 万公里。每年的河川径流总量平均为 27115.15 亿立方米，占世界河川径流总量的 5.6%，次于巴西、俄罗斯、加拿大、美国和印尼而居世界第六。同时，中国有 2305 个面积在 1 平方公里以上的天然湖泊，湖泊总储水量为 7510 亿立方米。此外，中国还有世界上面积最大的冰川，其冰川总面积达 58651 平方公里，总储水量超过 5 万亿立方米。

（3）森林资源

中国在森林资源种类、林地面积和活立木蓄积量上都是世界上最丰富的国家之一。中国有木本植物 7000 余种，其中乔木有 2800 余种，植物类之丰富，仅次于巴西和马来西亚而居世界第三，其中有不少是残余种和中国特有种，如水杉、银杉等。中国虽然森林覆盖率不高，但因国土面积辽阔，森林资源面积和活立木蓄积量仍位居世界前列。2018 年中国林业用地面积约为 3.26 亿公顷，森林面积约为 2.20 亿公顷，森林覆盖率达到 22.96%，活立木总蓄积量超过190 亿立方米。

（4）气候资源

中国疆域辽阔，地形地势复杂，因而气候资源也独具特色。由于中国背靠世界最大的陆地——亚欧大陆，面向世界最大的大洋——太平洋，加之纬度南北跨度为 50 度，经度东西跨度为 62 度，因此气候资源丰富多样。一般认为，中国气候资源具有如下的特点：纬度地带性强，南北热量相差悬殊；距海远近不同，东西干湿差异大；山区立体气候，空间变化大；随时间演替，年际变化大；一年干湿二季，水热配合较为协调；区域性强，类型组合多样。

（5）矿产资源与能源

中国由于地域辽阔，地质构造复杂，地壳活动频繁，成矿条件好，矿床类型多，是世界上矿产资源数量较丰富、品种较齐全的国家之一。

根据自然资源部的《中国矿产资源报告（2019）》，2018 年中国主要矿产中 37 种查明资源储量增长，11 种减少。铁矿石资源储量为 852.19 亿吨，锰矿资源储量为 18.16 亿吨，铜矿查明资源储量为 11443.49 万吨，铅矿查明资源储量 9216.31 万吨，锌矿查明资源储量 18755.67 万吨，铝土矿查明资源储量 51.7 亿吨，钨矿查明资源储量 1071.57 万吨。

中国石油查明资源储量为 35.73 亿吨，天然气查明资源储量 5.79 万亿立方米，煤层气查明资源储量 3046.30 亿立方米，页岩气查明资源储量 2160.20 亿立方米，煤炭查明资源储量 17085.73 亿吨。[①] 中国 2018 年煤炭探明可采储量仅次于美国、俄罗斯和澳大利亚，居世界第四位，但是相比于前三者，中国煤炭探明可采储量中的绝大部分为烟煤和无烟煤，占比超过了全国总量的 94%。图 3-2 表示的是 2018 年中国煤炭探明可采储量占世界总量的比例。

---

① 石油、天然气、煤层气、页岩气为剩余技术可采储量，分类标准参见 GB/T 19492—2004。非油气矿产为查明资源储量（全部原地资源储量），分类标准参见 GB/T 13908—2002。

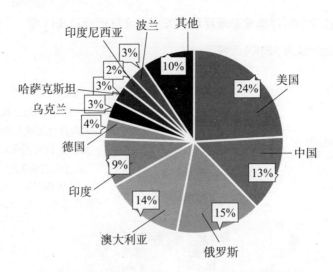

图3-2　2018年中国煤炭探明可采储量占世界总量比例

资料来源:《主要矿产品供需形势分析报告（2018年）》。

（6）海洋资源

中国海域辽阔，拥有非常丰富的海洋资源。中国大陆海岸线长约18000公里，岛屿岸线约14000公里，岛屿面积达38700平方公里，大陆架面积130多万平方公里，拥有海洋生物资源、海洋矿产资源、海洋空间资源、海洋能源、海水资源等海洋自然资源。图3-3表示的是2018年中国主要海洋产业增加值构成情况。

2018年，中国沿海主要规模以上港口码头长度达876.5公里，泊位数6150个，其中万吨级以上泊位为2019个。根据《2018年中国海洋经济统计公报》，2018年全国海洋生产总值83415亿元，比上年增长6.7%，海洋生产总值占国内生产总值的比重为9.3%；全年实现增加值33609亿元，比上年增长4.0%，其中滨海旅游业、海洋交通运输业和海洋渔业是海洋经济发展的支柱产业；2018 年，全国海水产品产量为 3301.4 万吨。

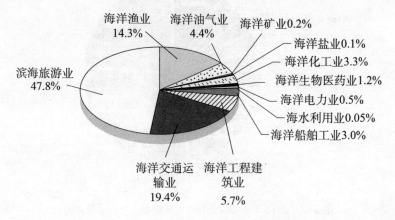

图 3-3　2018 年中国主要海洋产业增加值构成图

资料来源：《2018 年中国海洋经济统计公报》。

（7）景观资源

景观资源包括自然风光资源和人文风景资源。自然风光资源包括：a. 山岳风光类型：花岗岩地貌类型，如黄山、千山、普陀山、天台山、莫干山等；喀斯特即石灰岩地貌类型，由孤峰、石林、天生桥、地下河、溶洞等组成，如桂林、路南石林、七星岩等；丹霞即砂岩地貌类型，以广东仁化丹霞山为典型，如武夷山、乐山、青城山、承德等；火山地貌类型，如长白山、镜泊湖、五大连池、腾冲等；沉积岩地貌类型，如庐山、五台山、峨眉山等；其他名山风光，主要有西部的名山。b. 河湖泉瀑类型：河川峡谷类型，如三江并流地等；湖泊水库类型，如三峡水库、千岛湖等；瀑布风光类型，如黄果树等；泉水风光类型，如杭州虎跑等。c.海岸沙滩风光类型：包括海岸风光与海滩浴场等，由海洋、海滩、阳光组成，如北方的北戴河、南戴河，南方的广西北海银滩，海南岛的亚龙湾、天涯海角等。d.气候风光类型，如日出、云海、佛光等；e.生物景观类型，如森林、草原、鸟类、动物等。还有风沙、戈壁、化石等景观资源。

人文风景资源包括：a.历史古迹类型：有古遗址，如半坡村、周口店等；古代建筑，如故宫、长城等；古代工程，如大运河等；宗教圣地，如布达拉宫等；古城，如七大古都、平遥古城、丽江古城、荆州古城等。b.革命纪念地、博物馆类型，如延安等。c.民族风情、习俗类型，包括节日、生活习惯等。d.文化艺术类型，如京剧、天桥民间艺术等。e.名特产类型，包括丝绸、烟酒、工艺品等。

区域规划的客体是我们面对的要规划的区域。对于规划的制定者来说，首先要考虑有哪些因素对区域经济产生影响，然后考虑在这些因素的作用下区域经济如何增长和发展。区域经济发展的影响因素，就是区域规划的影响因素。对影响因素的分析，既是我们研究区域规划的起点，也是具体规划的起点。

3.4　区域规划中的空间尺度

制定规划是为了促进区域经济的增长，区域经济的增长通过相关的要素发生作用。区域经济的增长不可能是凭空造就的，必须落实到一定的地点。法国经济学家佩鲁把这种产业部门集中而优先增长的先发地区称为增长极。在一个广大的地域内，增长极只能是区域内各种条件优越、具有区位优势的少数地点。一个增长极一经形成，它就要吸纳周围的生产要素，使本身日益壮大，并使周围的区域成为极化区域。当这种极化作用达到一定程度，并且增长极已扩张到足够强大时，会产生向周围地区的扩散作用，将生产要素扩散到周围的区域，从而带动周围区域的增长。

极化效应。主导产业之后，在增长极上面将会产生极化作用，即增长极周围区域的生产要素向增长极集中，增长极本身的经济实力不断增强。我们现在一般把一个区域内的中心城市称为增长极，把受到中心城市吸引的区域称为"极化区域"，在纯粹的市场经济条件下，我们进行区域规划的区域应当是极化区域。为什么主导产业的产生会在增长极出现极化作用？主要原因在于由规模经济作用引起的产业聚集作用，使增长极能够不断成长壮大。规模经济指随着生产规模的扩大而导致生产的成本下降和收益增加。规模经济分为厂内规模经济和厂外规模经济。厂外规模经济引起产业聚集。产业聚集一般有三种形式：由于共同利用基础设施而获得成本节约的聚集，由于产业链的产前产后联系而获得成本节约的聚集，以及由于管理方便引起的聚集。产业聚集将带动科技、人才、信息、第三产业等的聚集，使产业聚集的空间载体增长极变得越来越强大，对周边地区要素的吸引也越来越大，从而形成生产要素向增长极集中的趋势，我们称这为极化效应。

扩散效应。扩散效应是与极化效应同时存在、作用力相反的效应。其表现是，生产要素从增长极向周边区域扩散的趋势。为什么增长极的产业会向周边地区扩散呢？首先，经济上的互相依存，使增长极在产生伊始，就存在扩散效应。在极化区域的生产要素向增长极聚集的过程中，形成了一个连续不断的物流，由于市场交易的存在，增长极在获取物质资料的同时，资本也同时流向周边地区。只要两地建立了市场经济的贸易关系，生产要素就始终是双向流动的，所以极化效用和扩散效用也是同时存在的。其次，由于技术发展水平的不断提升，增长极上的产业技术不断发生更替。增长极存在着产业不断更替的规律，被更替下来的产业向增长极周边地区转移，随着增长极的规模扩大和技术水平提升，这种趋势越来越明显，表现出来的结果是扩散效应一天比一天增大。再次，随着社会经济发展水平的提高，产业部门存在扩散的趋势。对一些在增长极无法从事的产业的需求越来越大，加入到这些产业的生产要素从增长极向周边扩散，以促进这些产业的发展，例如旅游业、资源开采业、仓储业以及倾向于原料产地的制造业等。扩散效应又被称为"涓滴效应"，即生产的发展通过扩散而促进增长极周边所有地区的发展，从而缩小地区之间的差异。

区域规划的空间尺度对于不同类型的规划十分重要。由于空间经济理论在尺度问题上的抽象表述被地理学家所诟病（Joshua Olsen，2002），因此我们在具体的规划中应当通过实证寻找尺度重构的标准。

（1）实证中的规划尺度

在实证研究中，厂区尺度成为较新的一个尺度，其聚集的空间范围相当于中国行政体制中的街道。城市尺度的研究对象主要是市域范围内的建成区以及城市群里的中心城市，国家-区域尺度则对应区域化的城市群和大都市区。

厂区尺度。厂区尺度也可以看作是集群尺度，指区域规划中最基础的规划区。这个尺度下，主要规划的内容是企业聚集的区域所涉及的相关问题，包括土地、供水供电、建筑等。对于厂区尺度的规划来说，马歇尔三大聚集力（劳动力市场池、投入产出品共享和知识溢出）对其发展与规划都有很大的贡献，表现为投入产出品共享最显著，但具有产业差异性；对于产品运输成本低的产业，劳动力市场池更显著。对于厂区尺度的规划区的规划，要注重科技水平、劳动力教育水平、产业组织结构（市场内外企业数量）等的情况。

城市尺度。对于城市尺度的规划区的规划，基本范围是城市建成区及其周边的范围，相当于通勤圈。这类区域的规划，首先要考虑城市的性质，其次是对其产品结构、人口结构、用地结构等进行统筹规划和具体安排，再次是确定这类区域的未来发展方向，并以此为导向确定产业、投资等的具体区位选择。

城市尺度的规划属于中观的区域规划，一般涉及的是产业层面而非企业层面，当然也包括产业集群和工业区等在规划区的分布和配置。

国家–区域尺度。国家–区域尺度的规划区的规划往往限定在国家层面的大型区域，与城市尺度和厂区尺度相比，其更强调要素差异、基建和制度优势。另外，国家–区域尺度的规划更注重区域定位，注重空间联系和国家层面的作用机制。国家层面规划能够把城市化模式差异、FDI 和市场潜力联系在一起，进而使规划更能体现国家和区域的发展方向。

（2）国家－区域治理理论

区域规划重视国家和区域的治理。第一，伴随全球化的加速，国家之间的合作更为重要，交通流动性所带来的实体空间重塑是其理论的现实依据，例如"一带一路"的愿景规划。第二，探寻国家空间尺度重构的动力机制，将规划过程目标化、动态化，形成国家空间重构的一般过程。第三，探寻国家空间规划的制定规律，通过总结地方区位政策来制定出有助于国家复兴的国家区域政策。其理论逻辑是将空间重构过程与资本循环过程匹配在一起，提出政府的主动选择性和空间重构的路径依赖性。

国家－区域层面的区域规划是从国家空间不均衡的实际出发的，因此明确每一个区域在国家政策中的地位和重要性，十分关键。

尺度重构的必要性。新区域主义的兴起是在全球－地方体系产生之后出现的，它更加强调区域内生和根植性的因素对区域发展的影响。区域之间有垂直化的尺度关系，而水平式关系网络尺度成为尺度重构的一种思路。从商品贸易到要素流动，从区域间流动到区域内流动，区域的空间尺度在信息和通信技术日益发达的今天开始数据化了，所以我们要从现代科技发展特别是数字经济的角度来重新思考区域之间的关系和区域本身的定位。

（3）尺度重构的途径

全球化和地方化是并行不悖的，而在全球化的背景下，区域面临着两种发展可能性。一是核心区与边缘区的相互转化，例如一百年前美国的北方与南方和今天美国北方与南方关系的对换。二是多区域的融合，即多个较小的区域融合为一个较大的区域，从而在国家发展中起到更重要的作用。

尺度重构旨在重新审视区域异质性特征，发挥政策的尺度正效应，以适应新的经济格局和治理趋势。尺度重构并不意味着行政区划的直接调整（刚性调整），它更体现国家－区域治理过程中的柔性调整和制度创新。这种柔性体现在行政区经济向区域经济的转换，政策从直接的财政转移支付、项目投资、产业转移转变为审批权限的放开、用地指标的充足和优惠政策的试点。

在中国，2005 年前三大地带的经济增速迅猛，"去中心化"催生了区域竞争，进一步拉大了区域间的经济差距。高强度的开发催生出一个个新的增长极，国土空间的开发趋于饱和。2005 年后，宏观经济渐稳，区域协调发展和主体功能区的出现预示着中国开始将经济的空间不平衡性纳入战略考量。中央政府加强了对地方的控制——收回土地审批权限，划定耕地红线，并且还统一出台区域战略。

在市场化改革过程中，地方概念的强化替代了区域概念。在 2005 年后的"十一五"规划中才出现四大板块的雏形；延续增长极和支撑带的发展思路，给四大板块"雨露均沾"式地分配城市群，尤其强调板块内城市群的一体化问题。长江中游城市群就是一个争议比较大的规划：一方面武汉、长沙、南昌既是中部省份的省会城市，又是长江流域的交通节点，其空间辐射效应强；另一方面三地分别受东部三大城市群吸引，尚未形成独立、经济联系密切的空间体系。此外，合肥加入后出现的"中四角"使得长江中游城市群更难协调分工。这些规划的区域认同不能仅仅从板块上来划分，经济总量和人均水平不应再是划分板块的唯一因素。

快速出台的区域规划往往空间尺度过大、区域内联系不紧密、区域发展条件还不成熟。区域发展的空间规模应该是以经济交通联系为依据，比如"珠三角""长三角"的扩容，过早地纳入到一体化区域之中去，容易在中国出现行政边缘化—合作消极化—城市竞争这样一系列恶性循环。最为明显的案例就是天津：京津冀在未有顶层设计出台前，天津一直存在与北京定位冲突、经济发展缺乏吸引力的问题。只有区域内城市间存在经济联系，且有合作空间，区域规划才具有可操作性。

相反，"长三角"最早的雏形（1983 年的上海经济区）只包括 10 个城市；1995 年，"长三角"15 市经济协作办主任联席会议制度成立；2001 年，沪苏浙经济合作与发展座谈会召开，两省一市的格局敲定，合作内容分为九个专题组，正式标志着"长三角"合作的整体化、常态化、战略化；2009 年，两省一市吸纳安徽作为正式成员出席"长三角"地区主要领导座谈会、"长三角"地区合作与发展联席会议；2016 年，国务院出台的《长江三角洲城市群发展规划》囊括了沪苏浙皖 26 市，并未囊括三省一市的全境。从这一过程可以看出三点：其一，"长三角"的合作和扩容尊重了经济发展和市场一体化，并采用自下而上、逐步扩大的方式。其二，"长三角"规划的出台进度是在其联席制度成熟运行之后，空间范围上规划内的城市也不超过（基本少于）参加联席会议的三省一市，这给未进入规划的城市既提供了发展机会，又留有发展空间，使得区域规划更科学合理。其三，"长三角"规划经历了地方政策、区域规划和国家战略三个阶段，因此政策体系完善、政策实施中阻力较小。

换言之，尺度重构是用动态的社会经济联系来替代距离作为区域划分的标准，修正了空间经济学尺度混乱的问题，构建了一套以空间经济学为基础、以人文地理学和政治经济学为尺度标准的空间治理理论，并加入了中国的实践经验。

（4）新时代的国家空间战略

由于中国区域内生性和根植性差异不能完全解释一体化进程中的区域差距，所以国家空间战略的影响不可忽视。

中国大尺度的空间战略经历中华人民共和国成立后的"工业西渐"、上世纪60年代的"三线建设"、改革开放后的沿海倾斜战略以及新世纪后的区域协调发展战略。其空间尺度的共性是以海陆距离作为区域划分的主要标准，并以缩小区域差异作为政策导向。

当前中国国家空间战略分为三个层面：在国家层面，以京津冀协同发展、长江经济带建设、粤港澳大湾区建设、"长三角"一体化和黄河生态保护与高质量发展为代表的区域重大战略对中国主要的经济地区做了顶层设计；在区域－城市层面，中国现共设立了19个国家级新区和11个自由贸易区，兼顾了各板块之间的均衡政策；在城市以下层面，各类各级产业高新区、经济技术开发区、示范区等更是遍地开花。中国空间战略已经向东中西联动的模式转变，区域协调发展成为主题。

中共十九大以来，中国的主要矛盾转变成人民日益增长的美好生活需要和不平衡不充分的发展之间的矛盾。其中，不平衡正是对中国区域经济发展中存在问题的高度总结。国家空间战略旨在缩小板块之间的政策差异，为各区域找到经济增长的新动能，从而实现中国宏观经济的空间战略。因此，从这一角度来说，国家的空间战略是具有国家－区域尺度属性的。

在区域内，由地方政府自组织或者中央政府牵头、地方政府参与的区域合作组织发挥着越来越重要的作用。在国家大尺度的空间战略之下，各区域内部进行战略的布局规划，并给予地方充分的政策制定权。

总体而言，国家空间战略与规划将在未来较长时期内成为缩小区域差距的主要抓手，但丰富战略体系、优化战略实施手段才能令其发挥出效果。

参考文献：

[1] 刘再兴. 中国区域经济——数量分析与对比研究. 北京：中国物价出版社，1993.

[2] 陈秀山、张可云. 区域经济理论. 北京：商务印书馆，2003.

[3] 陈才. 区域经济地理学. 北京：科学出版社，2001.

[4] 〔美〕郭彦弘. 城市规划概论. 北京：中国建筑工业出版社，1992.

[5] 〔美〕约翰·M. 利维. 现代城市规划. 北京：中国人民大学出版社，2003.

[6] 张可云. 区域大战与区域经济关系. 北京：民主与建设出版社，2001.

[7] 孙久文. 中国资源开发利用与可持续发展. 北京：九州图书出版社，1998.

[8] 〔德〕阿尔弗雷德·韦伯. 工业区位论. 北京：商务印书馆，1996.

[9] 〔美〕H. 钱纳里等. 工业化和经济增长的比较研究. 上海：上海三联书店，1997.

[10] 刘红丹，金信飞，高瑜. 论如何促进海洋资源的开发与保护. 中国资源综合利用，2019，37（11）：66–68.

［11］楼东，谷树忠，钟赛香.中国海洋资源现状及海洋产业发展趋势分析.资源科学，2005（05）：20-26.

［12］郑苗壮，刘岩，李明杰，丘君.我国海洋资源开发利用现状及趋势.海洋开发与管理，2013，30（12）：13-16.

［13］侯华丽，吴尚昆，王传君，刘建芬，陈其慎.基于基尼系数的中国重要矿产资源分布不均衡性分析.资源科学，2015，37（05）：915-920.

［14］中华人民共和国自然资源部.中国矿产资源报告2019.地质出版社，2019.

［15］中华人民共和国水利部.2018年中国水资源公报.2019.

［16］郭娟，崔荣国，闫卫东，林博磊，孙春强，刘增洁，周起忠.2017年中国矿产品供需形势.中国矿业，2018，27（06）：1-5+11.

［17］李原园，曹建廷，沈福新，夏军.1956—2010年中国可更新水资源量的变化.中国科学：地球科学，2014，44（09）：2030-2038.

［18］王丽波，郑有业.中国页岩气资源分布与节能减排.资源与产业，2012，14（03）：24-30.

［19］中华人民共和国自然资源部海洋战略规划与经济司.2018年中国海洋经济统计公报.2019.

第 4 章　区域规划的系统设计

区域规划是对区域整体发展进行谋划和安排，这种安排是规划者对一个区域发展的总体认识，并通过规划确立区域发展的合理进程。

4.1　区域规划的基本过程

区域规划理论认为，作为空间规划的区域规划是一个复杂的规划系统，并构成一种特定的人类活动。人们对区域规划过程的认识经历了一个长期的探索，在不断实践的基础上日益成熟起来。区域规划的规划过程是对特定的区域和城市进行管理和控制的预期安排，其基本的出发点是寻找实现人类活动目标的最有效途径。虽然区域规划的种类很多，但我们要探求的是规划的一般模式，阐述其共有的规划过程。

4.1.1　规划过程的一般模式

早期的规划者认为，规划就是编制方案，编制方案就是画出详细的规划图。例如，1947 年英国的《城乡规划法》提出了制定详细规划图的周密条款，并把规划的重点放在土地利用规划上，这时的规划重图纸而轻文字解释。

随着人们对区域发展问题的认识深入，区域规划的重点转到规划所要完成的任务和完成任务的各种途径的选择上面，从而开始提出各种政策，评价各种政策造成的结果。同时编制方案的重点也从详细的规划图转到文字的解释和说明。这种区域规划被称为以控制论为基础的系统规划，并沿用至今。

控制论的中心思想是将世间万物都看作一个复杂的、相互联系、相互作用的系统，一个大系统下面由若干子系统组成，每一个子系统的运行都受到各种要素的影响。人们可以对系统的各个部分引入各种控制机制，系统将向特定的方向运动和转化。把这个思想应用到区域规划当中来，人们可以有两种手段对制定的规划进行控制：第一，控制公共投资的方向，包括在基础设施、住房、教育或科技等方面的投资比例；第二，鼓励或限制私人投资对产业开发的权利。如果区域或城市的政府手中有了控制的手柄，就可以掌控区域经济发展的方向。

规划过程的模式有三类：

（1）直线发展的规划过程

规划过程呈直线关系发展，然后通过一个回路不断重复。规划方案要列出广泛的目标，根据这些目标来确定一些较具体的任务。然后，借助系统的模型来确定将要采取的行动方向。规划要求根据具体的任务和可能的财力来评价和比较各个方案，并采取行动来实施方案。隔一段时间，检查一下系统的状态，看一看离假设的方向有多远，进行相应的修正，并以此为基础，重新进行这样的过程。

直线发展的规划过程如图 4-1 所示。

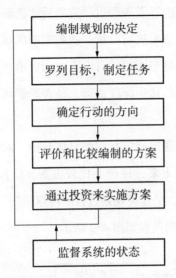

图 4-1　直线发展的区域规划过程

这种规划的过程适用于规划目的明确的规划，如城镇体系规划、土地利用规划等。基本方法是：上一级布置规划的决定，确定规划的目标、内容等，根据当地的条件分析设计方案，然后实施。

（2）周期循环的规划过程

这个规划过程把对受控系统的观察和对控制方法的设计及试验明确地分开。在规划内容的两侧都有对应的回路，表示整个过程是周期循环的。在过程的每一个阶段，都必须把对系统的观察和打算采取的控制手段的发展情况加以对照。

这种规划的过程适用于规划内容不是事先给定的规划的过程，如区域经济发展战略规划、县域规划等。这类规划的一般特点是：

规划的区域政府希望寻找一条正确的区域发展道路，提出规划的目的。但规划的具体内容需要经过研究之后才能确定。这样的规划首先是对地区的发展情况进行分析，找到影响区域经济发展中存在的主要问题，规划的好与不好，有没有应用价值，关键要看规划者对规划地区存在问题的认识深度如何，是否能够找到影响区域经济发展的关键因素。

根据发现的问题来确定规划的具体目标，对提出的发展目标进行预测，提出规划方案，评价并比较方案，监控方案的执行情况，进行双回路的反馈，是这类规划过程的特点。

周期循环的规划过程如图 4-2 所示。

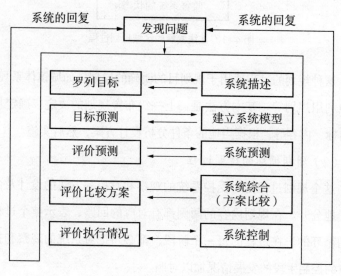

图 4-2　周期循环的区域规划过程

（3）三级式的规划过程

三级式的规划过程如图4-3所示。这类规划过程是将整个规划的过程划分为三个阶段，纵向分为三级。最下面称为"工具设计"，它关系到分析受控系统所需的方法和模型等操作工具的设计；中间称为"过程设计"，它涉及在分析问题和综合比较各方案时对上述方法的使用；最上面称为"政策设计"，是管理和控制系统所采取的行动，包括罗列目标、评价比较方案以及最优方案的实施。

这类规划过程的特点是分步骤进行区域规划，适用于大多数规划的类型，但对于那些评价性比较强的规划，适用性更好些。如大型项目所在地区的发展规划、流域区的发展规划等。这类地区的规划，首先要求对某一个项目的作用和影响做一个合理的评价，然后才能够进行具体的规划。如三峡地区的发展规划、黄河上游地区的发展规划等。

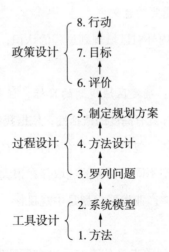

图4-3　三级式的区域规划过程

这类规划过程的第一个阶段是方法的确定。用什么方法对主导的项目进行评估，使用什么模型，这需要进行室内作业。第二个阶段是一般的规划制定，与前面的过程相似。第三个阶段是制定政策，就是具体的行动机制，这是最重要的，也是规划的难点。

4.1.2　规划过程的实践模式

国内从 20 世纪 80 年代开始进行区域规划的活动，对规划过程的认识也有一个由浅入深的过程。特别是最近十年来，区域规划的发展导向作用日益增强，对推进国家治理现代化的作用日益凸显，并成为国家治理体系的一个重要组成部分。

2018 年《中共中央　国务院关于统一规划体系更好发挥国家发展规划战略导向作用的意见》，特别重点提出强化规划衔接、建立规划协调机制、规范规划程序、确保规划落地的精神，对区域规划的进一步发展，有着重要的意义。

参考并综合国内外对区域规划过程的认识，目前基本形成了三个主要阶段：

（1）第一阶段：确定区域规划的目标、任务和对象的阶段

区域规划的目标具有高度的概括性，依据我们所要达到的目的，进行较大范围的选择，包括区域的经济目标、社会目标、环境目标等。区域规划的类型不同，目标的选取存在很大的差别：战略规划的目标是宏观目标，产业发展规划是中观目标，土地利用规划是微观目标等等。

不同地区的规划重点是什么？可以参照欧盟制定的规划目标：

一是推动不发达地区的经济社会发展和结构调整。地区标准为：连续三年人均 GDP 低于欧盟平均值的 75% 的地区，也可包括平均值在 75% 左右的地区。二是改变由于产业退化而受影响的地区的状况。包括三项具体的标准：失业率高于欧盟的平均值、工业就业人口高于欧盟平均值和高比例就业部门处于衰退状态。三是解决长期失业，特别为青年人和不能进入劳动力市场的失业者提供就业帮助，为男女平等就业创造条件。四是帮助就业者适应产业调整及生产体制的变化。五是在改革欧盟共同农业政策的框架内加速调整农业结构，推动农业现代化，推动农业地区发展，包括高农业就业人口、低农业收入和低人口密度或人口有大幅度下降趋势的地区。六是资助人口稀少地区的结构调整与发展。

区域规划的任务是指在目标确立之后，为达到这个目标必须完成的工作，以及这些工作所包含的具体内容。例如，区域经济发展战略规划的目标是实现区域经济的综合发展，而实现目标要完成的任务有：发展何种产业、建设多少城镇、需要什么样的基础设施、规划什么样的生态环境等。

区域规划的对象指具体的规划内容所要面对的对象，不是宏观的对象，因为宏观的对象在确定规划任务之前就已经确定了。例如，发展产业的具体对象是土地的利用、资源的开发以及工厂的设立等。所以，区域规划的目标、任务和对象是把建设计划综合成为统一的规划方案。

（2）第二阶段：区域规划的方案设计阶段

区域规划的方案制定是一项十分复杂的工作，可归纳为下列几个步骤：

规划准备。制定区域规划，首先应开始规划研究工作方案的设计、论证和确定，即整个规划制定的工作方法、程序、技术路线、研究课题的设置、力量的配备、研究工具与设备的准备、研究方向和重点的选择以及经费概算等。同时进行有关理论与方法的准备。准备阶段主要是做好工作计划和方案，成立规划工作领导小组及工作班子，落实相关经费和人员培训。

调查研究。调查研究主要是根据规划任务的要求考察区域发展的现实基础、环境条件和可能前景，找到并明确区域发展中的基本问题。首先要进行实地调查，广泛听取各方面意见，获取区域有关经济、社会、科技、自然等各方面的信息资料并对这些资料进行分类和整理。需要广泛收集和调查规划所需的文件、资料等，收集规划区域有关社会、经济、自然和土地等方面的资料和图件；在此基础上，进行相关的专题研究，为规划的编制提供可靠的依据。

分析预测。对收集、调查的资料进行详尽的分析，找出地区经济发展的优势、劣势，抓住影响经济发展的主要问题，形成对区域经济现状的总体认识，并以这一认识为基础，对区域经济发展的一系列指标进行长期和分阶段的预测。预测的方案应当是多个，而不能仅仅是一个。要依据不同因素的影响，在因素变动的情况下，做出可能出现的几种情况的预测。建立预测方案的方法很多，可以使用百分比的方法、趋势外推法、回归预测法、老手法（专家法）等多种方法。经济计量模型是最常用的预测方法之一。

指标设计。指标设计是区域规划的重点任务，指标设计得是否准确，关系到今后区域经济能否顺利发展的问题。指标设计应当分为两个部分：第一部分，形象目标。亦即经历一段时间的发展后，该区域将会是一个什么样子。包括处于什么样的发展阶段，具有什么样的发展水平。情景分析也是其中的一部分内容。第二部分，预测目标，即将各项指标的预测结果作为目标。这里有一个方案选择问题：是以预测的最高方案为目标，还是以最低方案为目标，或者选取中间方案？应当邀请专家反复论证，并多方面征求当地的公众意见，最后才能确定。指标设计是十分关键的程序，是为区域的未来制定方向，必须坚持实事求是、一丝不苟的工作作风，坚决杜绝好大喜功、盲目冒进的思想。

内容设计。在发展目标确立之后，应进入具体内容的设计制定阶段。在上述调查研究的基础上，编制供选方案，绘制规划图，编写规划报告及其相关说明。这个阶段又包括两个方面：首先是专题研究，其次是综合研究。专题研究包括区域主要产业部门（工业、农业、商业、交通运输等）、区域内各地区及若干专门问题（市场、资金、技术、人口等）的研究，并形成专题研究报告。专题研究经评审、论证、修订后作为综合研究的依据。综合研究则是在专题研究的基础上，制定区域各类产业和各项经济社会事业发展的具体规划。

方案制定。制定规划方案是整个规划过程的关键环节。规划者要将各种分散因素综合成一个统一的规划方案，工作难度较大。过去主要由人力完成，现在则多借助于高效率大容量的计算机；运用计算机编制各种规划方案，并对可选方案进行评估和优选。规划者所需做的只是最大限度地、创造性地运用计算机在规划方面的能力。

方案设计是规划的结果，方案的形式包括三部分内容：规划图、预测模型和规划文本。其中，规划的模型是方案设计的关键。首先，对一个特定的区域来说，建立什么样的模型，就是要回答模型要解决什么问题。例如，解决产业规划当中的资源问题还是空间配置问题？解决能源问题还是交通问题？等等。其次，通过模型对区域经济发展进行预测。包括预测的方法、预测的依据和数据、变量的设立和调整以及预测结果的评估等。再次，把预测的结果做成规划的方案。可以按照需要，设计一至三个可供选择的方案，分别为高、中、低三种可能性，通过调整模型的变量来获得。

制定政策。制定方案实施的政策，是方案设计的最后阶段，已经上升到了实施的层面。需要注意的是：不同区域、不同方案，都有不同的政策，发展政策的区域性原则一定要在区域规划中坚持。政策是为了使用的，是发展的机制，所以应当避免一般化、理性化和表面化，要有针对性和适用性。

（3）第三阶段：区域规划的方案评价、实施与监督阶段

区域规划的方案设计出来之后，必须对方案进行评价。评价的主体可以是用户，包括各级政府和企业，从使用者或操作者的角度来评价方案；也可以是同行的专家，用专业的眼光来看待几个方案。

区域规划方案的实施是最重要的阶段，也是经常容易被忽视的阶段。由于规划的方案设计与方案实施不是由同一批人来完成的，专家组经常认为方案评审通过后就完成任务了，而不去管实施的最后效果如何。要克服这个问题，关键是在专家的组成方面要有三类人的结合：外来的国内知名专家、本地专家和政府中的专家。方案

的监督和反馈更多要靠本地专家和政府中的专家。规划报告需要上报上级审批，或有地方政府批准，形成规范性文件后公布实施，各级政府应保障规划的实施并进行相关的监督。

区域规划在实施过程中，还有一个重要的反馈程序。鉴于任何规划都不可能完全适用于变化了的不同形势和背景下的区域发展，规划的反馈和修订就是正常的工作程序。例如，从中央到地方的"五年规划"，到第三年时都需要进行中期评估，进而进行规划的修订。2010年时国际经济形势很好，加上21世纪前10年的高速发展，使很多地区的"十二五"规划都制定了较高的发展速度，有的达到了GDP增长15%的目标。但是，到2013年国际经济形势发生了巨大变化，中国的区域经济也不可能达到15%的高速，于是必须进行目标调整，相关地区把15%的增速调整为8%。对于这种情形的出现，我们需要有心理准备。

4.2　区域规划的指标体系

区域规划涉及的面很广，区域内部的各类要素和区域之间的关系都必须要考虑到。反映这些内容的指标可能很多，很复杂。对于我们制定规划来讲，运用指标进行分析的前提是设立这些指标。

4.2.1　指标体系设立的基本原则

（1）指标体系设立的科学性原则

区域规划是一项科学的经济活动。所谓科学性就是要有科学的理论、科学的方法和科学的态度。要做到以客观现实为基础，准确反映区域经济发展的实际情况。在不同的地区、不同的阶段，由于资源、环境、人文条件等方面存在着巨大的差异，区域经济发展水平的差别很大。在条件相对优越的地方，经济发展可能大多已经达到后工业化社会阶段，而那些闭塞、贫困、欠发达的地区，可能仍然停留在传统社会阶段。对于规划来讲，用什么指标来反映这种差异，是我们能否正确认识差异、认识到何种程度、用什么方法来把握差异的关键所在。

那么，什么样的指标体系才是准确的呢？毫无疑问，凡是能够从区域经济发展的实践当中得到的、能真实反映区域经济发展现状的指标体系，都是准确的。有些指标的数据可以从调查当中通过第一手资料直接得到，也有些数据要采取间接的方法，比如从统计资料当中得到。

强调准确性，还要注意数据的使用方法。不是所有的数据都能够使用，也不是所有的数据都能够在任何地方使用，要注意数据使用的范畴和适用范围，还要注意数据的时间、空间的统一性，要对数据进行选择，要自己对数据进行加工。

以反映区域经济发展的客观现实为目的的指标，应加大指标的量化准确程度。在我们选取的指标体系当中，有相当一部分是属于非量化的指标，如反映制度先进程度的指标、反映人们思想状况的指标、反映投资软环境的指标等，很难用统计上来的数据一目了然地展示出来。但是，这些指标在我们进行区域规划当中又十分重要，缺少数据可能对规划本身产生很大的影响。所以，采用专家打分的方法来取得量化数据，是最常用的方法之一。

以反映区域经济发展水平为目的的指标，应强调指标区域之间的可比较性。区域经济发展水平的估计存在两个途径：一个途径是将自己的现在与过去比，看发展的速度有多快，通常使用环比的方法；还有一个途径是与周边地区比，看自己在一个较大区域内的地位和作用如何。比较时需要数据的口径在各区域之间统一，设立的范围要统一。但是，现实当中的情况常常不尽如人意，我们进行规划时，就必须对数据进行排查，保留我们需要的，剔除我们不需要的。

（2）指标体系设立的协调性原则

区域规划是将区域内部和区域外部的各种生产要素进行统一归类，然后科学地在区域经济发展当中进行配置。由于这些要素十分复杂，反映这些要素的指标相互之间就需要有协调性。例如，区域产业结构的指标与区域空间结构的指标要有协调性，自然环境对区域发展的影响指标与人文环境对区域发展的影响指标要有协调性，资本投入指标与劳动投入指标也要有协调性，地区之间相互关系的指标更要有协调性。

具体来说，我们研究中国沿海地区与中西部地区的关系，研究三个地带的发展差距，都涉及区域协调的问题，反映它们之间的相互关系，必须有一系列的指标来说明问题。如国内生产总值的总量和人均量、工业总产值、城镇居民可支配收入、财政收入、固定资产投资量等。指标的协调反映区域关系的协调，区域关系的协调要靠区域政策来调整。在研究区域经济关系时，要注意区别区域经济的规模指标和水平指标，保证所研究的问题具有可比性。

设立区域规划的协调性指标要注意四点：a. 正确协调好规划目标与指标之间的支配关系，注意指标体系的弹性，以此确保规划目标体系的弹性，提高规划的机动性和应变能力；b. 正确协调好区域发展的关系，始终将区域的可持续发展思想贯穿于区域规划的指标体系设计的全过程；c. 合理安排指标体系的顺序和层次的关系，应将经济发展、社会发展与环境保护有机地结合起来，并注意它们之间的量化关系；d. 正确协调好数量指标与质量指标、速度指标与效益指标、定性指标与定量指标之间的关系，突出对指标经济含义的解释和评价。

（3）指标体系设立的动态性原则

区域经济发展本身是一个动态的过程，反映这个过程的指标体系也必须是动态的，要有时间序列的数据，要历史地分析问题，只有搞清楚历史发展的轨迹，才能对未来做出正确的预测。

区域经济发展的自然条件是动态变化的，反映这些条件的指标体系必须是动态的。从自然条件上看，一个区域的自然环境一直在变化当中，气候、水文、土地、矿产，都在发生变化，我们必须选取最有代表性的不同时点的指标来衡量当前的状况。例如，石油资源是石油产业的基础，我们要规划未来的发展目标，必须掌握石油资源的勘探和资源的变化情况，根据资源的保证程度来规划未来的发展。

区域经济发展的社会经济条件更是动态变化的，反映这些条件的指标体系当然也必须是动态的，而且必须不断进行调整。交通、通信、文化、教育、金融、科技等要素，几乎每天都在发生着变化。例如，一个城市的区位条件是由交通的通达性来衡量的，而随着交通线路的增加，区位条件处在不断改善当中。所以，我们选取的反映区位条件的指标也必须不断更新。

区域经济发展水平是沿着一定的方向动态变化的，反映这些条件的指标体系必须是动态的。从区域规划的基本要求来看：研究国内区域经济发展的条件指标的选取，最早不能超过三年，例如，2003 年从事的区域规划，指标体系的数据要用 2000 年以后的；研究国外区域经济发展的条件指标的选取，最早不能超过五年，例如，2003 年从事的区域规划，指标体系的数据要用 1998 年以后的。

4.2.2　指标体系设立的主要内容

（1）对现有指标体系的简评

国际基础。1972 年，联合国提出可持续发展的指标体系，涉及社会、经济、环境、资源和制度等，共 136 个指标，是迄今为止最全面的区域发展指标体系之一。1995 年，UNDP 提出人文发展指标，由预期寿命、教育水准、生活质量三个基本变量组成综合的指标体系。1995 年，世界银行公布了新的指标体系，综合了自然资源、生产资本、人力资源、社会资本四组要素，为各国确定其财富和价值。

21 世纪以来，区域规划中关于区域认定、识别的指标可以参考欧洲空间发展愿景（ESPD）和欧洲空间规划研究计划（SPESP），前者确定了空间发展的评价标准，后者确定了具体区域的评价体系。新阶段下的相对贫困，地区特征会更加明显，因此对于相对贫困的认定、识别和瞄准也应该从更加全面的维度展开（见表 4-1）。

表 4-1　欧盟区域规划评价标准

空间发展评价标准	定义	评价指标
地理位置	某区域在某一大陆、跨国范围或地区上的相对区位	（1）地理参考指标：地理纬度、海拔、海岸线长度、年日照时间、主要语言。（2）专业化（通达性）指标：人口重心距离、人口公路通达性、人口铁路通达性、GDP、航空通达性、从鹿特丹开始的货车运行时间通达性、城市间最小旅行时间通达性
空间融合	指地区间交流合作的机会和水平，以及合作的意愿	（1）"流"和"壁垒"：货物贸易流。（2）空间同质性和不连续性：相邻区域财富差距（人均 GNP）。（3）空间合作：欧盟联动基金支持城市数与 NUTS 2 地区市政府数之比
经济实力	某一城市、镇区或区域在空间范围内（国际、国内、地区）的相对经济状况，维持和改善自身地位的能力，以及辐射带动作用的强度	（1）典型指标：人均 GNP、失业率、就业结构。（2）全球化和区域化指标：进出口总额、外商直接投资、公司总部、信息技术指标、非 IT 产业的持久度、单位投资中的外国直接投资额等。（3）现代化和多样化指标：就业、部门结构、可达性、创新能力（研发投入）、生活标准。（4）竞争力：劳动力成本、经济增长、经济结构、研发人员、失业趋势、区位、交通可达性等
自然资源	生态系统及其他自然领域的重要性、敏感度、规模或稀有性	环境压力、污染气体排放、水质量、海岸价值、生态系统多样性、生物多样性、自然灾害、潜在生产力、自然资源威胁、保护区划分

空间发展评价标准	定义	评价指标
文化资源	自然景观特征及古今文化建筑的重要性、敏感度、规模或稀有性	（1）文化景观指标：重要性程度指数（农用地面积小于20公顷的农庄比例、农业产量、年旅游人数）、威胁程度指数（人口变化、交通网络的长度、农用地边际效益）、多样性指数。（2）文化遗产指标：单位NUTS（欧盟标准地区统计单元）文化遗产的绝对数、游客容量、年度游客占当地居民的比例
土地利用压力	不同类型土地利用或不同土地使用者之间产生利益冲突的概率	土地价格、土地废弃指标、基于城市化和经济增长的土地利用压力、地下水污染
社会融合	地区内及地区间不同社会群体之间相互影响的水平	经济参与度（15—65岁从事经济活动的人口比例）、女性经济参与度、失业率

资料来源：张静博士根据有关资料整理。

国内基础。就综合性的区域经济指标体系来说，按照第一层次指标的数量，可分为三类：第一类，设立经济指标、社会指标和环境指标三个第一层次指标；第二类，设立经济增长、社会进步、资源环境支持、可持续发展能力四个第一层次指标；第三类，设立资源力、基础设施水平、经济实力、社会发展水平、科技实力五个第一层次指标。在专业性的区域经济指标体系中，有对自然资源进行评价的指标体系、对投资环境进行评价的指标体系、对区域竞争力进行评价的指标体系、对区域发展差距进行评价的指标体系和对区域产业或行业发展进行评价的指标体系。

（2）指标体系设立的框架

我们主张设立 4 个第一层次指标（经济发展指标、社会发展指标、资源环境指标、制度进步指标），16 个第二层次指标和 50—100 个第三层次指标。当然，并不是每一项规划都必须用数十个指标，而是根据具体需要选取若干指标。其实，我们设立指标体系的目的，是准确反映区域经济发展的实际，指标多少的关键是"够用"，是给出一个全面的指标体系的范围，使人们在应用时，可以考虑从中进行选取。

指标体系的构成如表 4-2 所示。

表 4-2　区域规划的指标体系

第一层次	第二层次	第三层次
经济发展指标	经济总量指标	国内生产总值
		人均国内生产总值
		全社会固定资产投资
		工业总产值
		农业总产值
		社会商品零售总额
		城乡居民储蓄存款余额
		财政收入
		工业劳动生产率
	经济结构指标	区域产业结构变化系数
		区域产业结构相似系数
		空间结构集中指数
		霍夫曼系数

第一层次	第二层次	第三层次
经济发展指标	经济水平指标	资金利税率
	经济效益指标	投资效果系数
		新增固定资产交付使用率
		项目成功率
		固定资产投资率
		工业企业每百元工业产值成本
		社会商品零售总额
		居民消费水平
社会发展指标	人口发展指标	总人口
		人口自然增长率
		人口密度
	基础设施指标	能源生产总量
		货运量
		客运量
		公路密度
		铁路密度
		民用航空机场与城区／开发区距离
	生活质量指标	电力供求比
		供水富余程度
		程控电话普及率
		国际互联网有权用户数
		购进物资总额
		贸易市场交易额
		城镇居民可支配收入

第一层次	第二层次	第三层次
社会发展指标	生活质量指标	农村居民每年纯收入
		职工平均工资
		城市人口平均城市主干道长度
		城市人口平均医疗床位数
		居住区人均拥有商业服务、休闲娱乐设施面积
	科技教育指标	每万人拥有各类专业技术人员数
		每万人拥有技师人数
		科研成果与专利数
		广义科技进步水平
		技术创新能力
		科技对经济增长的贡献率
		每万人大学以上文化程度人数
		中专以上学校在校人数
		成人中专以上学校在校人数
	城市发展指标	城市化水平
		城镇首位度
		城镇登记失业率
		居住区人口密度
资源环境指标	资源利用指标	区域资源总量
		区域矿产资源位次
		人均占有水资源数量
		人均耕地数量
		人均林地数量

第一层次	第二层次	第三层次
资源环境指标	资源利用指标	人均农业总产值
		矿产资源潜在价值
	环境保护指标	废水排放数量和处理率
		废气排放数量和处理率
		固体废弃物产生数量和综合利用率
		环保与治理投资占 GDP 的比重
		城市垃圾无害化处理率
	生态保护指标	城市环境质量指数
		人均园林绿地面积
		居住区绿化率
制度进步指标	制度建设指标	地方性政策法规的数量
	市场建设指标	银行各项贷款总额
		区外短期资金拆借总额
		各种证券发行总额
		企业内部持股数量
		实际征地费用
	政策体系指标	政策的运用能力和经济法规的执行情况
		引进资金、技术、人才优惠政策
		搞活大中型企业政策
		"三资"企业政策
		项目审批平均周期
		实际利用外资总额
		引进各类专业技术人员总数
	法律环境指标	刑事案件发案率
		外资企业安全保障措施

（3）指标的权重

我们设立的指标体系中的每个指标，在区域经济中的作用是不一样的，有些指标的重要性大些，有些小些。这样我们就需要确定指标的权重，即确定每一个指标在指标体系中的地位。

由美国运筹学家萨蒂（A.L.Saaty）提出的 AHP 方法，是一种定性与定量相结合的决策分析技术，它通过整理和综合专家们的经验判断，将分散的咨询意见模型化、集中化和数量化。其基本原理是将要识别的复杂问题分解成若干层次，由专家和决策者对所列指标通过两两比较重要程度而逐层进行判断评分，利用计算判断矩阵的特征向量确定下层指标对上层指标的贡献程度，从而得到基层指标对总目标而言重要性的排列结果。

设评价目标为 A，r_{ij} 为第 i 个因素 r_i 对第 j 个因素 r_j 的相对重要性数值，则判断矩阵 R 为 $R = \{r_{ij}\}_{nn}$（$i, j = 1, 2, \ldots, n$）。式中，r_{ij} 一般取 1、3、5、7、9 共五个等级标度，其意义为：1 表示 r_i 与 r_j 同等重要；3 表示 r_i 较 r_j 稍微重要；5 表示 r_i 较 r_j 明显重要；7 表示 r_i 较 r_j 非常重要；9 表示 r_i 较 r_j 极端重要。2、4、6、8 表示相邻判断的中值，当五个等级标度不够时可使用这几个数值。$r_{ji} = 1/r_{ij}$ 表示 r_i 比 r_j 的不重要程度。

专家评价法是规划中常用的确定权重的方法。基本思路是：假设评价与预测问题共有 m 个具体指标，由 n 位专家分别独立地对 m 个规划指标进行判断并做出排序，综合所有专家的意见，得到 m 个规划指标中的每一个指标分别应当占多大比重。

需要指出的是：权重的设立对于规划的结果影响很大，需要实事求是地进行。同时，不同地区对于权重的设计也有不同的要求和不同的重点，需要规划人员注意其中的区别。例如，在进行全国各地区的生态环境评价时，指标体系当中有一个"海岸线长度"的指标。由于全国采用同一个指标体系，那么不同区域对这个指标就应当有不同的权重：很显然，内陆地区的权重就应当是 0。

4.3　区域规划模型

区域规划的方案设计，需要对规划的指标进行分析和计算，对未来的指标变化进行预测。方案设计最通用的方法是建立区域规划的模型。在世界经济飞速发展、产业门类变化多样、规划内容日益繁复、规划手段更为成熟的今天，必须在定性分析的基础上辅之以定量分析，才能提高规划成果的准确性。

4.3.1　模型分析的主要内容

模型分析是区域规划方案设计的基础。模型分析的目的，是使规划者全面了解一个地区的各类经济发展要素的具体状况，对其中的关键要素进行重点分析，以归纳综合各类条件和要素并对经济发展状况做出总体上的、以定量为主的结论和评价。

模型分析的首要任务是对已完成的区域经济活动的分析。区域规划虽然是对未来区域经济发展的安排和部署，但是必须首先对规划地区的现状及其以前的经济情况做出正确的分析和评价。只有对以往经济活动有一个客观的认知和估价，认清经济的优势和有利条件，找出存在的问题及其原因，提出改进的措施和意见，才能拟定出扬长避短的有针对性的发展规划，才能真正做好区域规划工作。

区域规划工作还要求必须对今后区域经济的发展变化进行有远见的分析。对以往经济活动的分析虽然为我们提供了进一步分析的对象和前提条件，但随着时间的推移，区域经济活动的环境和条件在改变着，经济作用机制和因素也在变化着，因此，只有对未来经济发展进行深入细致的分析，把握住经济发展的动因，明确今后发展与原有基础之间的差异，才能制定出有科学依据的规划方案（见图4-4）。

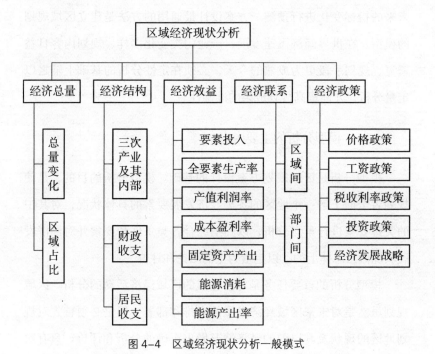

图4-4　区域经济现状分析一般模式

模型分析的主要内容有：

（1）经济结构分析

利用模型对地区三次产业的比例关系、部门产值指标等进行结构比例分析。例如，三次产业的产值结构和就业结构分析、农业内部的部门比例分析、工业内部的部门产值结构分析、工业中的主要产品分析、主要消费品的市场份额分析、地区财政收入和支出分析、居民收入的来源和用途结构分析以及地区进出口构成分析等。具体的分析采用综合平衡法。综合平衡包括以下内容：燃料平衡、原料平衡、电力平衡、运力与运量平衡、建材平衡、土地资源平衡、水资源平衡、劳动力平衡、商品粮平衡等。在上述各种单项平衡的基础上，协调彼此之间的关系，使整个规划内容趋于协调一致。

综合平衡法是中国编制国民经济长期计划常采用的方法，它对产业布局规划，特别是区域规划也十分重要，并通过模型计算而达到这种平衡。综合平衡规划法的具体含义是：

它要求生产与消费之间达到平衡，第一、第二、第三产业及内部各具体产业部门之间协调平衡，合理分配、使用人、财、物，安排建设速度和顺序。

它要求各产业部门中的企业在地点布局和厂址选择时，要加强彼此之间的相互协作与专业化分工，形成地域上的产业分布的合理化，使生产与基础设施建设、生产与资金、技术和劳力及生产与生活之间相互协调配套，加快建设步伐，提高投资效率。要求各地区的经济、社会、人文条件互相配合，同时广泛开展区际分工与协作，使全国各大区平衡发展。要求各地区生产发展与诸种条件和资源在空间配置上协调平衡，以便自然条件和各种资源得到充分的开发和利用。

（2）经济效益分析

利用模型对区域经济的各部门进行效益分析。如要素投入分析，包括资本投入分析、劳动量投入分析；全要素生产率分析，包括资本要素贡献份额、劳动要素贡献份额、科技提高贡献份额、制度变化贡献份额和结构改善贡献份额等；还可以分析产值利润率、成本盈利率、固定资产产出率、能源消耗及能源产出率等。

（3）经济联系分析

通过模型对产业部门和产品的各种联系进行分析，主要有：部门间的直接经济联系分析，如直接物质消耗、直接劳动消耗、直接分配关系等；完全经济联系分析，如完全物质消耗、完全分配分析等；波及效应分析，如影响力系数分析、感应度系数分析、连锁反应分析等。这些均为系统内部联系分析。另外，还可以利用有关数据进行系统内部与外部环境间的联系分析，如进口、出口量对系统影响的分析。

（4）经济政策分析

利用数学模型进行模拟和政策分析，可以具体分析由于采用某一计划方案或某种经济政策将会带来一些什么后果。例如，可以进行价格政策分析、工资政策分析、税收利率政策分析、投资政策分析、经济发展战略分析等。

运用定量分析法设计区域规划方案，始于对系统的预测和模拟模型的设计。究竟采用哪种模型，关键要看模型需要反映规划系统的哪些因素，反映深度如何，这最终是由模型和规划方案的设计者来决定的。模型或方案所要确定的是产业和区域在未来的一种或几种状态，模型运算既要达到内部协调统一，又要切实可行。方案及模型的设计内容取决于规划目的及由目的决定的目标体系。例如，如果规划的主要目的是改善交通条件，那么，方案的主要内容将是与所预测的未来交通量相适应的交通通道设计。如果规划目的是改善社会服务设施，那么，方案将体现按所预测的各类人口的需求来配置社会服务设施。由于规划是一个连续的过程，所设计规划方案不应是未来某一时点的一次性方案，模型要反映从现在起到可预见未来系统的连续状态轨迹。因此，方案设计应选择能反映规划系统主要因素的模型，并运用模型来预测系统的未来轨迹。

用模型来分析区域经济增长，其分析的内涵是：

第一，区域经济增长是资本、技术和劳动力资源使用的结果。对区域内的资本、技术和劳动力资源的开发和利用，是解决区域内推动部门（即能够推动其他部门发展的主导产业部门）的要素需求问题。资本的来源分为内部和外部两个部分，技术进步包括技术开发和技术引进，劳动力要素的来源主要是区域内部农业劳动力的转移。所以，对区域的资本、技术和劳动力资源的模型分析是制定发展战略的重要步骤。

第二，工业的发展靠农业提供劳动力，但有些区域的劳动力供应十分充足，在工业部门的发展过程中仍然存在剩余。所以，为加速劳动力从农业向工业部门的转移，发展劳动密集型产业在不发达地区是十分重要的。区域规划要对各类产业的发展规模有一个合理的安排。

第三，对于不发达地区的发展规划，必须充分重视技术要素的作用，重视区域人力资源开发和科技教育产业的发展。为提高规划本身的科学性，技术发展规划、区域竞争力提高规划和区域人才战略规划都应当作为重要的战略环节（见图4-5）。

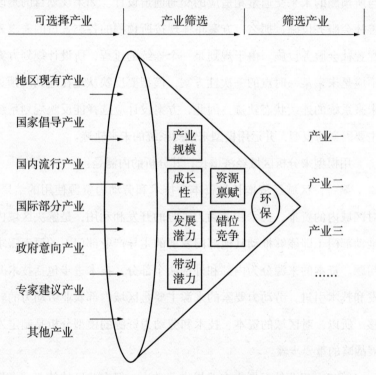

图 4-5 以产业发展为目标——产业发展的产业选择模型

但规划目标往往不止一个，而是一组。因此，模型要尽可能地反映最重要的规划目标。例如，如果区域经济高速发展是唯一重要的规划目标，所有其他目标均处于从属地位，那么，模拟系统变化轨迹时，就应变换经济成长率，以检验哪种经济成长速度可行；同时变换各种促进经济发展的措施，如刺激现有经济活动的发展，引进新企业，改善基础设施，调整工业区和居住区分布等（见图4-6）。

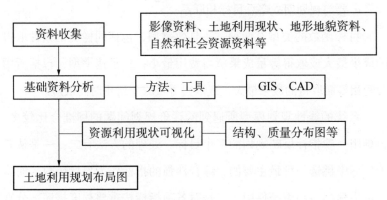

图4-6 以土地资源合理利用为目标——土地资源的利用分析与规划

4.3.2 模型的结构与预测方法

区域规划模型有两个组成部分，即目标函数和约束条件。

（1）目标函数

目标函数是模型中体现择优功能的关键部位，它是评价规划方案的唯一尺度和标准，它表现了规则活动的总目标，它是与战略规划的目标相联系的。由此，它形成模型的核心，成为模型中最敏感的部分。它虽然仅占模型的很少部分，但所起作用很大。

建立目标函数首先遇到的问题是如何选择目标。区域规划中应主要考虑如下几个方面：

a. 目标要具有综合性和概括力；

b. 目标要能够数量化，具有可观测性；

c. 目标必须与约束条件相呼应，它们具有共同的决策变量；

d. 要保证目标函数的线性形式；

e. 要与规划期战略总目标相联系。

目标函数的类型有两种：一是效益型，包括同样支出条件取得的成果最大或取得等量成果所需费用最小；二是速率型，包括所用时间相等而取得的成果最大，或取得等量成果所用时间最短。

系统的线性规划模型所遇到的评价规划问题的标准会比较多，很难用一项指标反映规划的多个目标。处理的方法有二：一是从若干指标中挑选一种最主要的、综合性强的指标作为目标函数，而将其余指标列入约束条件中；二是对各项指标按重要程度排序，分别给出权数，而后加权成一个综合目标函数。

（2）约束条件

约束条件方程是规划模型的基本组成部分，是模型的主体。线性规划模型只有一个目标函数式，而约束方程则是大量的，一般模型也有几十个、上百个方程，大系统规划可能有成千上万个。约束条件方程将一个确定的规划问题限制在一定的范围进行讨论，它规定了可行方案的选择边界，圈定了可行域。处于敏感部位的约束条件直接决定了规划问题的解。

分析和选择规划问题的制约条件是模型建立的基础工作，应遵循如下原则进行：

第一，约束条件要能充分表现规划任务，并注意各类条件之间的相互依存关系；要正确设定决策变量，要求它们既能直接表现规划任务，又能与规划任务的制约因素相联系。

第二，要选准规划问题的主要条件，必须从大量的制约因素中选择出影响和限制规划任务的最主要条件；应对规划问题进行全面深透的模型分析，特别要注意那些与生产工艺、技术要求密切相关的条件。

第三，要准确预测规划期各种资源的拥有量，它们是构成约束边界、反映约束力大小的基本要素，要合理确定资源的消耗定额。

（3）预测方法

运用模型进行预测，是制定区域规划过程中不可或缺的手段。例如，城市人口的预测、城市化水平的预测、产业结构的预测和国内生产总值的预测等。这类预测方法很多，可以选用的公式也很多，关键是要把握公式的适用性和数据的准确性。

模型预测方法大体上分为直观性预测、探索性预测、规范性预测三大类。

直观性预测又分为两类：专家预测法和德尔菲法。专家预测法是以各类专家作为调查对象，根据各位专家的直观判断做出预测。德尔菲法即匿名问卷调查法，通过发放问卷的形势征集环境专家对预测命题的个人意见，然后将调查问卷收集、整理、归纳、统计、分析，得出预测。

探索性预测有三种方法：第一，类推法。如果两事件的某些因素相同，就可以类推该两事件的其他因素也相似。这种方法主要适用于定性研究，主观性较大。第二，生长曲线法，又称为"S"曲线法。自然现象和社会经济现象的发生、发展有相似的数量规律，一般都遵从"S"形曲线的形式。当研究某种环境地区系统要素的发展情况时，只要有足够的资料，就可以用此法预测其发展趋势。第三，趋势外推法。即通过某种时间或因素的过去情况，推知它现在和将来的发展趋势，这主要是一种应用统计学的方法。

前面介绍的各种模型预测方法只考虑了可能性，而未考虑达到这种可能性的具体条件。模型的规范性预测是对区域系统做全面分析，其顺序是先按影响要素分别研究之后，再做综合性的研究。

4.4　区域规划数学模型

区域经济规划的方案设计，需要对规划所涉及的指标进行分析和计算。方案设计最通用的方法是建立区域规划数学模型。在世界经济飞速发展、产业门类变化多样、规划内容日益丰富、规划手段更为成熟的今天，应当将定性分析与定量分析相结合，才能提高规划的准确性。

科学的区域经济规划离不开经济学、地理学的共同支撑，这些学科为区域经济规划提供了丰富的分析手段。下面将分两部分予以系统介绍。

4.4.1　区域规划的经济学分析模型

随着国民经济统计体系逐步走向健全，对变量之间因果关系的定量分析被越来越多地运用到区域经济规划的编制工作中。步入 21

世纪，尤其是近十年来，各类计量经济学分析方法被用于探寻区域经济运行的一般性规律，让各级政府能以此为依据制定并实施区域经济规划，属于典型的经济学模型分析手段。

如果我们仅仅关注经济变量的预测问题，那么只需要用计量回归发现相关关系即可。然而，探讨相关关系对于出台科学的区域经济规划是远远不够的。因此，我们将重点介绍区域经济规划中常用的识别因果关系的计量回归方法。其中，固定效应模型（FE）、双重差分模型（DID）、工具变量模型（IV）、空间计量模型是基于不可观测变量的因果推断，而匹配（Matching）、合成控制法（SCM）则是基于可观测变量的因果推断。其中，区域经济规划中的双重差分模型、工具变量模型、空间计量模型以固定效应模型为基础。下面将基于六种计量回归模型的基本原理探讨其在区域经济规划中的应用价值，关于计量方法本身的技术细节不再赘述，读者可参考计量经济学的相关教材。

（1）固定效应模型

为揭示区域经济运行的普遍规律，只考虑单一区域经济变量随时间的变化趋势是远远不够的。为此，我们需要将多个区域在某一时间段内的数据整合在一起，形成面板数据结构，在此基础上通过固定效应模型得出核心解释变量 D 对被解释变量 y 的系数估计值。

例如，我们要编制某一区域的"十四五"产业发展规划，那么我们就需要了解产业升级、产业多样化集聚、产业专业化集聚对区域经济增长、区域就业扩容、区域全要素生产率的作用到底有多强。此时，可选择表征产业升级的产业结构高级化指数与合理化指数、表征产业集聚的多样化集聚指数与专业化集聚指数其中之一作为核心解释变量 D，区域经济增长、区域就业扩容、区域全要素生产率就是被解释变量 y。此外，我们还需要引入一系列同时影响核心解释变量 D 与被解释变量 y 的控制变量 x，避免遗漏变量问题对核心解释变量 D 系数估计值无偏性和一致性的影响。

固定效应模型的具体设定如下：

$$y_{it} = \alpha_0 + \alpha_1 D_{it} + \beta_1 x_{1it} + \ldots + \beta_m x_{mit} + \mu_i + \vartheta_t + \varepsilon_{it} \qquad (1)$$

在式（1）中，y 表示被解释变量，D 表示核心解释变量，x 表示一系列控制变量（假设为 m 个），[①] i 表示区域（$i = 1, 2, \ldots, n$），t 表示时间（$t = 1, 2, \ldots, T$），μ_i 表示不随时间变化的区域个体固定效应，ϑ_t 表示不随区域变化的时间固定效应，ε_{it} 表示随机扰动项。我们需要重点关注的是核心解释变量 D 的系数估计值 α_1。为此，我们可先将式（1）变形为：

$$y_{it} = \alpha_0 + \alpha_1 D_{it} + \beta_1 x_{1it} + \ldots + \beta_m x_{mit} + \gamma_2 Q2_t + \ldots + \gamma_T QT_t + \mu_i + \varepsilon_{it} \quad (2)$$

将式（2）对时间取平均，可得：

$$\bar{y}_i = \alpha_0 + \alpha_1 \bar{D}_i + \beta_1 \bar{x}_{1i} + \ldots + \beta_m \bar{x}_{mi} + \gamma_2 \overline{Q2} + \ldots + \gamma_T \overline{QT} + \mu_i + \bar{\varepsilon}_i \quad (3)$$

将式（2）与式（3）相减，即可将区域个体固定效应消去，只要核心解释变量 D_{it} 与随机扰动项 ε_{it} 不相关，系数估计值 α_1 就是无偏且一致的，能够正确反映区域产业发展的正外部性，作为该区域

---

① 为简化表述，后文的双重差分模型、工具变量模型、空间计量模型仅在回归方程中纳入一个控制变量。当然，在实际计量回归操作中，可以加入一系列同时影响核心解释变量 D 和被解释变量 y 的社会经济指标作为控制变量。

"十四五"产业发展规划编制的依据之一。为保证估计系数统计检验的有效性，可考虑使用聚类到所关注的空间尺度上的稳健标准误。

需要说明的是，固定效应模型并不专属于基于面板数据的计量回归，一些基于横截面数据的前沿经验研究在回归中加入虚拟变量，亦可视作固定效应模型。但我们在本书中探讨的是固定效应模型在区域经济规划中的应用，而面板数据则是区域经济规划中使用最为广泛的数据结构，故仅提及这一前沿的因果识别方式，不做展开。

（2）双重差分模型

一般而言，区域经济规划颁行后，会在一段时间后评估该项规划的实施效果，以便发扬优势、弥补劣势，不断提升未来区域经济规划工作的科学性。然而，单纯比较规划实施前后某些社会经济变量的数值变化并不科学，这是因为未制定该项规划的区域的某些社会经济变量也会发生变动，单纯的作差比较并不能反映社会经济变量的数值变化中哪部分是由于实施该项区域经济规划所带来的。双重差分模型则为精确识别区域经济规划的社会经济效应提供了方法论支撑。

例如，我们要评价2016年发布的《长江经济带发展规划纲要》的实施效果。那么双重差分模型可设定为：

$$y_{it} = \beta_0 + \beta_1 treat_{it} + \beta_2 year_{it} + \beta_3 treat_{it} \times year_{it} + \beta_4 x_{it} + \varepsilon_{it} \quad (4)$$

其中，$treat$ 是表示区域（省份、城市、区县）是否属于长江经济带规划范围的虚拟变量，例如武汉市的 $treat$ 取值应为 1，而郑州市的 $treat$ 取值应为 0；$year$ 是表示《长江经济带发展规划纲要》是否颁行的虚拟变量，2016 年及之后的年份取值应为 1，2016 年之前的年份取值应为 0；其余变量的含义与固定效应模型相同。式（4）中各系数的含义如表 4-3 所示，其中 β_3 反映了《长江经济带发展规划纲要》实施对沿线区域的净影响。

表 4-3　DID 模型各个系数的含义

	$year = 0$	$year = 1$	差分
$treat = 1$	$\beta_0 + \beta_1$	$\beta_0 + \beta_1 + \beta_2 + \beta_3$	$\Delta y_1 = \beta_2 + \beta_3$
$treat = 0$	β_0	$\beta_0 + \beta_2$	$\Delta y_0 = \beta_2$
DID			$\Delta\Delta y = \beta_3$

需要说明的是，要评估《长江经济带发展规划纲要》所带来的社会经济效应，需要立足规划文本，选取合适的指标作为被解释变量。《长江经济带发展规划纲要》围绕空间布局、黄金水道建设、生态环境保护、产业培育、新型城镇化、对外开放、基本公共服务等方面展开，我们可从上述维度入手，选择与之对应的代理变量纳入计量回归中。

这里需要交待一个计量回归的技术细节：双重差分模型需要以面板数据为支撑，我们可将虚拟变量 treat 替换为区域固定效应，将 year 替换为时间固定效应，即通过控制双向固定效应省略一次水平项，对应的估计方程为：

$$y_{it} = \beta_0 + \beta_1 treat_{it} \times year_{it} + \beta_2 x_{it} + \mu_i + \vartheta_t + \varepsilon_{it} \qquad （5）$$

与之类似，评估《京津冀协同发展规划纲要》《粤港澳大湾区发展规划纲要》《河北雄安新区总体规划（2018—2035 年）》《长江中游城市群发展规划纲要》等各类规划所带来的净社会经济效应，均可采用双重差分模型。

（3）工具变量模型

实施规划会对区域社会经济发展产生不可忽视的影响，与此同时，区域社会经济发展也会促进规划的编制工作。那么，我们应该如何精准地识别作为原因的规划对作为结果的社会经济发展的影响？工具变量模型能够帮助我们恰当地解决上述问题。

为响应高质量发展的时代诉求，中国政府自 2013 年以来广泛开展自由贸易区政策实践。截至 2020 年 9 月，已有上海、湖北、重庆、陕西、辽宁等 21 个省份获批设立自由贸易区，覆盖多座城市，与之相配套的、带有规划性质的自由贸易区总体方案也随之问世。试点区域受自由贸易区总体方案的驱动，进出口总量以及外资利用水平显著提升。按照上述逻辑，可以将进出口总额、实际外资利用总额作为被解释变量 y，在此基础上借鉴双重差分模型的设定思路评估自由贸易区总体方案的政策红利。然而，正如前文所提到的，试点区域往往处于改革开放的前沿地带，经济外向度普遍较高，可能正是由于这一原因这些区域才会获批设立自由贸易区。为此，我们可以引入工具变量进行正确的系数估计。

一般而言，工具变量 Z 需要满足以下三个假定条件：（1）相关性假定：工具变量 Z 与核心解释变量 D 高度相关；（2）外生性假定：工具变量 Z 与随机扰动项不相关；（3）排他性假定：工具变量 Z 不会直接影响被解释变量 y，而是先直接作用于核心解释变量 D，通过核心解释变量 D 的传导进一步影响 y。其中，相关性假定可以借助弱工具变量的 F 统计检验论证，但外生性假定与排他性假定并无对应的统计检验方法。通常而言，单纯依靠看似精妙的统计检验难以说明工具变量的优劣，基于理论与现实的逻辑推演往往效力更强。

在自由贸易区总体方案的政策评估情境下，我们可以考虑构造历史类工具变量，例如表示该区域在近代历史上是否为通商口岸的0-1虚拟变量。一方面，近代通商口岸往往具备交通条件优良、对外经济联系密切的特征，对当下自由贸易区的空间分布格局具有不可忽视的影响，满足相关性假定；另一方面，近代通商口岸的设立并不能直接作用于当代中国的对外经贸往来，不会与当期的随机扰动项相关，满足排他性和外生性假定。工具变量的选取是计量因果推断中的难题，我们对上述历史工具变量科学性的论证可能也无法说服所有读者；的确，并不存在绝对完美的工具变量。但是，我们仍不能否认工具变量模型对于克服区域经济规划成效评估中反向因果问题的价值，并为选取更合适的工具变量不断努力。

在引入工具变量后，我们一般采用两阶段最小二乘法进行系数估计，具体方法为：

$$treat_{it} = \alpha_0 + \alpha_1 Z_{it} + \alpha_2 x_{it} + \theta_{it} \tag{6}$$

$$y_{it} = \beta_0 + \beta_1 \widehat{treat}_{it} \times year_{it} + \beta_2 x_{it} + \mu_i + \vartheta_t + \varepsilon_{it} \tag{7}$$

在第一阶段，将工具变量 Z_{it} 和控制变量 x_{it} 回归到核心解释变量 $treat_{it}$ 上，得到 $treat_{it}$ 的估计值 $\widehat{treat}_{it}$；第二阶段，用 $\widehat{treat}_{it}$ 替换 $treat_{it}$，再采用双重差分模型回归到 y_{it} 上。若工具变量选取恰当，此时 β_1 的估计值是无偏且一致的，能够反映自由贸易区总体方案的净政策红利。

（4）空间计量模型

地理学第一定律认为，"所有事物都和其他事物关联，但较近的事物比较远的事物更关联"。在编制区域经济规划的过程中，一定要注重区域间利益关系的协调，而空间计量模型正是将经济数据的空间关联纳入考虑范畴，以整体性思维分析区域经济运行。下面以2019年印发的《长江三角洲区域一体化发展规划纲要》为例，说明空间计量模型在区域经济规划中的具体运用。

《长江三角洲区域一体化发展规划纲要》从加强协同创新产业体系建设、提升基础设施互联互通水平、强化生态环境共保联治、加快公共服务便利共享、推进更高水平协同开放等方面入手展望了"长三角"高质量一体化发展的战略蓝图。在"长三角"一体化的规划实践中，上海是一级中心城市，南京、苏州、无锡、杭州、宁波、合肥是二级中心城市，作为增长极的中心城市对周边城市的极化效应与扩散效应何者更强？为识别《长江三角洲区域一体化发展规划纲要》实施对"长三角"一体化进程的影响，可考虑在前文介绍的双重差分模型中纳入空间计量方法。

空间计量模型的基本形式包括空间杜宾模型（SDM）、空间自回归模型（SAR）、空间误差模型（SEM）、空间自相关模型（SAC）等。面板数据空间计量模型的基本形式记作：

$$y_{it} = \tau y_{i,t-1} + \rho w_i^T y_t + x_{it}^T \beta + w_i^T x_t \delta + \mu_i + \vartheta_t + \varepsilon_{it} \tag{8}$$

$$\varepsilon_{it} = \gamma w_i^T \varepsilon_t + \phi_{it} \tag{9}$$

其中，w_i^T 为空间权重矩阵[①]W 的第 i 行，其余变量含义同前。当 $\gamma=0$ 时，为空间杜宾模型（SDM）；当 $\gamma=0$ 且 $\delta=0$ 时，为空间自回归模型（SAR）；当 $\tau=\rho=0$ 且 $\delta=0$ 时，为空间误差模型（SEM）；当 $\tau=0$ 且 $\delta=0$ 时，为空间自相关模型（SAC），在经验分析中的使用频率不及前三种模型。上述模型的具体设定形式存在差异，适合不同的情形。模型适用性检验的具体步骤如下：（1）通过 LM-lag 检验、LM-Error 检验、稳健的 LM-lag 检验、稳健的 LM-Error 检验，判定 SAR 模型、SEM 模型的适用性；（2）通过 Wald 检验、LR 检验判定 SDM 模型是否能被简化为 SAR 模型与 SEM 模型。

参考空间计量模型的基本设定，我们可将其同双重差分模型相结合构建空间 DID 模型，借助间接效应（即空间溢出效应）的系数估计值分析在实施《长江三角洲区域一体化发展规划纲要》的背景下，中心城市与外围城市在产业体系、基础设施、生态环境、公共服务、对外开放等领域的空间互动关系，为找准一体化短板、有的放矢地制定更具针对性的区域经济规划提供依据。

（5）匹配

中央政府在经济规划实践中往往会选择自然与社会经济各方面条件较好的区域先行试点，待试点成功后再行推广。经济规划在试点区域发展中到底发挥了多大作用？我们可以利用匹配方法予以论证。

---

① 空间权重矩阵的设定方式包括空间邻接矩阵、地理距离矩阵、经济距离矩阵等，具体可参见空间计量的相关资料，此处不详细展开。

常用的匹配方法主要包括协变量匹配与倾向得分匹配两类。

第一类是协变量匹配。该方法以协变量 X 本身作为匹配对象，当协变量为离散变量时，可以进行准确匹配。当用于匹配的协变量过多时，会出现维度诅咒。当协变量为连续变量时，准确匹配将无法实现，需要通过近似匹配完成。近似匹配的想法是构造实验组个体协变量向量同对照组个体协变量向量的距离指标，例如马氏距离 $\min_{c \in C}(X_c - X_t)^T M(X_t)^{-1}(X_c - X_t)$，其中 $M(.)$ 是样本的方差－协方差矩阵。若 t 为实验组个体，则它未经过处理的反事实结果估计值 $\hat{y}_t^0 = \frac{1}{\|C_t\|} \sum_{c \in C_t} y_c$；若 c 为对照组个体，则它接受处理的反事实结果估计值 $\hat{y}_c^1 = \frac{1}{\|T_c\|} \sum_{t \in T_c} y_t$，其中 $\|C_t\|$、$\|T_t\|$ 是反事实个体根据所选取的核密度函数 $q(.)$ 确定的权重。核密度函数主要包括高斯核密度函数、三角核密度函数、均匀核密度函数等。

第二类是倾向得分匹配。倾向得分可以模型化为匹配协变量的非线性函数，然后直接用倾向得分的估计值进行近似匹配。倾向得分的估计表达式为 $Pr(D=1 \mid X) = \frac{exp\left(h(X)^T \gamma\right)}{1 + exp\left(h(X)^T \gamma\right)}$，估计的基本步骤为：（1）先根据经验决定哪些变量必须加入，当缺乏先验信息时，只加入截距项；（2）逐一加入其余所有一次项，对新增项的系数显著性进行似然比检验，统计量数值最大的一次项加入 $h(.)$；（3）对余下的一次项重复第 2 步，直到本轮新增项系数的检验统计量最大值低于临界值 1；（4）逐一加入包括平方项和交互项在内的所有二次项，进行类似于第 2 步和第 3 步的操作，此时检验统计量的临界值取 2.71；（5）根据最终确定的 $h(.)$ 估计倾向得分。

下面以创新型城市规划为例说明匹配方法的具体应用。创新是一个历久弥新的话题，是区域经济规划的重要关注对象。2008年经国家发改委批复，深圳成为首个创新型城市试点。2010年，科技部颁行《关于进一步推进创新型城市试点工作的指导意见》，选取了一批创新型城市规划试点单位。然而，试点城市与非试点城市往往具有不同特征，因此我们可以采用协变量匹配或倾向得分匹配，选择与试点城市特征尽可能相似的城市作为对照组。根据科技部出台的《关于进一步推进创新型城市试点工作的指导意见》，决定城市能否入选的因素包括创新基础条件、经济社会发展水平和对周边城市的带动作用，而且中国首个创新型城市试点是在2008年批复的。因此，可选取2007年各城市的相关社会经济变量进行匹配，为后来的创新型城市选取对照组，实验组城市与对照组城市创新产出的差异能够反映创新型城市规划所诱致的正外部性。

需要特别说明的是，当前大量研究者将匹配方法奉为圭臬，不仅将匹配方法直接等同于倾向得分匹配，还认为匹配方法能够解决线性回归所无法解决的内生性问题，更加精准地识别区域经济规划所带来的社会经济效应。然而，这种近乎普遍的认识却是大错特错的！匹配只是一种条件策略，而识别假设不会因为选择了一种特定的条件策略而变得更可信，匹配与线性回归的识别假设是完全相同的，均为 $E(y^1 \mid treat = 1, x) = E(y^1 \mid x)$ 且 $E(y^0 \mid treat = 0, x) = E(y^0 \mid x)$，其中 y^1 为实验组的结果变量，y^0 为对照组的结果变量，其余变量的含义同前。

（6）合成控制（SCM）

上述经济规划均针对多个区域而制定，用于评估针对单一区域的经济规划的成效并不妥当。为克服这一不足，我们可以考虑使用合成控制法，将对照组加权平均构造"反事实"的新对照组，模拟特定区域在某项经济规划出台前的社会经济发展情况，进而对比区域经济规划的实施效果。下面以 2020 年发布的《深圳建设中国特色社会主义先行示范区综合改革试点实施方案》为例，说明合成控制法的具体应用。

假设有 $N+1$ 个城市，其中城市 1（深圳）在第 T_0 期被划定为中国特色社会主义先行示范区，其余 N 个城市均不在试点范围内。对于 $t>T_0$ 而言，深圳先行示范区的效应可以表示为 $\tau_{1t}=y_{11t}-y_{01t}$。由于深圳被划定为先行示范区，因此在 $t>T_0$ 时可以观测到潜在结果 y_{11t}，y_{11t} 可简化为 y_{1t}，但深圳未成为先行示范区的潜在结果 y_{01t} 不可观测。为估计 y_{01t}，我们需要借助其余 N 个非先行示范区试点城市的 y_{0it}。y_{0it} 可以表示为：

$$y_{0it} = \delta_t + \theta_t Z_i + \gamma_t \mu_i + \varepsilon_{it} \tag{10}$$

为求出 y_{0it}，可考虑构造一个 $N \times 1$ 维的权重向量 $W=(w_2, w_3, …, w_{N+1})$，$w_j>0$，$j=2,3,…,N+1$，$w_2+w_3+…+w_{N+1}=1$。对每个对照组城市的变量值进行加权处理：

$$\sum_{j=2}^{N+1} w_j y_{jt} = \delta_t + \theta_t \sum_{j=2}^{N+1} w_j Z_j + \gamma_t \sum_{j=2}^{N+1} w_j \mu_j + \sum_{j=2}^{N+1} w_j \varepsilon_{jt} \tag{11}$$

权重向量 $W=(w_2, w_3, …, w_{N+1})$ 需要满足 $\sum_{j=2}^{N+1} w_j^* y_{j1} = y_{11}$，$\sum_{j=2}^{N+1} w_j^* y_{j2} = y_{12}$，…，$\sum_{j=2}^{N+1} w_j^* y_{jT_0} = y_{1T_0}$，$\sum_{j=2}^{N+1} w_j^* Z_j = Z_1$。要达成上述条件，

需最小化 X_1 与 X_0W 之间的距离，距离表达式为 $\|X = X\,W\| = \sqrt{(X - X\,W)^T V (X - X\,W)}$，$X_1$ 是深圳成为先行示范区之前的 $m \times 1$ 维特征向量（例如反映经济增长、产业实力、创新活力、开放互利、普惠共享的代理指标），X_0 是 $m \times N$ 阶矩阵，X_0 的第 j 列是非先行示范区的城市 j 相应的特征向量，V 是对称的半正定矩阵。根据上述条件，可以求得最佳权重向量 $W = \left(w_2^*, w_3^*, \ldots, w_{N+1}^*\right)$，其中城市 j 对应的权重为 w_j^*。

当 $\sum_{t=1}^{T_0} \gamma_t^T \gamma_t$ 为非奇异矩阵时，$y_{01t} - \sum_{j=2}^{N+1} w_j^* y_{kt}$ 可化为：

$$\sum_{j=2}^{N+1} w_j y_{jt} = \delta_t + \theta_t \sum_{j=2}^{N+1} w_j Z_j + \gamma_t \sum_{j=2}^{N+1} w_j \mu_j + \sum_{j=2}^{N+1} w_j \varepsilon_{jt} \quad （12）$$

在一般条件下，式（12）趋近于 0。对于 $T_0 < t \leq T$，先行示范区深圳的反事实结果可以用合成对照组来表示，即 $\hat{y}_{01t} = \sum_{j=2}^{N+1} w_j^* y_{jt}$。先行示范区的效应估计值为：

$$\hat{\tau}_{1t} = y_{1t} - \sum_{j=2}^{N+1} w_j^* y_{jt} \quad （13）$$

也就是说，合成控制法是基于其他非先行示范区城市捏合出的一座各方面特征均类似于深圳的"虚拟城市"。将其与深圳对比，得到的处理效应即为《深圳建设中国特色社会主义先行示范区综合改革试点实施方案》的成效。

至于我们应该关注该先行示范区规划所引致的社会经济效应的哪些方面，就需要回归到规划文本，紧扣现代化经济体系、民主法治环境、现代城市文明、社会民生建设、美丽中国愿景"五位一体"的中国特色社会主义总布局，识别先行示范区规划方案对于深圳充当建设社会主义现代化强国的排头兵的驱动作用。

4.4.2 区域规划的地理学分析模型

规划的合理性根植于对区域经济运行态势的正确认知与科学研判。政府在进行区域经济规划前，往往会借助大量数据，进行多样化的描述性统计，力求更加精准地把握现实，属于典型的地理学模型分析手段。

地理学描述性统计分析的方式丰富多样，对区域经济规划的智力支持作用不容小觑。下面将选取代表性的分析手段，结合实际的区域经济规划方案展开介绍。

（1）时空分异分析

区域经济规划的编制是一项系统工程，涉及产业竞争力、创新活力、对外开放、公共服务、绿色发展等多个方面，最终的目标是塑造区域经济"普遍沸腾"的空间格局，践行区域协调发展的战略构想。例如，2019年颁行的《粤港澳大湾区发展规划纲要》从科技创新、基础设施、产业体系、生态文明、人民生活、扩大开放、深度合作等方面描绘了粤港澳大湾区的光明未来。如此完备的区域经济规划离不开工作人员在前期对各项社会经济指标时空分异规律的准确把握。唯有这样，才能找准痛点，有针对性地缩小粤港澳大湾区内各城市的差距，达成"共荣共生"的美好愿景。

为此，我们可以借助泰尔指数、空间基尼系数等统计指标予以辅助。下面以粤港澳大湾区为对象，说明泰尔指数与空间基尼系数的计算方法。

泰尔指数的具体计算方法为：

$$T = \frac{1}{n} \sum_{i=1}^{n} \left(\frac{y_i}{\bar{y}} \times ln \frac{y_i}{\bar{y}} \right) \qquad (14)$$

$$T_r = \frac{1}{n_r} \sum_{i=1}^{n_r} \left(\frac{y_{ri}}{\bar{y}_r} \times ln \frac{y_{ri}}{\bar{y}_r} \right) \qquad (15)$$

$$T_w = \sum_{r=1}^{3} \left(\frac{n_r}{n} \times \frac{\bar{y}_r}{\bar{y}} \times T_r \right) \qquad (16)$$

$$T_b = \sum_{r=1}^{3} \left(\frac{n_r}{n} \times \frac{\bar{y}_r}{\bar{y}} \times ln \frac{\bar{y}_r}{\bar{y}} \right) \qquad (17)$$

$$T = T_w + T_b \qquad (18)$$

其中，T 代表粤港澳大湾区的泰尔指数，T_r $(r=1, 2, 3)$ 代表粤港澳大湾区内三大都市圈（港深莞惠都市圈、澳珠中江都市圈、广佛肇都市圈）的泰尔指数。根据式（16）（17）（18），反映粤港澳大湾区总体分异的泰尔指数 T 可进一步分解为反映三大都市圈内整体分异的泰尔指数 T_w、反映都市圈间分异的泰尔指数 T_b。泰尔指数介于 0—1 的区间内，T 值越小表明大湾区内部的时空分异越小，反之则越大。此外，i 代表大湾区内的城市，r 代表所属都市圈，n 代表《粤港澳大湾区发展规划纲要》所包括的城市总数，n_r 是三大都市圈的城市数量，y_{ri} 代表 r 都市圈 i 城市的社会经济指标，$\bar{y}$ 与 $\bar{y}_r$ 分别代表大湾区整体及三大都市圈所涉及的城市社会经济指标的平均值。

空间基尼系数的计算方法如下：

$$G = \frac{\sum_{q=1}^{k} \sum_{r=1}^{k} \sum_{h=1}^{n_q} \sum_{i=1}^{n_r} \left| y_{qh} - y_{ri} \right|}{2n^2 \bar{y}} \qquad (19)$$

$$G_{qq} = \frac{1}{2n_q^2 \overline{y}_q} \sum\nolimits_{h=1}^{n_q} \sum\nolimits_{i=1}^{n_q} \left| y_{qh} - y_{qi} \right| \tag{20}$$

$$G_w = \sum\nolimits_{q=1}^{k} G_{qq} m_q s_q \tag{21}$$

$$G_{qr} = \frac{\sum\nolimits_{h=1}^{n_q} \sum\nolimits_{i=1}^{n_r} \left| y_{qh} - y_{ri} \right|}{n_q n_r \left(\overline{y}_q + \overline{y}_r \right)} \tag{22}$$

$$G_{nb} = \sum\nolimits_{q=2}^{k} \sum\nolimits_{r=1}^{q-1} G_{qr} \left(m_q s_r + m_r s_q \right) D_{qr} \tag{23}$$

$$G_t = \sum\nolimits_{q=2}^{k} \sum\nolimits_{r=1}^{q-1} G_{qr} \left(m_q s_r + m_r s_q \right) \left(1 - D_{qr} \right) \tag{24}$$

其中，G 代表整个大湾区的空间基尼系数，G_{qq} 和 G_{qh} 分别代表三大都市圈（划分方法同前）内部和两两都市圈间的空间基尼系数。空间基尼系数能进一步分解为都市圈内贡献率 G_w、都市圈间净值贡献率 G_{nb} 以及超变密度贡献率 G_t，G_{nb} 和 G_t，共同构成都市圈间总贡献率。此外，h 和 i 代表城市，q 和 r 代表所属都市圈，则 y_{qh}（y_{ri}）代表 q（r）都市圈内 h（i）城市的社会经济指标；$\overline{y}$ 与 $\overline{y}_q$（$\overline{y}_r$）分别代表整个大湾区及 q（r）都市圈内城市社会经济指标的平均值；n 代表《粤港澳大湾区发展规划纲要》所包括的城市总数，n_q（n_r）是三大都市圈内的城市数量；$m_q = n_q / n$，$s_q = n_q \overline{y}_q / n \overline{y}$；定义 a_{qr} 为 $y_{qh} > y_{ri}$ 时 $y_{qh} - y_{ri}$ 的加总数学期望，定义 d_{qr} 为 $y_{ri} > y_{qh}$ 时 $y_{ri} - y_{qh}$ 的加总数学期望，那么 $D_{qr} = (a_{qr} - d_{qr}) / (a_{qr} + d_{qr})$ 可反映两两都市圈社会经济指标之间的相对影响。

（2）探索性空间数据分析（ESDA）

正如前文在介绍空间计量模型时所提到的，区际关系是经济规划所需考量的关键因素。例如，2015 年实施的《京津冀协同发展规划纲要》明确将世界级城市群的基本建设思路确定为"功能互补、区域联动、轴向集聚、节点支撑",提出塑造"一核、双城、三轴、四区、多节点"的空间格局,将疏解北京非首都城市功能作为重点规划内容。我们不禁要问,出台上述规划的依据何在?探索性空间数据分析正是回答该疑问的重要参照。

探索性空间数据分析是比较不同区域之间关联性的重要手段,主要从整体和局部两个维度入手揭示京津冀城市群时空格局的演化特征,包括全局自相关的莫兰指数分析与局部自相关的莫兰指数分析。假设我们计算的是京津冀城市群内各城市人均 GDP 的莫兰指数,那么全局莫兰指数的计算方法为:

$$Moran'I = \frac{\sum_{i=1}^{n} \sum_{j=1}^{n} w_{ij} \left(y_i - \overline{y} \right) \left(y_j - \overline{y} \right)}{S^2 \sum_{i=1}^{n} \sum_{j=1}^{n} w_{ij}} \tag{25}$$

其中,y_i 表示京津冀城市群内各城市的人均 GDP,S^2 为 y_j 的离散方差,$\overline{y}$ 为均值,n 为京津冀城市群内的城市数量,w_{ij} 为空间权重矩阵中的元素。全局莫兰指数介于 −1 和 1 之间。当莫兰指数大于 0 时,京津冀城市群内各城市的人均 GDP 在空间上呈正相关关系;当莫兰指数小于 0 时,京津冀城市群内各城市的人均 GDP 在空间上呈负相关关系;当莫兰指数等于 0 时,京津冀城市群内各城市的人均 GDP 不存在明显的空间关联。

局部莫兰指数的计算方法为:

$$I_i = \frac{y_i - \overline{y}}{S^2} \sum_{j=1}^{m} w_{ij} \left(y_i - \overline{y} \right) \tag{26}$$

在式(26)中,各变量的含义与式(25)相同。在此基础上,我们可绘制局部莫兰指数的散点图。当散点位于第 1 象限时（H-H型），表示京津冀城市群内人均 GDP 较高的城市周围也是人均 GDP较高的城市；当散点位于第 3 象限时（L-L 型），表示京津冀城市群内人均 GDP 较低的城市周围也是人均 GDP 较低的城市；当散点位于第 2、4 象限时，表示京津冀城市群内人均 GDP 较高城市与人均GDP 较低城市是交错分布的，具备分散性和异质性。

除莫兰指数外，探索性空间数据分析的指标还包括吉尔里指数、广义 G 指数等，它们的计算方法与莫兰指数存在较大差异，但都能无一例外地用于说明京津冀城市群内各城市人均 GDP 的空间关联性，为《京津冀协同发展规划纲要》的编制提供智力支持。

（3）耦合度分析

我们在 3.2 节构建了包括 4 项一级指标、16 项二级指标、50—100 项三级指标在内的区域经济规划指标体系，涵盖经济发展、社会发展、资源环境、制度进步等多方面内容。经济发展、社会发展、资源环境、制度进步之间的关系是什么？我们可以使用地理学中常用的耦合度分析法可视化区域经济规划各子系统间的关系。

2019 年 9 月，习近平总书记在河南考察调研时将黄河流域生态保护与高质量发展定位为国家战略；2020 年 1 月，习近平总书记在中央财经委员会第六次会议上从生态环境、产业实力、区域协调、文化传承等方面，再次就黄河流域生态保护与高质量发展做出重要指示，成为制定黄河流域生态保护与高质量发展规划纲要的引航标。考虑到黄河流域的固有特征，测算黄河流域经济发展与资源环境两大系统的互动关系是规划编制过程的重要一环。下面结合上述案例介绍耦合度的计算方法。

耦合度的计算公式为：

$$C = \sqrt{A+B} / (A+B) \qquad (27)$$

其中，A 与 B 分别为基于指标体系得到的黄河流域经济发展指数与资源环境指数，C 为耦合度，介于 0 和 1 之间。耦合度越高，黄河流域经济发展与资源环境两大子系统间的关系更加有序。

耦合协调度的计算公式为：

$$D = \sqrt{C \times T}, \quad T = \sqrt{aA \times bB} \qquad (28)$$

其中，D 为耦合协调度指数，T 为综合协调指数，$a+b=1$ 为待定系数，通常均取 0.5。耦合协调度越高，黄河流域经济发展与资源环境两大子系统越趋向于优质协调。

现代模型分析方法在区域经济规划工作中迸发出愈加旺盛的生命力，但需要强调的是，忽视区域自身特性而单纯关注模型演算是万万不可的，比如，在考虑区际关联时空谈溢出、将倾向得分匹配奉为至宝都是需要摒弃的错误方法论立场。任何模型的推演都需要与社会经济现实结合，只有这样，区域经济规划才能更好地服务于国家重大战略诉求。

4.5 项目说明书与规划文本写作

区域规划的工作，要具体落实到文字上，因此，规划的文字说明是十分重要的，同时要遵循一定的写作规范。

4.5.1 项目说明书

项目说明书就是立项报告，主要说明项目的研究目的、内容和成果的形式等。例如，规范化的项目说明书应当包括以下内容（以区域的产业发展规划为例）：

（1）项目目标

系统研究区域产业发展的环境、条件、现状、问题；提出区域未来时期产业发展目标、功能定位；确定产业调整与空间布局的战略方案与对策；规划重点产业发展与产业功能区布局；提出重点产业发展的投融资对策与重点项目建议。

（2）项目内容

a.产业发展的环境与背景分析，包括经济一体化对区域产业发展的挑战、现代化建设对区域产业发展的要求、区域产业发展的区位优势等；b.产业发展的现状与问题，包括产业发展的基础、产业发展的现状分析与阶段判断、存在的主要问题等；c.产业发展战略目标，包括指导思想与战略方针、产业发展的功能定位、产业发展的目标预测、实现目标所具备的条件以及存在的障碍与难点等；d.产业结构优化与主导产业选择，包括产业结构优化思路、主导产业选择、重点产业竞争力分析、产业发展规划（近、中、远期）等；e.产业发展的空间布局，包括产业发展的总体布局、第一产业布局、第二产业布局、第三产业布局等；f.重点产业发展与产业功能区布局，包括现代制造业发展与布局、金融商贸业发展与布局、旅游产业发展与旅游区布局、教育文化产业发展与布局、高新技术产业发展与布局、基础设施产业发展与布局等；g.产业发展对策思路，包括推进制度创新、开发人力资本、优化人居环境、发展民营经济、强化企业集群等；h.重点产业发展的投融资对策与重点项目建议，包括投融资对策、重点项目建议等。

（3）项目成果形式

a.规划纲要；b.研究报告；c.规划图册。

（4）完成项目的条件

a.项目承担单位简介；b.项目参加人员组成。

（5）项目经费与付款方式

a.项目总经费和分项费用；b.付款方式。

（6）项目工作期限

以年为时间单位，例如国家自然科学研究基金项目和国家哲学社会科学研究项目一般为1—3年，地方的规划项目一般为一年以下，也有以月为计算单位的。在项目开始前，必须把项目的工作期限定好，以便具体安排项目的工作进度。

（7）成果鉴定

a.专家组成；b.鉴定地点；c.鉴定费用。

4.5.2 规划研究文本写作

区域规划方案报告的写作，有多种多样的体例。

（1）工作任务书和工作方案

规划工作开始之前首先要编制工作任务书，明确规划的任务和规划的范围、期限、指导思想等，以指导规划的组织工作和后继规划项目的数量、内容及规划深度。

制订工作计划及方案是规划工作准备阶段的重要内容，要编制规划的任务、规划的时间进度、规划的人员分工、各项经费预算及相关的规章制度等内容，同时还要制定工作的详细方案，如编制规划的方法、技术路线、工作步骤等具体内容。人员培训主要通过召开领导小组及工作班子联络员会议的形式进行，集体审议讨论规划工作计划及方案，统一认识，明确任务，为搞好规划打下良好的思想基础。

区域规划工作方案包括以下几个阶段：a.准备工作阶段，包括下达任务、组织工作班子、制订工作计划及技术方案等；b.调查分析阶段，包括搜集整理分析资料、专题研究、确定规划的目标方针及对策等；c.编制规划阶段，包括拟定规划供选方案，编制规划初稿、说明及规划图，拟定规划实施的措施等；d.报批实施阶段，包括政府审议规划形成送审稿、规划批准后公布实施、实施情况反馈和修订规划等。

（2）调查资料汇编

进行规划所需的资料包括：社会经济资料（土地、人口、生产、经济、区位、交通等），自然条件资料（土壤、水文、地形、地质、植被、气象等）及全区自然资源、土地资源、土地利用的现状和历史资料，有关规划资料（农业区划、土壤普查、区域规划、国土规划、部门发展规划等）。同时还要进行必要的野外实地调查，例如调查了解基层单位的土地利用需求及设想，开展农田整理、零星农村居民点和废弃工矿等地的复垦情况的野外调查，从而为开展专题研究和编制规划提供全面、翔实的基础资料。在规划进行的过程中，要对已经掌握的资料进行汇编，可以作为阶段性成果或最后成果的一部分。

（3）专题研究报告

专题研究不是独立的课题研究，它是依照规划工作的需要而进行的，目的是通过专题研究对全区的总体状况、资源禀赋状况及市场需求等做出全面的了解和较为确切的估计，同时要找出区域经济存在的问题和应采取的对策，为编制规划提供可靠的依据。

以土地利用专题研究为例，一般土地利用规划需要设置下面几项专题研究：

土地利用现状分析。土地利用现状分析是编制区域土地利用规划的基础和依据，主要是弄清全区土地资源及土地利用的基础数据，包括土地利用的结构和布局、土地利用的程度及效果，总结土地利用变化的规律和经验教训，分析土地利用存在的问题并提出相应建议。

土地适宜性分析。主要通过对本区土地的自然、经济属性进行综合评述，弄清各种适宜性用地的数量、质量及分布情况，阐明土地属性所具有的利用潜力和生产潜力，为分析土地利用的潜力、确定土地利用方向及调整土地利用结构等提供科学依据

土地利用潜力分析。土地利用潜力是指规划期内土地所具有的潜在生产能力或使用能力，相关的分析包括土地开发利用潜力分析、土地生产潜力分析和土地人口承载力分析，目的是摸清区内土地的开发利用到底还有多大潜力，为规划相关指标和规划方案的确定提

供依据。

土地供需预测。土地供需预测是土地规划调查研究的主要专题之一，它是根据规划期内各行业用地规模和土地利用动态变化的趋势，预测各行业用地的需求量，从而为在规划中安排各项用地指标、确定土地利用结构、协调各部门各行业之间用地的矛盾提供依据。

各项专题研究各有侧重，但是又相互紧密地联系着，所以在各项专题研究中要注重彼此之间的联系和配合；同时要十分明确专题研究为规划服务的思想，从编制规划方案的要求出发使专题研究的目的性更加明确，避免研究和规划的脱节。专题研究报告形成之后，需经上级土地部门及本区规划领导小组论证，经过必要的修改、补充和完善之后方确定下来。

（4）规划总报告

编制规划总报告是规划工作的核心内容，是根据规划类型的需要，依据规划目标和方针搞好分区、分产业规划。它需要把各项规划内容综合成为规划报告及其说明，并绘制规划图件。

参考文献：

[1]〔英〕霍尔.城市和区域规划.北京：中国建筑工业出版社，1985.

[2]陆大道.区域发展及其空间结构.北京：科学出版社，2002.

[3]胡序威.我国区域规划的发展态势与面临问题.城市规划，2002（2）：23-26.

[4]宋旭光.可持续发展测度方法的系统分析.大连：东北财经大学出版社，2003.

［5］方创琳.区域发展规划论.北京：科学出版社，2000.

［6］李国平等.区域科技发展规划的理论与实践.北京：海洋出版社，2002.

［7］刘起运.宏观经济预测与规划.北京：中国物价出版社，1998.

［8］李旭宏，胡文友，毛海军.区域物流中心规划方法.交通运输工程学报，2002（1）：85-87+109.

［9］王利，韩增林，李亚军.现代区域物流规划的理论框架研究.经济地理，2003（5）：601-605.

［10］牛慧恩.国土规划、区域规划、城市规划——论三者关系及其协调发展.城市规划，2004（11）：42-46.

［11］程遥，赵民.从"用地规划"到"空间规划导向"——英国空间规划改革及其对我国空间规划体系建构的启示.北京规划建设，2009（1）：69-73.

［12］易文飞，俞永增，张艺伟，李中成，黄永章.基于p-中位模型的区域综合能源系统能源站优化规划.电力系统自动化，2019（4）：107-113.

［13］李爱民."十一五"以来我国区域规划的发展与评价.中国软科学，2019（4）：98-108.

［14］迟国泰，孟斌.国家重大区域规划政策效果评价模型及应用.系统工程学报，2017，32（6）：774-782.

［15］杨开忠.新中国70年城市规划理论与方法演进.管理世界，2019（12）：17-27.

［16］尹海伟，罗震东，耿磊.城市与区域规划空间分析方法.南京：东南大学出版社，2015.

［17］周建明.区域规划理论与方法.北京：中国建筑工业出版社，2013.

［18］曹林.区域产业发展规划理论与实例.北京：社会科学文献出版社，2014.

［19］顾朝林.新时代的城市与区域规划.北京：商务印书馆，2018.

第5章 区域规划的发展定位与模式设计

前面各章我们阐述了区域规划的基本概念和制定规划的程序，从本章起我们将探讨区域规划的具体内容。

5.1 区域规划的指导思想和区域定位

区域规划的制定是从大思路的确定开始的，也就是从确定规划对象和指导思想开始，然后是选择需要的战略模式。

5.1.1 指导思想

区域规划的制定，必须有一个指导思想来统领整个过程。指导思想是规划区域谋求发展的最高概括和总纲，对发展的影响是长期性的和全局性的。指导思想一般具有较高的稳定性，不能随意更改。

正确的区域规划指导思想，是建立在深入细致的调查研究和理论升华的基础之上的，是对未来发展趋势预测的总结。正确的指导思想一经确立，就将对区域未来经济发展起到巨大的指引作用。

指导思想的确立一般要有区域的针对性，并与区域经济的发展阶段相一致。例如，在发展战略规划当中，在区域发展的初期起飞阶段，建立工业体系是发展的关键；在中期发展的成熟阶段，调整和完善产业结构、促进产业创新是发展的关键；到后期发展的追求生活质量阶段，则充分就业、提高平均收入水平成为当务之急。战略指导思想的差别，反映了发展水平的差异。

当前，坚持和完善中国特色社会主义制度、推进国家治理体系和治理能力现代化，是国家和各级区域规划的基本指导思想。十九届四中全会指出，到我们党成立一百年时，在各方面制度更加成熟更加定型上取得明显成效；到二〇三五年，各方面制度更加完善，基本实现国家治理体系和治理能力现代化；到新中国成立一百年时，全面实现国家治理体系和治理能力现代化，使中国特色社会主义制度更加巩固、优越性充分展现。

从区域经济发展来看，当前，区域协调发展格局基本成型。党的十九大正式提出区域协调发展战略成为新时代经济体系构建的重大战略之一。区域协调发展目标是通过解决区域发展不平衡不充分问题，增进各区域人民福祉，满足各区域人民日益增长的美好生活需要，促进区域经济发展。

实施区域协调发展，当前的战略重点包括京津冀协同发展、长江经济带发展、粤港澳大湾区建设、黄河流域生态保护和"长三角"一体化等五大战略。以城市群为主体构建大中小城市和小城镇协调发展的城镇格局，支持资源型地区经济转型发展，加快边疆发展，坚持陆海统筹，加快建设海洋强国等。关于高质量发展，要增强城市与区域的科技创新能力，促进产业的发展，实现科技与经济发展的密切结合。同时要加大力度支持革命老区、民族地区、边疆地区、贫困地区加快发展。

5.1.2　区域定位

区域定位是在我们对区域的发展现状做了全面分析的基础上进行的。区域定位也属于指导思想的范畴，或者是指导思想的具体化。所谓定位，就是规定本区域在一个较大的区域范围内扮演什么样的角色。由于区域经济的发展已经摆脱了孤立发展、创建自己完整的工业体系的道路，进入到区域合作、相互促进的新时期，一个区域与周围地区之间的关系，它在一个较大的范围内起什么样的作用，已经成为区域经济发展环境的一个组成部分。所以，确定规划区域在大区域内所处的位置，是制定区域规划的第一个环节。

区域定位要遵循五项基本原则：（1）综合性原则。对现代经济、社会、人文、地理、自然风光和政治功能的特色的综合性概括。（2）时代性原则。充分体现规划区域的时代特征，对该区域的人民产生发展经济的激励作用。（3）独特性原则。对规划区域现代的、历史的、传统的社会经济特色进行准确的抽象概括。（4）继承性原则。对规划区域历史的、传统的个性精华进行吸纳和弘扬。（5）先进性原则。对规划区域的区域形象要有一定的超前导向性。

进行具体区域规划的定位，应当考虑以下几个方面：

（1）从发挥地区优势出发进行区域定位

因地制宜，发挥优势，是区域规划中区域定位的最基本原则。由于各地区在自然条件、自然资源、历史沿革、经济基础、文化习俗诸方面存在巨大差异，因此劳动地域分工存在差异性，从而决定了区域定位的不同。而生产要素、需求水平和产品价格等方面的差异性，影响到各地区的地区优势。只有充分发挥各地区的优势，才能最充分地利用区域条件，发展各种产业，取得最佳经济效益。所以，分区指导的思想，在任何情况下都应当坚持。

一般来讲，对规划区域的发展条件进行了详细的分析，也就具有了发挥优势的基础。根据规划区域的具体条件，可以确定一个区域准确的发展方向。

（2）从区域经济协调发展出发进行区域定位

区域规划的最终目的是促使区域经济高速、健康地协调发展。因此，规划中要以区域整体利益为重，以大局为重，妥善处理局部与整体、一般与重点、农业与工业、乡村与城市、生活与生产及近期利益与长远利益的协调关系。只有坚持区域经济的综合发展，才有可能使各类规划与发展战略统一起来，始终如一地贯彻规划的指导思想。

区域协调还包括规划区域与其他区域的关系协调。要考虑一个地区的区域定位，必须把这个区域放到全国和大区域中去分析其地位和角色。一个地区的优势应当是比较优势，是与其他地区进行比较后得出的优势。如果仅仅站在自己的立场上，就很难看到自己的劣势，那样定位就会不准确。

（3）从获取区域经济效益出发进行区域定位

区域规划的实施要以获取区域的经济效益为目的，而不是某个组织、企业或个人的利益。通过规划，合理地布局工业、农业和其他产业，在相同投入下，获取尽可能大的经济效益。但是，仅仅关注经济效益是不够的，区域规划应当坚持经济效益与社会效益、环境生态效益的统一，使区域能够长期保持可持续发展的态势。获取区域的经济效益是进行区域定位的出发点之一，正确的区域定位，将使区域发展在正确的道路上前进，使获取区域的经济效益比较容易。

5.2 区域规划的战略模式

5.2.1 战略模式的特征

制定区域规划，需要选择发展的战略模式，它是研究未来时期区域经济发展的总体构想沿着一条什么样的道路前进，形成一种什么样的区域架构。区域规划的战略模式不同于国家的发展战略，必须是根据区域的具体情况制定的，所以它有许多自身的特征。

（1）预见性

区域规划的战略模式，要想能够成为指导区域经济有步骤地发展的依据，必须有较强的预见性或前瞻性。这种预见或前瞻必须有坚实的现实基础，是在现实经济发展的基础上，总结前一时期的发展情况，准确估计未来经济形势的变化和宏观政策的变动方向，根据现实和可能，所做出的科学的预见或预测。

预见性分为两类：（1）狭义的预见性。狭义的预见性一般是指制定远景目标时对经济发展的规模、速度和水平等指标的预测。狭义的预见性存在着时间越短、预测误差越小，时间越长、预测误差越大的特点。（2）广义的预见性。广义的预见性包括更宽泛的含义：预测未来产业结构变动的基本态势，把握区域政策的变动方向，进而预见未来本区域经济发展大的走势，都属于广义预见性的范畴。对于发展战略的制定者来说，最重要的还不在于预测区域经济发展未来的指标，而在于制定实现这些指标所应采取的切实可行的政策和策略。

（2）综合性

区域规划的战略模式是一个完善的系统，它涉及区域内的城镇、乡村、产业、部门、资源、环境以及社会发展、政府行为等方方面面的情况，可以说具有极强的复杂性和综合性。

制定区域规划的战略模式需要的条件是多方面的，它包括自然环境、自然资源、劳动力、资金条件、交通运输条件、文化教育条件以及区位条件等，并需要对诸多条件因素进行综合分析和评价，以期正确地估计所处区域的经济发展环境。它涉及的发展部门是多方面的，即有物质生产部门，也有社会的发展部门。它既包括企业行为，也包括政府行为。因此，区域规划的战略模式所具有的复杂性和综合性，使制定和实施具有很大的难度。

（3）可操作性

区域规划的战略模式的可操作性，主要表现在目标的可实现和采取策略的可应用性。要制定具有可操作性的发展战略，要求制定者必须深入实际认真调查研究，分析地区经济发展中存在的问题，研究问题产生的原因，摸清解决问题的路径。同时，还必须准确地把握经济发展的总体走势和宏观环境，分析宏观因素对区域发展的影响程度，从而随时把握区域经济发展的脉搏。不仅如此，还要求战略的制定者有较高的政策水平，能够准确掌握国家经济发展政策的尺度，并将这些政策区域化，使之适应当地的实际情况。可操作性，或者称为可应用性，是检验区域规划的战略模式能否落实的试金石：有可操作性，就能够应用到实践中去；没有可操作性，则只能停留在纸面上。

5.2.2　以产业发展划分的战略模式

区域规划的产业发展模式选择，实际上是对某个地区产业发展战略的总结。国际上几十年的产业发展经验，形成了几个成熟的发展模式。

（1）初级产品出口的战略模式

初级产品出口战略模式的特点是利用本国丰富的自然资源，以发展农业、矿业产品的出口来带动本国经济发展，属外向型经济发展的战略模式。

以出口石油为主的世界各主要石油输出国，以出口铜为主的智利、赞比亚等国，以出口香蕉为主的中美洲诸国，以出口单一农产品为主的加纳（可可）、斯里兰卡（茶叶）、孟加拉国（黄麻）、缅甸（稻米）、埃塞俄比亚（咖啡）等，都长期采取这一战略模式。

这种发展战略模式最大的局限性，就是严重依赖国际市场，国内经济结构单一，经济具有很大的脆弱性。对于一国内部的欠发达地区，由于缺少发展的机会，只有开发某种优势资源才能启动经济发展，所以在发展的初期，选择这种战略模式具有客观必然性。但是，必须寻找新的发展机遇，进行发展战略模式的升级。

（2）进口替代的战略模式

进口替代战略模式，就是用本国产品替代进口产品的战略模式，是处于工业化初期阶段的发展中国家应付国际竞争、发展本国现代工业的一种内向型战略模式。拉丁美洲的一些国家、东亚和东南亚的一些国家以及非洲的一些国家都先后实施过这种战略模式。

进口替代有两种形式：

下游产业进口替代。由下游产业开始的进口替代，也就是说，从面向市场的消费品入手，用本国产品替代进口产品，如食品工业、服装工业及轻纺工业等。这是一种由轻工业开始的工业化道路，其战略模式一般分为三个阶段：第一阶段，消费品替代；第二阶段，中间产品替代；第三阶段，资本货物替代。

上游产业进口替代。上游产业主要指生产资料的生产部门，如钢铁、化工、机械等产业。上游产业的发展需要大量的投资，上游产业开始的进口替代，对技术和劳动力的要求都相应较高，生产规模一开始就比较宏大，因此，只有在国家的统一安排下调集巨大的人力和财力，才有可能实现。

进口替代战略模式的局限性，主要表现在国家长期对民族工业的保护，使本国产品质量差、竞争能力低、资源配置不合理、劳动生产率低下等。因此，它是一种发展处于低级阶段时采取的战略模式。

进口替代是否适用于国内地区之间的经济关系，目前理论上尚无定论。一种观点认为，欠发达地区应当发展自己的制造业，为自己的产品保留一部分市场；另一种观点认为，进口替代指国家间的贸易关系，不能用于地区之间，地区之间的所谓"进口替代"，其实就是地方保护。东南亚国家在上世纪 70—80 年代，中国在上世纪 80—90 年代，都是处于这样的发展阶段。

（3）出口替代的战略模式

出口替代战略模式，主要含义是发展面向出口的产品，用工业制成品的出口来代替农矿产品的出口，并利用劳动力价格低的优势，以廉价的产品打开国际市场。

出口替代的类型很多。有的国家以增加本国出口农矿产品的加工深度为主，有的以加工外来原料的来料加工为主。依据加工深度的不同，可将出口替代分为初级出口替代和高级出口替代两种。初级出口替代是指以发展技术水平较低的消费品，如食品、服装、玩具等为主的替代战略模式，高级出口替代是指以发展高档耐用消费品，如机械设备、电子仪器等为主的替代战略模式。一般来说，各国都有一个从初级出口替代向高级出口替代转化的过程。

例如，中国改革开放以来，在东部沿海地区建立了一些出口加工区搞来料加工。初期主要以服装、鞋帽、玩具为主，经过十几年的发展，到 20 世纪 90 年代后期，一些地区已经实现产品升级，重点生产机电和微电子等产品。

（4）工业赶超的战略模式

工业赶超战略模式，主张以发展工业来带动经济的发展，缩小同发达国家的差距。一个欠发达的国家或地区，要想在短期内赶上先进国家，就必须大规模发展工业，以工业的快速增长来促进其他产业的增长，实现国家社会的跃进。

工业赶超战略模式的关键是优先发展轻工业还是优先发展重工业。优先发展轻工业的好处，是利用其所需资金少、劳动密集度高、原料来源广泛、产品市场化程度高等优点，在资金严重短缺的欠发达地区，以发展轻工业来积累资金。优先发展重工业的好处，主要是建立国家工业生产的物质技术基础，改善工业结构，提高全社会的劳动生产率，使工业化能够快速实现。但是，优先发展重工业的资金需要量大，启动的难度大。

20世纪一些社会主义国家的经济发展，大多采取优先发展重工业的工业赶超战略模式。这一战略模式的局限性，在于单纯追求工业增长，忽视农业基础，使人民的生活水平提高较慢，但也建立起来了完整的工业结构，为后来的发展奠定了基础。

（5）经济、社会综合发展的战略模式

经济、社会综合发展的战略模式，是将经济的发展与社会的发展结合起来考虑，以经济发展为手段，以社会进步为目的。强调满足人民生活的基本需求，减少和消除贫困，提高人民物质文化生活水平。包括：增加生产，扩大生产性就业，增加对农业部门的投入，加快基础设施建设，充分利用现代科学技术，加快资源的开发，发展对外贸易，扩大出口，建立相应的制度，消灭贫困，使整个国家能够可持续发展。

5.2.3 以地区发展程度划分的区域规划战略模式

目前，包括中国在内的世界上大多数主要国家，都采取经济、社会综合发展的战略模式。实践证明，这是一种较为完善的发展战略模式。对于地区的发展规划来说，国家层面的模式只能作为参考，各地区要在参考这些模式的基础上，结合地区的实际，拿出符合地区特点的发展模式。例如，温州模式、苏南模式、"珠三角"模式等等。但是，模式只能学习，不能照搬，这是由区域经济特有的区域性所决定的。

由于区域经济的发展差异很大，制定发展战略必须要考虑到区域发展现实情况，因此，可以从大的区域出发，归纳出三种不同的战略模式类型。

（1）处于资源开发阶段地区的区域规划战略模式

这类地区一般特征是经济发展水平低下，农业在产业结构中占有很高的比重，长期停留在自给自足的自然经济中，自身资金积累能力低下，导致投资供给和市场容量、投资引诱双不足，使单一经营和低劳动生产率循环反复难以突破。

这类地区如按人口与自然资源的对比关系划分，大致可分为两类：一类是人少地多，人口密度低、人均自然资源相对丰裕的地区；另一类是人多地少，人口密度高、人均自然资源相对不足的地区。从打破贫困的恶性循环看，后者更难于前者。因为后一类地区，人口压力大，有的甚至超过了土地承载力的极限，垦殖过度，环境生态遭到不同程度的破坏，自然灾害频繁，如黄土高原的水土流失、西北和内蒙古的土地沙化、西南山区的泥石流等。

（2）处于成长阶段地区的区域规划战略模式

这类区域的一般特征是已经跨过工业化的起点，第二产业在地区生产总值构成中已占主导地位，地区优势产业已经形成或正在形成中，地区经济呈现较强的增长势头。这类地区经济的进一步发展，将主要不是依靠发掘区内生产要素的数量潜力，而是主要依靠提高生产要素的质量——引进新技术、新装备，提高劳动者文化技术水平，完善投资环境。应大量引进技术，购置新设备，培训职工，完善投资环境，把地区经济推进到新的阶段。

处于成长阶段的地区，在区域规划的战略模式上，要着重注意以下几点：第一，进一步巩固、扩大优势产业部门。充分利用规模经济，降低产品成本，增强价格竞争能力，同时重视提高服务质量，建立自己在国内外市场的营销渠道，不断拓展市场，扩大本区优势产业产品在国内外市场的占有率。第二，围绕优势产业发展前向、后向、侧向的关联产业。形成结构效益良好的产业系列，同时要注意防止无关联产业的盲目聚集，造成产业结构的无序化。第三，不断培植区内新的产业，发展第三产业，特别是贸易、金融、信息、咨询、科技教育等第三产业，以增加地区经济发展新的推动力，提高地区经济的结构弹性，避免支柱产业过分单一，在市场条件突变的冲击下，造成区域经济大的波动。第四，沿主干开发轴线培植新的增长极。以增加区域发展能力为目的，促进区域经济向纵深发展。增强区域经济发展的后劲，使处于成长阶段的区域经济能顺利地进入成熟阶段。

（3）处于发达阶段地区的区域规划战略模式

这类地区往往属于国家经济重心区，工业历史较长，达到了较高水平，交通运输、邮电通信基础设施齐备，第三产业也相当发达，在极化效应和乘数效应的作用下，生产门类齐全，协作配套条件优越，区内资金积累能力强，人才素质高。但许多矛盾随着岁月的积累、沉淀，构成潜在的衰退因素，突出的如：过度集中导致用地紧张、地价上涨；水源不足，水费上涨；环境污染严重，污染处理成本激增；生活费指数、产品工资成本提高；加之许多一度领先甚至独占的技术，随着逐步普及，而丧失其垄断利益，导致不少产业与产品的比较优势逐步丧失。

这类地区区域发展战略研究的中心是如何防止潜在的、隐蔽的衰退危险变成现实，保持和焕发区域经济的活力。其关键有二：一是进行全面的"结构改组"，吐故纳新；二是树立"技术立区"的战略，主要依靠"创新推动"。在战略部署上要着重注意以下几点：a.在产业结构上，要果断地淘汰（移出）比较优势已经丧失的产品和产业。着力发展新兴产业，并引进和运用新技术，嫁接式地改造传统产业，使传统产业新技术化，不断开发出高档的产品，实现产业结构高度化，保证产业结构动态化。b.在市场结构上，要大力发展外向型经济。跻身国际分工与交换的行列，经受国际市场的压力与锻炼，促进区域经济素质的全面提高。c.在空间结构上，要形成以城市中心区为圆心的发展区域。加快向外围地区的产业扩散，组成城乡一体化的大城市经济圈。市中心区工业向外扩散，以金融、贸易、保险、房地产、咨询、信息等第三产业替代，使之成为众多企业集团（股份公司）总部的驻地，逐步转向以技术开发、营销为主，使周围腹地的工厂成为主要生产基地。

5.2.4 关于东亚模式的评论

随着中国经济发展速度的加快，为了使经济发展能够遵循典型的轨道，在寻找发展模式的过程中，东亚模式受到青睐。

东亚模式是一种不同于西方模式的发展模式。东亚，包括东北亚和东南亚国家和地区，近半个世纪普遍实行这种模式。东亚模式体现的是东亚国家在经济发展过程中形成的方式和特点。

东亚模式具有以下特征：

第一，东亚模式是一种以发展生产力为中心的发展模式。东亚各国政府都极其重视本国生产力的发展，从发展传统产业开始，不断调整经济结构，逐步向高科技信息产业发展；同时，把教育看作是战略性的生产力，对国民教育持续高投入，努力提高国民素质，促进国民经济持续增长。

第二，东亚模式是政府与市场机制的有效结合模式。一方面，政府积极参与和干预经济活动，充分利用各种经济、法律及行政手段调整宏观经济，实现资源合理配置；另一方面，政府和企业紧密合作，政府积极为企业提供政策、资金等多方面支持，企业则与政府协调一致，密切配合，积极参与市场活动。这种政府行为与市场机制紧密配合相互交融的模式，为东亚经济腾飞提供了巨大动力。

第三，东亚模式是以出口为导向的战略模式。积极促进贸易、投资和金融自由化，努力发展外向型经济，这对东亚经济的迅速增长起了推动作用。实行出口导向型的经济发展战略，以出口带动国内经济的发展，提高国内产品的品质和竞争力，并以出口换汇购买技术含量不断提高的外国设备，以实现国内产业的升级换代，经过劳动密集型产业—资本密集型产业—技术密集型产业—信息密集型产业的层层推进，实现经济的迅速腾飞。

第四，东亚模式是依靠内部高储蓄率的发展模式。东亚模式强调一国经济发展主要靠内部积累，适当控制外债规模和外债结构。东亚经济长期迅速增长，主要是靠内部较高的储蓄率实现的。东亚地区的总储蓄率一直保持在30%—40%的高水平上。高储蓄率保证了高投资，促进经济高速增长，反过来又使储蓄率进一步提高，形成一种良性循环。在增长方式上，东亚模式表现为以高投入（包括人力和资本投入）带动高增长。

如上所述，东亚发展模式对于欠发达国家充分利用本国的劳动资源优势、积极引进外资、追赶发达国家具有积极作用。东亚模式促进了经济的高速发展，但在发展中也有其历史局限性。

第一，东亚模式带有明显的追赶性质，它实际上也就是一种追赶型的模式和战略。这种战略在发展到一定程度之后，容易导致政策上的急功近利。比如，东亚国家和地区大多片面追求增长速度和生产规模，而忽视技术、教育和管理在提高综合劳动生产率方面的长期作用。在引进外资和资本配置方面，注重引进短期资本，并将资本的大部分导向低水平的出口加工业和畸形发展的房地产行业，而忽视科技开发和基础设施方面的建设。在价值取向方面，注重物质利益和量的增长，而忽视社会、环境和资源的可持续性配套发展，由此出现了较为严重的环境污染和社会不公问题。

第二，东亚模式具有强烈的外向型特征。实行外向型的经济发展战略，一般要具备两个条件才有可能获得成功。一是内部条件，即自身产品在世界市场上具有较强的竞争力；二是外部条件，即必须有一个较大的国际吸纳市场。东亚国家和地区的工业化进程一般都是从劳动密集型出口加工业开始的。在经济起飞阶段，亚洲"四小龙"利用西方国家产业结构调整的机会，大力发展已在发达国家失去优势地位的劳动密集型产业，同时西方国家又正处在经济高速增长时期，国际贸易的主导力量是贸易自由主义，因此这一战略获得了极大的成功。但是进入 20 世纪 80 年代以后，这两个条件都发生了变化，东亚国家和地区的劳动密集型产业优势遇到了"前堵后追"的困难，这就要求它们必须由劳动密集型产业向资本密集型产业和技术密集型产业转移和发展，而这种产业升级需要大量的资金和坚固的科技开发实力做基础，因此表现为一个渐进和较长的过程。与此同时，在外部市场上，国际贸易中的主导力量已从贸易自由化转变为以克鲁格曼等人的战略贸易理论作为基础、以非关税壁垒和管理协调贸易为主要表现的新贸易保护主义，这种内外交困的局面，大大限制了外向型战略的效力，使东亚国家和地区陷入了危机的泥潭。

第三，东亚模式为实现追赶目的，实行了强有力的政府干预。政府干预是必要的，尤其对于后进国家来说，但是政府干预本身往往也蕴含了一些容易导致失误的因素，而且干预的力度越强，失误的可能性就越大。

第四，东亚模式不关注城乡之间的发展差距。东亚发展模式实行的是两头在外的发展模式，虽然扩大了对农村劳动力的需求，但产业的关联性低，对农村经济发展的拉动作用有限。东亚发展模式促进了工业的发展，在一定程度上又拉大了城市与乡村的差距。

第五，东亚模式未能包含社会发展和生态发展的主题。由于历史条件的限制，东亚模式不可能包含生态发展或可持续发展的要素，这是其遭到所谓"后现代"发展理论责难的一个重要原因。

因此，中国经济发展进入新时代之后，东亚模式已经失去了其在中国经济社会发展中的积极意义。

5.3 区域规划的环境与条件评价

5.3.1 国内外经济发展环境评价

制定一个地区的区域经济发展战略规划，出发点是对区域经济发展面临的国内外和区域内外的环境进行分析，找出对本地区经济发展的影响，并判断这些影响如何左右区域政策的制定和实施。

我们总结目前的国内外经济发展环境，关键是要明确：一个地区的发展，是在国内外大环境的影响之下实现的，特别是世界经济环境的变化，对区域经济的影响日益明显。而国内发展环境的变化、国家宏观经济政策的调整，都可能促进或延缓区域的经济发展。

国内外发展环境评价，可以简单归纳为以下几点：

（1）世界经济和国际区域经济形势分析

进入 21 世纪以来，经济全球化已经到了我们面前，过去的国内或区内的产业竞争，现在变为国际竞争；竞争对手要重新界定，市场份额要重新划分。但是，我们的市场范围也扩大了，从区域的或国家的市场，扩展为洲际的或全球的市场，然而要在国际市场占有份额，必须加强本地产业的竞争力。区域一体化使我们进入国际市场更加困难，欧盟、东盟、北美自由贸易区等，都在加强区域内部的关系，排斥区外的企业进入。我们必须看到国际市场的前景，同时正视面临的困难。

例如，2018年7月以来，美国政府接连对来自中国的商品加征关税，发动了迄今为止世界经济史上规模最大的"贸易战"，这对中国的经济发展、对各区域的经济发展都造成了很大冲击，提出了严峻的挑战。面对外部冲击，区域规划要分析区域经济增长受影响的程度，进而提出新的规划思路。这取决于两个方面：一是外部冲击的强度，二是区域自身对于不利冲击的抵抗能力。就第一个方面来说，美国加增关税的做法对于贸易依存度比较大的区域影响更为剧烈；而第二个方面则主要取决于区域经济的韧性。区域经济韧性是指区域抵御冲击、吸收冲击，以及从外部冲击中恢复的能力，区域经济韧性的差异会直接影响各区域受外部冲击的程度。

（2）国内宏观经济形势分析

区域规划必须紧紧围绕当前时期的经济发展大趋势和宏观经济形势，分析对规划区域的影响。当经济发展进入到一个新的轨道时，区域规划必须按照这种新的轨道规划新的发展途径。

根据十九大报告和"十四五"规划，从2020年到本世纪中叶可以划分为"2020年到2035年基本实现社会主义现代化"和"2035年到本世纪中叶把我国建成富强民主文明和谐美丽的社会主义现代化强国"两个阶段。由此可见，社会主义现代化强国建设的起点为

2020年，此时全面小康得以实现，我国开始启动向现代化迈进的新征程，进入新的发展阶段。中期节点为2035年，此时基本实现社会主义现代化。实现"两个一百年"奋斗目标、提高人民生活水平，要求坚持解放和发展生产力，推动经济持续健康发展。目前，中国处于经济发展新阶段，即"我国经济已由高速增长阶段转向高质量发展阶段，正处在转变发展方式、优化经济结构、转换增长动力的攻关期"，"建设现代化经济体系是跨越关口的迫切要求和我国发展的战略目标"。由此可见，建设现代化经济体系，是针对经济发展新阶段、着眼于深入贯彻新发展理念而提出的新的战略任务。新的影响因素是，中国到2030年实现碳达峰，到2060年实现碳中和，这"双碳"目标，必将对各区域的发展战略目标带来重大影响。

建设现代化经济体系，需要关注国内市场和资源配置、区域经济与国民经济整体的联系、区域之间的经济联系、区域经济与城市群和中心城市的联系等。对区域发展来讲，还需要关注体制改革，深化改革，为区域发展创造更好的环境。

（3）区域经济的发展特点

实现工业化、城市化和现代化是未来20年的基本任务。新型工业化道路的内涵是：依靠科技进步改善经济增长的质量和效益，依靠科技创新提升产业的技术水平，依靠体制改革推进生产力的进步，依靠人力资源开发实现企业核心竞争力的形成，依靠保护环境和合理开发自然资源实现可持续发展。重点是通过以5G为标志的信息化带动工业化，形成高新技术产业、基础设施产业、新型制造业和第三产业构成的合理的产业结构。对地区来说，选择适合本身的产业和产业结构，是发展战略规划的核心。

当前中国区域经济发展的核心是提升区域发展的质量。区域发展如何解决发展不平衡的问题？习近平总书记在十九大报告中指出："必须坚持质量第一、效益优先，以供给侧结构性改革为主线，推动经济发展质量变革、效率变革、动力变革……"落实到区域层面，区域经济发展从速度型的增长向高质量的平衡发展的转变，就是解决发展不平衡的基本途径。

十九大关于构建现代化经济体系中的区域协调发展战略的提出，表明在区域经济发展的大趋势中，高质量的平衡发展是基础性的。高质量的平衡的区域经济发展，是指在区域协调发展战略的指引下，强调树立追求卓越的区域发展观，树立科技创新为动力的、以质取胜的区域发展理念，把资源开发优势、产业规模优势、生态环境优势转化为区域经济的品质优势，从注重发展速度向速度与质量并重转变。

第一，区域发展导向的转变。改革开放以来，以经济建设为核心，坚持发展是硬道理，使中国经济获得了飞速的发展，沿海地区更是成为世界瞩目的新兴工业化区域。国际经验表明，当一个地区的人均地区生产总值达到 10000 美元之后，发展的导向就开始发生转变：从经济主导的单兵突进，转向政治、经济、社会、文化、生态的协调推进。此时，发展依旧是硬道理，但发展过程中在更加宽广的领域实现协调必须得到应有的重视。因此，根据区域发展实际，确定区域发展的导向，需要考虑大的地带差异性，从全盘出发分析东部转型与中西部产业升级的不同之处。

第二，区域发展机制的转变。经济增长是由劳动、资本的投入和科技进步共同推动的。多年来，我们单纯依靠投资和劳动要素驱动经济发展，过度消耗自然资源，日益显示出这种发展模式的弊端：资源耗竭，环境恶化，房价高企……如果发展机制不转变，我们就不能够在一个较长的时期内维持一个满意的发展态势。因此，必须坚持把创新作为加快转变经济发展方式的重要支撑，坚持把创新驱动作为区域经济的核心发展机制。从这一点来讲，高质量的平衡的区域发展就是以科技和创新为动力的区域发展，这也是动能转换的方向。

第三，区域经济结构的转变。经济结构战略性调整是转变经济发展方式的主攻方向，区域协调发展对结构调整的要求是全面和具有实质性的。发达地区由以工业经济为主向以服务经济为主转变，是结构转变的重要目标。这个转变应当是渐进的、扎实的，更需要坚持高科技产业、现代制造业与服务业的并重发展，坚持实体经济发展，从而解决经济发展不充分的问题。同时，实现经济结构的部门优化，提升产业发展当中技术进步和创新推动增长的比重，真正实现靠人力资源和技术投入推动产业部门增长而不是仅仅靠投资拉动增长，也是实现区域经济结构转变的重要表现。

第四，区域空间功能的转变。我们不能把区域发展仅仅看作是一个空间过程，区域空间结构的优化还应当包括一系列社会变革。实现区域高质量平衡发展需要有空间基础，各区域空间功能的明晰是区域空间品质优化的标志。区域空间功能的优化表现为空间功能由相对单一的生产和居住功能向全方位的多功能转化，在进一步完善高质量的生产功能和高宜居程度的居住功能的同时，加快提升各个地方的国际化功能、文化汇聚功能、智能化功能等，实现区域空间的现代化。

5.3.2 区域经济发展条件评价

区域规划的基础是对区域内各类发展条件进行评价，这是进行区域规划的前期重要步骤。不同的规划区域，其经济社会发展条件是千差万别的，这种发展条件的差别又来自于当地的自然条件和资源禀赋条件的不同。所以，我们需要先期对这些条件进行评价，以确定这些条件发挥作用的程度。

区域经济发展条件评价分为两个部分：一是总量性的评价，一般是为制定目标提供依据；二是分类的评价，可在目标制定后进行，为制定详细的规划服务。

区域经济发展条件，可分为如表5-1所示的几个大的类型：

表5-1 区域经济发展条件分类

类型	内容
自然环境条件	自然条件、自然资源、环境质量等
经济社会条件	经济发展状况、人口劳动力、资金市场状况、交通运输、科技水平等
科学技术条件	管理体制、组织形式、政府政策等

对区域经济发展的各种条件进行评价，主要应在下列几方面进行：

（1）自然资源评价

资源的定量评价。经过调查、勘探与分析而确定的自然资源不同等级的实物或价值数量，称为绝对量。例如，2000 年中国铁矿保有储量为 458.9 亿吨，煤炭保有储量为 10071 亿吨。单个种类资源的区域比较，可以通过各区域资源储量和品位的横向比较来确定；区域资源综合优势的比较，可以用资源的综合优势度指标来衡量。

从社会经济条件来说，目前各类条件的统计数量或抽样调查数量，构成绝对量。社会经济条件的绝对量是一组非常复杂的数据，应选取最近年份或最具代表性年份的数据，作为制定战略的基础年份数据。绝对量评价，也包括对各类资源条件的质量评价，如矿产资源的品位、企业生产的技术水平、交通运输线路的运输能力等。

资源的平均量评价。a.资源密度。资源密度衡量一定地域空间的资源丰饶程度，具体表现为每平方公里土地面积所拥有的生产能力或资源数量，如某地区每平方公里平均的国内生产总值，每平方公里平均的工农业总产值，每平方公里平均的路网数量，或者每平方公里拥有的能源、矿产、水资源数量等。b.人均资源拥有量。人均资源拥有量反映按人口平均的资源状况，也能够反映出生产水平、生活水平和资源开发程度。对人均拥有量的评价，是采用制定规划的基准年份的实际水平的数据来评价的，是确定规划中的发展水平目标的出发点。

我们在评价时，还应注意自然资源利用的需求量评价。将各类资源的数量与现行的需求进行对比，可以反映资源供应情况和资源丰歉程度。丰富的资源，可以作为区际交流的资本；缺乏的资源，可以通过区外的输入来获取。这种分析对于制定区域产业发展的具体方案是十分必要的。例如，中国 2020 年粗钢产量为 10.53 亿吨，国内铁矿石产量为 8.67 亿吨，根据铁矿资源的现实条件，国内供给很难满足生产需要。因此，我们采取的策略是大量进口铁矿石。2020 年，共进口铁矿石 11.7 亿吨。国内国外相结合，是我国解决铁矿石供给问题的唯一路径。

资源的综合评价。对某一区域各类自然和社会经济资源数量进行综合评价，以获取一个总体概念，并作为区域定位的依据。综合评价一般采取位次评价法，即评价一个地区某类资源在全国或大的区域内所处的地位。资源综合优势度的评价公式是：

$$P_i = \left(mn - \sum d_{ij}\right) / (m - n) \tag{5.1}$$

式中，P_i 为地区的资源综合优势度，m 为被统计的资源种类数，n 为对比的地区个数，$\sum d_{ij}$ 为地区被统计的资源种类数占全国的位次之和。

（2）经济社会条件评价

经济社会要素条件，主要有市场条件、交通运输条件、资金条件、人口与劳动力条件。

市场条件评价。市场条件包括生产和需求两个方面的市场规模，主要是评价市场容量。以国内需求量或市场占有率来表示：

国内需求量 = 全社会投资额 + 消费总额 $\tag{5.2}$

市场占有率 = 地区某行业的年销售额 / 全国同行业的年销售额

$$(5.3)$$

交通运输条件评价。交通运输是综合交通运输方式构成的交通网，包括铁路、公路、航空、水运（海运和内河航运）、管道等运输方式。评价交通运输条件通常采用交通便利指数：

交通便利指数 =（地区运输线路总长度 / 地区土地总面积）×（地区货运量 / 地区货物周转量）

$$(5.4)$$

由于中国目前还是发展中国家，基础设施建设的任务很繁重。近几年来，中国的交通建设取得很大的进展，交通便利的程度大为提高。为衡量方便，经常用人均交通线路长度、人均客货运量等指标来衡量地区的交通运输条件。例如，2018 年，全国各地共完成营业性客运量 179.4 亿人次。营业性客运中，铁路客运保持较快增长，完成客运量 33.7 亿人次，其中高铁客运量占比超五成。公路客运完成营业性客运量 136.7 亿人次，水路客运完成客运量 2.8 亿人次，民航客运完成客运量 6.1 亿人次（见图 5-1）。2018 年，完成货运量 515.3 亿吨，其中铁路货运保持较快增长，完成货运量 40.3 亿吨，占全社会比重 7.8%，铁路大宗物资运输优势进一步发挥。公路货运完成货运量 395.7 亿吨，其中高速公路货车流量增长 9.7%。水路货运完成货运量 70.3 亿吨。民航货运完成货运量 739 万吨。快递业务量持续高速增长，完成业务量 507.1 亿件，同比增长 26.6%（见图 5-2）。

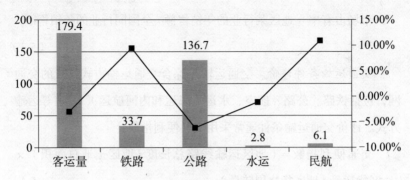

图 5-1　2018 年中国交通运输客运量（亿人次）及同比增长走势

资料来源:《中国统计年鉴 2019》。

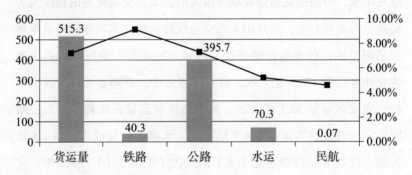

图 5-2　2018 年中国交通运输货运量（亿吨）及同比增长走势

资料来源:《中国统计年鉴 2019》。

资金条件评价。对资金条件的评价，可以选用的评价指标有：

地区人均全社会固定资产净值 = 地区全社会固定资产净值 / 地区
人口总数　　　　　　　　　　　　　　　　　　　　　　（5.5）

数值大的地区，说明资金条件好。

地区财政收入支出平衡差 = 地区财政收入 - 地区财政支出 （5.6）

正值大，说明财政情况好，负值说明财政入不抵出。

地区居民储蓄率 = 人均储蓄存款余额 / 人均国民收入　　（5.7）
地区居民储蓄率高，表示地区的投资能力强。

工业资金占用系数 = 工业资金总额 / 工业净产值　　（5.8）
数值越小，表明地区的资金利用效率越高；数值越大，表明地区的资金利用效率越低。

人口与劳动力资源条件评价。对人口和劳动力资源的评价，一般从两个方面进行：人口对经济发展的压力和人力资源的规模。评价要树立正确的观念，不能简单地、概念化地对一个地区的人力资源给出丰富与否的评价。

人口对经济发展的压力，主要以下两个指标来衡量：

a. 人口对耕地的压力指数。

压力指数 = 全国人均耕地面积 / 地区人均耕地面积　　（5.9）
比值大于1，表明人口对耕地的压力较大，比值越大，压力就越大。需要指出的是，由于中国与世界平均的人均耕地相比，就是相当少的，本身就有很大的压力，如果地区的人均耕地还小于全国的平均数，说明问题已经很严重了。当然，如果压力系数小于1，表明情况较好，人口规模适度。

中国人口对耕地压力大的地区主要集中在东部，如浙江、江苏、广东、山东、福建等省，但中部的河南、湖北、湖南和西部的贵州、四川等地，由于人口总量大，或者由于自然条件的限制，人均耕地的数量也较少，压力也很大。相对来说，内蒙古、新疆、西藏、青海、宁夏、吉林、黑龙江等地，压力小些。

b. 人口对产值的压力指数。

$$压力指数 = 全国人均 GDP / 地区人均 GDP \qquad (5.10)$$

比值大于 1，表明人口对产值的压力较大，比值越大，压力就越大。由于中国与世界平均的人均 GDP 相比，已经从下中等收入国家进入到上中等收入国家，因此，2001—2018 年间，压力的变化比较大。

如果地区的人均产值小于全国的平均数，说明经济发展水平低，同时人口的压力也大。当然，对人口较少的地区来说，虽然目前的人均产值还很低，但如果有发展的潜力，人口对产值的压力可能还不是很严重。所以，这个指标的应用，需要考虑人口规模（见表 5-2）。

表 5-2　各省市区产值压力指数（2001、2018）

贵州：2.63 1.56	四川：1.43 1.32	内蒙古：1.16 0.94	山东：0.72 0.84	北京：0.28 0.46
甘肃：1.82 2.06	山西：1.42 1.42	海南：1.06 1.24	辽宁：0.63 1.11	上海：0.20 0.48
广西：1.61 1.55	宁夏：1.41 1.19	吉林：0.99 1.16	福建：0.61 0.71	西藏：缺 1.48
云南：1.54 1.73	重庆：1.33 0.98	湖北：0.96 0.97	江苏：0.58 0.56	
陕西：1.52 1.01	青海：1.32 1.35	新疆：0.95 1.30	广东：0.56 0.97	
安徽：1.45 1.35	河南：1.27 1.28	河北：0.90 1.35	浙江：0.52 0.65	
江西：1.45 1.36	湖南：1.26 1.12	黑龙江：0.81 1.49	天津：0.38 0.53	

资料来源：根据《中国统计摘要 2002》《中国统计年鉴 2019》计算，中国统计出版社。
注：贵州 2.63（2001），1.56（2018）。下同。

由于人口多、经济欠发达，贵州、甘肃、广西、云南、陕西、安徽、江西等地的产值压力最大，四川、山西、重庆、河南、湖南等地次之，而宁夏、青海等地，虽然人均产值也不高，但人口少，压力还不明显，浙江、江苏、广东、山东、福建和三个直辖市情况则好些。

人力资源规模评价的公式是：

人力资源规模 ={（人口数 × 平均寿命）／全世界平均寿命} × {初等教育人口比重 +1.39 × 中等教育人口比重 + 1.94 × 高等教育人口比重}　　　　　　　　　　　　　　　　　（5.11）

式中，1.39 和 1.94 为调整人力资源数量的系数，表示接受初等教育人的工资为 1，则接受中等教育人的工资为 1.39，接受高等教育人的工资为 1.94。

（3）技术条件评价

我们用知识创新能力、知识流动能力和技术创新能力来衡量技术条件。

知识创新能力。 知识创新能力是一个地区技术创新的基础。我们可以用以下指标来进行评价：研究开发投入指标，包括研究开发人员数量、研究开发人员增长率、政府科技投入、政府科技投入增长率、政府科技投入与 GDP 之比等；研究开发机构综合指标，包括拥有国家实验室数量、从事研究开发机构的数量、高校研究开发机构数量等；专利综合指标，包括发明专利申请数量、发明专利申请增长率、每万人发明专利申请数量等；科研论文综合指标，包括国内论文数量、国内论文数量增长率、国际论文数量、国际论文数量增长率等；科技管理综合指标，包括一定量的科技投入产生的发明专利数量、科技投入产生的新产品产值、每万科技人员产生的发明专利数量等。

知识流动能力。促进一个地区的知识流动，尤其是促进知识在研究开发机构、企业和中介机构之间的有效流动，创新才会具有系统性，一个地区才会有较强的将科技转化为创新的能力。具体评价指标是：科技合作综合指标，包括科技论文单位合作所占比例、科技论文国际合作所占比例、高校和科研院所来自企业资金的比重、发明专利联合申请增长率等；技术转移综合指标，包括技术市场成交金额、技术市场成交金额增长率、国内技术购买金额增长率、技术引进成交金额增长率等；外国直接投资综合指标，包括外国直接投资增长率、外国直接投资额、人均外国直接投资额等。

技术创新能力。在区域创新体系中，企业的创新能力是核心，它直接将新的技术转化为商品，面向市场；市场又通过企业有效地引导科技研究的方向。具体指标数值是：设计能力综合指标，包括实用新型专利申请增长率、实用新型专利申请数量、外观设计专利申请增长率等；制造和生产能力综合指标，包括生产经营用设备原值增长率、生产经营用设备原值、技术改造的投入增长率、技术改造投入额等；创新产出综合指标，包括新产品产值增长率、新产品产值、新产品产值占总销售额的比例等。

5.3.3 区域经济制度环境评价

（1）经济体制的区域合理化作用评价

对于区域经济来说，经济体制是否具有区域的合理化作用，要看这种安排是否能够促进区域经济增长。也就是说，要通过经济增长的指标去检验这种安排是否合理。经济体制所起作用的定量评价，是通过不同所有制在经济总量中的比例来体现的。例如，中国东部沿海省份在1997年后对产权制度安排进行了深入的改革，国有企业从一些竞争性的领域逐渐退出，制度安排渐趋合理，形成了一个以国有经济为主导、多种所有制并存的所有制结构。这种产权安排，更能适应中国目前阶段各地区的发展实际。

区域发展的模式不同，其区域经济体制改革的方向就不同。当一个地区选择的是外向型发展模式，其产权安排中的合资、合作形式将占一定比重。因为一个国家或地区要形成外向型的发展模式，必然会引进外国的资本、技术和管理，并以国际市场为自己的主市场。这样，外国资本的进入就不可避免。而一个地区的发展基本上是内向的，主要市场也在国内，其合资的形式在产权安排中的比重就会略小，国有经济的比重就会较大。

一个地区如果以社会投资为主体来发展区域经济，私营或股份制的产权安排占的比重就很大。但是，不能认为公共的、国有的产权在其中就不占主导地位，因为一个地区如果法律规定地上和地下的资源均归国家所有，则地方政府可以依据法律的规定，用国有的资源作为资本，从而占有相应的产权，只有这样，才能真正代表当地最广大民众的利益。

（2）区域产业结构的适用性评价

区域产业结构有轻型和重型之分，有大型化和小型化之分。凡是以重型的或大型化的产业结构和企业结构为主体的地区，其必然是以国有或大型股份制财团所有的产权安排为主体。原因在于，重型或大型企业建设所需的初始投资规模大，不适于小型的私有资本投入，只能由拥有巨大财力的政府、国企或财团进入。

当然，区域经济制度环境的塑造，中心是处理好私有产权与公共产权的关系。公共产权的比重过大，容易造成区域宏观效率的下降；公共产权的比重过小，容易造成私有产权的膨胀，形成极少数人的逐利之风，造成公众利益的损失。所以，合理的产权安排必须寻找合适的度，也就是寻找公平与效率的结合点，或者是政府与市场的结合部。

（3）地方政府的作用评价

地方政府从理论上讲是地方公共利益的代表。一个区域的地方政府与其他区域的地方政府存在着利益上的合作与冲突。

地方政府的经济行为，包括对区域内地方性资源的支配及利用、政府直接投资和政府对地区经济的管理。政府作为地方公共利益的代表，是从公共利益最大化的角度参与地区的经济活动的。但政府行为不一定都是理性的，所以公共利益最大化并不意味着也能带来效益的最大化。所以，为取得交易成本的最小化，必须使政府所主导的公营部门与区域内的私营部门相结合，一致营造公用事业的最佳规模，以取得最小成本的实现。评价政府的作用，关键是评价政府的行政能力和政府对维护社会公平的态度。

综上所述，区域经济的资源环境是由多方面、多要素组成的，而最有直接影响的是自然资源开发环境、人力资源开发环境和制度环境。如果一个地区在这三个方面都能够营造出良好的环境，那么这个地区就具备了发展的最佳外部条件。

5.4 区域规划的目标体系设计

区域规划的目标必须是一个完整的目标体系，要分行业、分地域、分阶段来实现。

5.4.1 区域规划目标的性质与设立程序

（1）规划目标的性质

区域规划的目标，具有以下几种性质：a.规划目标的科学性。区域规划的目标必须具有科学的制定基础，这个目标是通过一定努力可以达到的目标，是在克服一定的困难后可以实现的目标。b.规划目标的完整性。区域规划的目标要能概括区域经济发展方方面面的情况，必须具体、明确，一个目标只能有一种含义，在一定时间期限内有效。c.规划目标的层次性。从区域规划的目标便于观察、测度的要求出发，规划的目标要适应不同的情况，具有不同的层次。

（2）确定区域规划目标的一般程序

确定区域开发目标，首先需要了解各方面对区域发展的最终要求，即区域在未来时期需要达到的目标。通常包括两个方面：一是目标的种类；二是期望值或达到的程度。调查研究是建立指标体系的基础，因而是必不可少的。基本的步骤是：a.搜集基础资料。b.确定目标的任务，包括实现的期限、范围。c.选择方法。方法的选择应以资料的掌握情况为依据。d.目标预测。通过目标数据的预测来表示要达到的发展目标，要坚持定性分析与定量分析相结合。

e. 评价目标体系。主要是分析误差，修正结果。

预测是对未来的推测，因种种条件的限制，其结果难免出现误差。如果误差太大，就会失去预测的意义。因此对预测结果必须认真审查，找出误差所在，计算出误差大小，分析误差原因，采取适当措施予以纠正。

5.4.2 规划目标的设立基础

区域规划总目标，是区域经济发展的总目标，是区域在一定时期经济发展的总纲领，是一个区域制订五年和年度计划的依据。总目标的确定，将为区域发展树立一个明确的长期奋斗目标。制定区域规划的目标，要处理好经济、社会与环境的关系，通过规划目标的实现，同时实现区域的可持续发展。

（1）系统性基础

区域规划是实现区域可持续发展的保证。区域的可持续发展把当代人类赖以生存的地球及局部区域看成是由自然、社会、经济、文化等诸多因素组合成的复合系统，它们之间既相互联系，又相互制约。这种系统论的观点是区域经济发展理论的核心，并为人与资源问题的分析提供了整体框架。人与资源矛盾的产生，实质上也是由于人和这一复杂系统的各个成分之间关系的失调。一个持续发展的社会，有赖于资源持续供给的能力；有赖于其生产、生活和生态功能的协调，有赖于自然资源系统的自然调节能力和社会经济的自组织、自调节能力；有赖于社会的宏观调控能力、部门之间的协调行为以及民众的监督和参与意识。其中任何一个方面功能的削弱或增强都会影响其他部分，以及持续发展的进程。因而在解决资源问题、制定资源战略时，需要打破部门和地区的界限，从全局着眼。从系统的关系进行综合分析和宏观调控，这是区域规划目标确定的系统性基础。

（2）效益性基础

区域规划强调区域开发与环境保护统一的生态经济观，为区域经济的运行和管理提供了指导思想。这种区域发展的概念，从理论上结束了长期以来把发展经济和保护环境相对立起来的错误观点，并明确指出二者是相互联系、互为因果的。区域经济发展和提高区域人民的生活质量是我们追求的目标，它需要以自然资源和良好的生态环境为依托，忽视对自然资源的保护，经济发展就会受到限制，没有经济的发展和人民生活质量的改善，特别是最基本的生活需要的满足，也就无从谈到资源的保护，因为一个可持续发展的社会不可能建立在贫困、饥饿和生产停滞的基础上。因此，区域规划从实现区域可持续发展的目的出发，应该包括生态效益、经济效益和社会效益的综合，并把系统的整体效益放在首位。

（3）人口、资源性基础

人口急剧增长，对资源需求量的增加和环境压力的加大，造成了一系列全球性问题。为了实现资源的可持续利用，促进经济、社会、环境可持续发展目标的实现，一定要把人口数量控制在一定水平，努力使人口向最优人口方向演进，同时要注意提高教育文化水平、卫生水平，提高人口素质，提高人们的生活质量，在不影响人们福利的前提下，引导人们消费方式向可持续发展的消费模式变化。积极主动地引导人口结构（尤其是空间结构）的变化，使人口结构更适于可持续发展，这是区域规划要达到的目标之一。

区域经济发展强调对不同属性的资源要采取不同的对策。如对矿物、油、气、煤等非再生资源，要提高其利用率，加强循环利用，并尽可能用可更新资源代替，以延长其使用的寿命。对可更新资源的利用，要限制在其生产的承载限度内，同时采用人工措施促进可更新资源的再生产，要保护生物多样性及生命的支持系统，保证可更新生物资源的持续利用。

（4）体制性基础

区域规划目标的体制性基础，是指区域经济的管理体制应当是经历了不断的改革之后的政府管理体制，是适应市场经济发展需要的管理体制。包括：a.地方政府管理区域经济的明确权限；b.地区各部门之间良好的相互配合的关系；c.打破传统的地区关系，建立一种新型的、以市场经济为联系的区域经济关系；d.与中央政府的良好关系，并得到中央政府在各方面的帮助。

5.4.3　规划目标的分类

区域规划的目标往往具有较强的概括性，能够较完整地涵盖区域今后一段时期的奋斗方向。同时，它又具有统揽全局的特点，能够正确地处理各种关系。区域规划的目标应当包括下列内容：

（1）以经济效益为主的目标

充分利用一切可以调动的人力、财力、物力资源，争取在战略制定和实施期间，取得最大的经济效果。此类目标往往具有较强的号召力。因此，常常将国内生产总值增长若干倍作为区域发展的总目标。例如，日本制订的"1961—1970 年度收入倍增计划"，中国制定的"1980—2000 年使国民生产总值翻两番"的设想，都属此类。

（2）以社会公平为主的目标

在经济发展的同时，尽最大的可能，兼顾社会公平。包括缩小地区差距，缩小各阶层居民的收入差距，提高就业，提高欠发达区域的产业结构，保护环境等等。此类目标常常是经济效益目标的平行目标。例如，中国提出到 2000 年在全国范围内消灭贫困人口的目标，以实现社会的公平发展。

（3）以生态环境改善为主的目标

在经济社会发展的同时，更要注意保护环境。指标包括我们在上一章中列出的地区森林覆盖率、城市人均绿地面积等指标。

5.4.4 规划目标的分解

在具体的发展战略制定过程中，一般用下列具体指标来综合反映效益和公平目标。

（1）总量目标

总量目标包括：a. 国内生产总值增长目标，包括国内生产总值的总量、人均量，国内生产总值总量的增长速度、人均量的增长速度；b. 工农业总产量增长目标，包括工农业总产值的总量、人均量，工农业总产量的增长速度、人均量的增长速度；c. 地方财政收入增长目标，包括财政收入的总量、人均量，财政收入总量的增长速度、人均量的增长速度；d. 城镇居民人均收入和农民人均纯收入增长目标，包括城镇居民人均收入的增长速度和农民人均纯收入的增长速度；e. 人口控制目标，包括人口总量和人口增长速度。

用上述目标值来反映一个地区经济总量的增长和社会公平的基本目标，是比较合适的，也是比较常见的。具体指标我们将用专章来讲述。

（2）分阶段目标

区域经济发展本身具有阶段性，从发展的速度来看，在一段时期内的前期阶段，经济增长的速度较快，随着经济总量规模的扩大，增长的速度会有所减缓。一般在前期阶段侧重于经济的快速增长、总量规模的不断扩大、外延式的扩大再生产。在中间阶段，较多侧重于结构的调整、发展重点的转换和生产水平的提高。而到了后期阶段，更多的是侧重于经济发展水平的提高、经济增长的稳定和内涵式的扩大再生产，侧重于社会公平的实现。

从发展战略制定的时间来看，最短不应低于 10 年，也就是两个五年计划的时间。最好的时限是 15—20 年。时间太短，达不到经济增长要求的周期，且容易变成短期规划，执行者常常注重短期行为；时间过长，不确定因素增加，客观形势变化较大，很难确定发展的目标。

分阶段目标一般是对总目标进行时段分解，依据事前划分的发展阶段，分步骤实施总目标，具体指标应比总目标有所增加。

（3）分区域目标

区域本身是一个体系，任何一个区域，都可以划分为不同的小区。在中国，经济发展的最基本区域应当是县级，因为最完整的经济和行政管理体制是到县级为止的，发展项目的审批权限一般也是到县级为止。制定区域规划的战略模式，一般应是县及县以上的区域。

县域内的面积仍然很广大，人口亦较多，不同地域的发展水平、规模差别也很大。制定区域性的目标，就是将不同地域的不同功能突出出来，确定不同地域扮演的不同角色。

对于一个区域来说，都可划分为中心区和边缘区。中心区应是以城市为中心的经济发达地域，承担区域经济增长的主要任务，产业结构中第二、第三产业占主导地位，并成为未来的人口聚集中心、交通运输中心和文化教育中心。边缘区一般以农业、矿业为主，发展重点是基础产业、交通运输。边缘区的发展必须与中心区结合起来，起到配合中心区域发展、区域相互协调的作用。边缘区可根据功能不同分成几个功能区，以开发不同特色的地区资源、发展不同特色的地区产业。

在以往的发展战略和规划当中，较多地是根据区域内的自然环境特征划分几个地区，然后分别进行规划。在某些地区（在地域范围较大的情况下）是可行的，但在有些地区容易出现平衡布局、投资分散、中心区域得不到发展的情况。按照区域功能进行分区，采取集中力量建设中心区域的方法，可以实现在最短的时间内形成区域经济增长中心的效果。

（4）分产业目标

总目标下面的分产业目标，是任何类型的发展战略中都不可缺少的部分。产业目标是总目标在不同产业内的分解。按照最粗的划分，最少要将总目标分解到三次产业上去，形成一、二、三次产业所应实现的目标和产业结构。同时，产业目标也有阶段性，制定不同阶段的分产业目标，可使战略目标更具体，更容易实现。

产业目标与区域目标的结合，是实现产业目标的必要条件。将产业目标分配到不同功能的区域，形成不同区域的产业目标，要求依据不同区域的资源特点和发展特征来确定。

5.4.5 确定规划目标的方法

规划目标的确定一般都采用建立数学模型的方法，通过对影响区域发展的各个变量的分析得到一个最佳的规划目标方案。目前较为常用的方法有线性规划法、动态规划法、投入产出规划法等。

（1）线性规划法

应用线性规划方法要具备三个基本要素：一个目标函数、一组决策变量、一组约束方程。一个完整的线性规划数学模型从结构上看，包括目标函数和约束条件两大部分，其表达式为：

目标函数：$\max(\min)Z = C_1X_1 + C_2X_2 + \ldots + C_nX_n$

$$\text{约束条件：}\begin{cases} a_{11}X_1 + a_{12}X_2 + \ldots + a_{1n}X_n \leqslant (\text{或} \geqslant 、=) \, b_1 \\ \vdots \\ a_{i1}X_1 + a_{i2}X_2 + \ldots + a_{in}X_n \leqslant (\text{或} \geqslant 、=) \, b_i \\ \vdots \\ a_{m1}X_1 + a_{m2}X_2 + \ldots + a_{mn}X_n \leqslant (\text{或} \geqslant 、=) \, b_m \\ X_j \geqslant 0 (j = 1 \ldots n) \end{cases}$$

式中：Z——规划目标函数

X——决策变量

C——决策变量系数

a——约束条件系数

b——限制常数或约束常数

规划目标多种多样，可以是最大收益、最小成本、最小投资等不同目标，根据影响规划目标的具体因素建立相应的线性规划模型，根据约束条件求得相应的规划目标和各个指标的解的矩阵，从而得到最佳方案。

（2）动态规划法

线性规划是研究单一阶段规划决策问题的一种数学方法，动态规划则是解决多阶段规划决策问题的一种数学方法。这种方法首先把一个较为复杂的问题，按时间和空间联系分解成若干相互联系并容易求解的局部问题，然后再根据这些局部问题的顺序关系依次做出一系列的最优决策，把各阶段的状态和决策相互联系起来，共同构成最优决策。

（3）投入产出规划法

近年来，投入产出法逐步地应用到区域规划工作中，这种方法能够综合地、较为全面地反映区域经济发展方面的情况，并把经济因素以及它们之间的关系用投入产出模型表示出来。

制定区域规划的最根本目标，还是要反映区域经济发展的具体情况和基本的发展要求，应用任何方法都应当以达到目的和要求为转移。

参考文献：

［1］张敦富主编.区域经济学原理.北京：中国轻工业出版社，1998.

［2］魏后凯.21世纪中西部工业发展战略.郑州：河南人民出版社，2000.

［3］费洪平.中国区域经济发展.北京：科学出版社，1998.

［4］胡兆量.中国区域发展导论.北京：北京大学出版社，1999.

［5］王梦奎，李善同.中国地区社会经济发展不平衡问题研究.北京：商务印书馆，2000.

［6］刘再兴主编.中国区域经济——数量分析与对比研究.北京：中国物价出版社，1993.

［7］刘再兴主编.中国生产力总体布局研究.北京：中国物价出版社，1995.

［8］陈栋生.区域经济学.北京：河南人民出版社，1993.

［9］周起业等.区域经济学.北京：中国人民大学出版社，1990.

［10］杨贵言.关于东亚模式研究.北方论丛，2002（4）.

［11］贾彬.东亚模式的历史局限和调整及其走向.科技情报开发与经济，2005（3）.

［12］刘洋.优化国土空间开发格局思路研究.宏观经济管理，2011（3）.

［13］贺灿飞，潘峰华.产业地理集中、产业集聚与产业集群：测量与辨识.地理科学进展，2007（2）.

[14] 范剑勇.产业集聚与地区间劳动生产率差异.经济研究，2006（11）.

[15] 孙久文，夏添，李建成.全域城市化：发达地区实现城乡一体化的新模式.吉林大学社会科学学报，2017（5）.

[16] 金凤君.基础设施与区域经济发展环境.中国人口·资源与环境，2004（4）.

[17] 蔡之兵.改革开放以来中国区域发展战略演变的十个特征.区域经济评论，2018（4）.

[18] 王志刚，龚六堂，陈玉宇.地区间生产效率与全要素生产率增长率分解（1978—2003）.中国社会科学，2006（2）.

[19] 王德祥，薛桂芝.中国城市全要素生产率的测算与分解（1998—2013）——基于参数型生产前沿法.财经科学，2016（9）.

[20] 李双杰，范超.随机前沿分析与数据包络分析方法的评析与比较.统计与决策，2009（7）.

第6章　区域空间结构规划

区域空间结构设计是区域规划的重点，合理的区域空间结构设计，来源于对区域空间的正确认识。考虑到区域规划必须从认识一个区域开始，所以认清一个区域的空间概念是完全必要的。

6.1　区域空间结构的组成

空间是人类进行社会经济活动的场所，各项经济活动都是空间结构的组成部分。

6.1.1　构成要素

归纳起来，这些社会经济活动在空间上以三种空间形式表现出来，这就是节点、轴线和域面。点、线、面是研究区域空间结构的三个基本要素。

（1）节点

在一定区域范围内，由经济活动内聚力的作用而产生的极化作用，使经济活动向区域的中心集中，这样的中心被称为点或节点。

节点是空间结构的最基本构成要素。它有以下特征：

节点有明确的位置。每一个经济活动的中心，我们都可以找到其自然地理位置和经济地理位置，可以在地图上用坐标明确地表示它的所在。区位论的核心思想，就是去寻找空间上这样的节点。

节点有大小和形状。由于相互作用的大小不同和着力点不同，在不同地域形成的节点，可能有大有小，并呈现出不同的形状。例如，平原地带的经济中心城市可能呈现出同心圆的形状，而山地或丘陵地带的经济中心城市大多是沿着河流呈带状分布。

节点具有不断聚集的作用。在一个节点形成之时，由于其极化作用的存在，经济中心城市本身会不断成长，节点的规模也就随之变大。节点的聚集作用实际上就是增长极的作用。

节点内部存在明确的功能分区。节点表现为经济中心城市，如果我们将节点放大来看，就表现为一个城市的内部空间结构，存在着工业区、居民区、商业区和办工区等的功能划分。这种节点内部的功能分区，决定于这个节点本身的地位和作用，是节点经济要素聚集的反映。

节点有数量和质量的概念。在一个区域内，节点的数量是可数的，也可以确定一组指标体系，用来衡量节点的质量，如国内生产总值、工业总产值等等。在区域规划中，节点的数量和质量对区域的发展影响很大。

（2）轴线

在一定区域范围内，连接节点之间的线状经济景观，称为"轴线"，如交通线、通信线路、能源和水资源运输线等等，都是经济轴线的组成内容。轴线一般不能够脱离节点而单独存在。

轴线是一个区域内经济活动的基础设施，也是经济活动空间的基本条件，轴线有以下三个主要特征：

轴线有固定的起点和终点。轴线的起点和终点是不同的节点，由于节点上经济发展需要与周边发生各种经济联系，所以需要建设节点之间或节点与周边地区联系的纽带，这就是轴线。

轴线有一定的长度和方向。轴线的长度是由轴线连接的节点之间的距离决定的，轴线的方向则是由节点经济活动的规模所决定的。经过长期发展，在一条轴线上形成众多的节点，普通的轴线就成为了"发展轴"。

轴线有一定的质量标准。轴线的质量就是其经济景观内容的质量，如铁路线有一定的质量标准，能源线有一定的通过能力等。

（3）域面

域面是节点和轴线存在的空间基础，一般讲就是我们通常使用的区域的概念，但域面一般是作为经济活动的"底盘"而存在。域面的特征就是一般区域的特征，是区域的质量特征。在区域规划中，我们更多地注意域面的范围和域面的质量：域面的范围就是经济活动的范围，所以应当是经济区域的范围，在特定的条件下，是指行政区域的范围；域面的质量是指这个区域的经济发达程度，以及这个区域的资源丰度。

我们规划区域的资源、经济社会发展的情况等，都是我们要充分了解的域面的现实存在。资源禀赋也就是一个域面的资源特点与赋存条件。

6.1.2 空间要素的作用和空间系统

节点、轴线和域面在区域经济发展中起着不同的作用，区域规划的任务，就是要协调好诸要素之间的关系。在空间要素中，节点是起主导作用的要素，域面是起基础作用的要素，轴线是起连接作用的要素。

节点的作用表现出来，是不同的城市功能。有些节点是经济组织和经济管理中心，也有些是交通中心、工业中心、文化教育科技中心等。我们可以简单地将节点的"中心"作用划分为两类——综合性中心和单一性中心。一般地区的中心城市，作为地区的综合性中心而存在，不仅在经济上，在行政上和社会活动上也都是中心。单一性的中心决定于节点上的产业发展，可以是以工业为主的，也可以是以第三产业为主的。

域面对节点来说，是经济中心的吸引地。节点要成长、要发展，必须依靠域面向节点源源不断地供应各种经济要素，包括人、财、物等各种资源。轴线是节点与域面联系的纽带，是经济发展的血管。对节点来说，它是物流通道；对域面来说，它是基础设施。

空间的三个要素的不同组合，形成多种多样的空间系统，每一个系统都会呈现出不同的特色。

城镇系统。由节点与节点共同组成的空间系统是城镇系统，即城镇体系。节点之间的关系很复杂，有从属关系、共有关系、依附关系、松散关系和排斥关系等，不同的关系影响到城镇系统，使城镇系统的设计呈现出复杂化的趋势。大、中、小城市之间，形成等级规模系统。

城市－区域系统。由节点和域面组成的空间系统，也就是城乡系统。由于经济活动向中心节点聚集，在节点周围留下了面积广大的从事农业生产的乡村区域。城市与乡村的系统关系是区域规划要解决的重点关系之一。

区域网络系统。由轴线与轴线、轴线与节点和轴线与域面组合形成区域网络系统，包括经济枢纽系统、基础设施系统和区域产业系统等。区域网络系统成为区域规划方案设计的重点。

区域空间系统。域面与域面之间的关系形成经济地域系统，也就是我们常讲的区域与区域之间的关系。例如，中国的三大经济地带、七大经济区等，都是宏观地域系统的表现形式。由节点、轴线和域面共同组成的系统，就是区域空间系统。区域空间系统包括等级、规模等结构，包括区域重心位置和经济区之间的关系。

6.1.3　区域空间结构的表现形式

空间要素在地域上的聚集形成产业聚集。产业聚集是区域产业发展到一定阶段产生的现象。聚集经济、集群发展以及产业联系和产业扩散是产业聚集过程中相互关联的内容。[①]

（1）聚集和分散

产业在空间上最明显的特征就是聚集，这可以通过空间不可能定理来进行解释，空间不可能定理是斯塔雷特在 1974 年提出的。假

---

① 参见安虎森、孙久文、吴殿廷:《区域经济学》，高等教育出版社 2018 年版。

设在有限市场参与者和固定区位的经济中，如果空间是均质的，存在不为零的运输成本，所有需求在当地无法满足，则不存在包含运输成本的竞争均衡。空间不可能定理有两层含义：首先，如果经济活动完全可分，也就是说不存在规模经济，则此时经济活动可以无限细分直至基本生产单元为止，由于空间为均质空间，故这些基本单元将散布在这些均质空间中，这意味着消费者和厂商将均衡分布在空间中，并在各自区位上实现自给自足。由于消费者和厂商在各自区位上实现自给自足，不存在区位间的商品运输，因而此时就存在一个竞争均衡，此时的竞争均衡就是消费者和厂商在均质空间中的均匀分布，不可能存在消费者和厂商的空间聚集，此时连集镇或一个村庄都不能存在，因为这种聚集将降低经济效率。这一结果显然不符合实际情况。因此被称为空间不可能定理。其次，如果经济活动是不可分性的，也就是存在规模经济，则此时运输行为的发生是不可避免的，这就意味着存在运输成本。在这种情况下，总有一些厂商改变其生产区位以节省生产成本或扩大厂商利润，竞争性均衡并不存在，从而必然发生消费者和经济活动的聚集现象。空间不可能定理尽管称作"不可能"定理，但究其实质却是研究产业聚集如何"可能"的定理，指出了新古典经济学空间问题研究的主要思路。

（2）聚集经济及其类型

产业的空间聚集是聚集经济最突出的特征。经济聚集区的建设、城市的存在都是聚集经济的重要证明。从产业角度探讨聚集经济、研究产业聚集带来的地方化经济和城市化经济的变化趋势，是产业布局研究的重要新领域。

产业的空间聚集是经济活动最为突出的地理特征，聚集经济的内涵是经济活动主体在产业聚集中获得的各种收益，包括因产业聚集带来的知识溢出、上下游产业关联与劳动力市场共享等。因此，聚集经济本质上是范围外部性，它包括地方化经济和城市化经济两种类型。地方化经济是因同一产业的聚集而产生的外部收益，其源于本地经济活动的专业化；城市化经济是因多种产业的聚集而产生的外部收益，其源于本地经济活动的多样化。作为一种范围外部性，聚集经济主要通过两种渠道而产生。第一种渠道是技术外部性。所谓技术外部性是聚集在一起的企业相互作用（比如知识溢出等），改变企业的投入产出关系（生产函数）而导致的聚集收益。第二种渠道是资金外部性。所谓资金外部性是大量企业聚集改变了投入、产出产品的价格，从而给企业带来的聚集收益。资金外部性的核心是改变要素价格。

所谓聚集经济的转换是指地方化经济与城市化经济之间的转换，或者是专业化与多样化发展环境之间的转换。随着全球化与区域经济的发展，发展中国家和区域的以专业化为主、享受地方化经济的产业聚集就有了多样化发展的需求，这种多样化需求促使地方化经济向城市化经济转换。地方化经济向城市化经济转换的本质，是由专业化区域向多样化区域的转换。这种多样化可以是产品及其技术层次的多样化，也可以是产业的多样化，还可以是空间组织的多样化。地方化经济向城市化经济的转换，主要是通过产业升级、产业结构升级以及空间组织变换而实现的。

（3）聚集经济的源泉

对聚集经济源泉的研究，可以追溯到马歇尔。他认为聚集经济源于产业关联、劳动力市场共享与知识溢出。

共享效应。 共享效应是指共享不可分割的公共品、产业专业化与多样化收益而获得的效应。具体而言，第一，共享公共物品。公共物品的建设需要较大的固定成本，并且公共物品常常具有不易移动和不可分割性，而产业的聚集能够分担公共品的使用成本，因此，对公共物品的共享会吸引产业聚集。第二，共享专业化收益。在规模报酬递增的作用下，单位中间产品的生产成本与其产出量成反比。同行业经济活动的聚集能够增加对中间产品的需求量，获得更便宜的中间产品投入，从而增加企业利润，这就是专业化分工的收益。第三，共享多样化收益。对于创新产品而言，在生产过程中需要不断地进行试验，探索最优的投入组合与生产流程。投入市场之后，还需要不断与客户交流反馈，改进产品品质。这些特性决定了创新部门对投入要素的弹性需求与多样化需求。因此，只有布局在多样化的城市中才能满足这种需要。

匹配效应。 经济要素的匹配质量是决定经济绩效的重要因素。在信息不完全、信息不对称、信息传递空间递减律的作用下，产业的聚集能够降低企业、求职者、银行等经济活动主体的搜寻成本，增加劳动力、资产、知识的匹配机会，从而提高资源要素的匹配质量与配置效益。

学习效应。 很多知识具有缄默、非编码和局部溢出的性质，只有面对面接触与交流才能促使这类知识有效传播。同时，面对面的交流与接触也有利于企业间和个人间建立信任关系，降低交流成本，提高知识传播的质量。产业聚集增加了企业间、个体间的接触机会，降低了面对面的交流成本，从而有利于知识的生产、扩散与积累。

产业聚集在空间上表现为以下三种类型：

第一，由于企业在生产过程中相互联系，这些企业共同布局在某一个地域，形成地域产业聚集区。对任何一个企业来说，都有产前联系产业、产后联系产业和旁侧联系产业。它的生产过程要消耗其他企业生产的产品，同时又有另外的企业消耗它的产品，更有一些企业与之有着这样或那样生产过程或产品消耗的联系。这些企业聚集在同一地域，可以减少原料和产品的运输，增强生产过程的联系，取得好的经济效益。

第二，为了共同使用基础设施，一些企业共同布局在某一个地域，形成地域产业聚集区。基础设施一般分为三部分：生产性基础设施，指为产业生产服务的诸如交通运输、邮电通信、能源供给、物资供应及金融等；生活性基础设施，指为生活服务的诸如商业、服务业、公用事业、住宅及公共设施等；社会性基础设施，指为社会大众服务的诸如教育、科研、卫生、环保、治安等等。如果许多企业共同使用这些较为齐全的基础设施，企业本身可省掉许多非生产性投资，从而增加企业的投资效益。

第三，为了管理上的方便，一些企业共同布局在某一个地域，形成地域产业聚集区。今天的管理，其含义已经大为扩展了。除了传统意义上的管理内容外，信息的传递、科技的普及、企业间的协调等，都已经成为企业发展中必不可少的条件。一群企业聚集在一个地域，可以加快信息传递、减少管理成本、增加企业效益。

（4）地域合理规模

产业聚集的形成是生产率的提高、技术的创新以及新兴产业形成的结果，同时产业集群可以通过企业间的网络效应、科技支持和行政上的财政支持，提高生产率，促进技术创新，创造出新兴产业。

作为经济聚集的一种结果，产业聚集在一定的地域需要有一定的合理规模。地域合理规模体现在两个层面：一是地域内每个企业的合理规模，以及地域内整体产业布局的合理规模，后者是以前者为基础的。在知识经济条件下，单个企业的合理规模表现出适当聚集的态势，但并不是越大越好。同时，在市场全球化的今天，由于通信的便利和市场指向性的加强，跨国公司可以把生产的各个环节布局在不同的地域，各个分厂分工协作，生产不同的零配件，同样的产品可以在不同的市场区域进行生产；一个公司，其管理和研发总部、生产产品的工厂、销售部可以布局在不同的地区，并且这种情况越来越普遍。二是地域内整体产业布局的合理规模，表现为某一产业的合理规模和三次产业的结构和规模的合理与否。一个地区的原材料、能源的供给，资金、劳动力的供给，基础设施承受能力，环境的排污能力，管理水平等在特定时期是有一定限度的，在这个限度内聚集，就能产生节约，实现规模效益，但聚集效益服从边际效益递减规律，聚集超过一定界限，程度越强，其效益越低。

6.2 区域空间类型划分

认清区域空间要从对区域的划分开始。按照赫特纳的观点，"区划就其概念来说是整体的一种不断进行的分解，一种地理区划就是地表不断地分解为它的部分"。也就是说，我们首先把地表看作一个整体，然后对地表进行逐层分解，形成一个区域系统。

6.2.1 区域类型

地理学是最早提出区域的概念的，地理学的区域是地域单元，是现实中存在的、有自然标识作为区域之间区别特征的区域，如华北平原、黄土高原、塔里木盆地等，形象特征都十分鲜明。自从人们认识了区域，区划就成为人们对区域内部的组成及区域之间相互关系认识的一种必然手段。事实上，人们对区域的观点和对区划的观点是紧密相连的。对于整体的分解，可以有不同的办法，使之分解成不同的系统。

（1）类型区与系统区

有两类系统对于我们认识区域是十分重要的：第一是类型区，第二是系统区。

类型区。类型区的划分是依据区域的相同性或相异性的关系，即区内的相同性和区际的相异性来划分的，显然，这是一种静态的排列。类型区的划分需要有明确的标识，这种标识可以是自然的，也可以是经济的，然后通过主成分法去提炼和归纳。类型区在区域研究中之所以显得重要，关键在于它所表现出来的是一个区域在自然景观和经济景观上的类型差异性。差异研究是区域研究的生命，有差异才有类型。但是，我们必须防止一种倾向：由于经济发展使得经济性的标识日趋重要，因而人们常常忘记了还有自然的存在，或者把自然当作经济的附属物。

系统区。系统区是区域之间位置关系和相互作用关系的一种表现形式。系统区的划分是将位置相连的区域放在一起，并不强求自然和经济的统一性，而仅仅是去研究它们之间的相互关系。例如，如果我们把一条河流的整个流域作为一个系统区，那么河流的上游、中游和下游之间的所有自然和经济特征可能都是迥异的，但所在位置上的相连，使我们完全有必要把它们看作是一个整体来研究。先研究整体的特征，再研究各部分的特征。

经济地理学为区域经济学提供的基础，中心点是区域的概念及其空间关系。虽然现代区域经济学研究的内容看起来离地理学越来越遥远，而且内容越来越庞杂，但任何脱离开区域的空间关系的研究，都不应当属于区域经济学的范畴。

（2）行政区域与经济区域

对于我们面对的规划区域，可以从以下两个范畴来认识：

行政区域。从国家管理的角度认识区域，认为区域是国家管理的行政单元，国家按照需要，划分各类行政区域，形成一个行政体系，这种体系的每一个部分，都是一个区域。行政区域是一种管理区域，它含有地理区的特点，也带有经济区的特征，涉及一个国家的政治、文化、民族、国防、历史等多方面的因素。行政区域与经济区域最大的区别，是行政区域有固定的政府对整个区域进行管理。

中国由于历史的原因，经济运行一般是按照行政区来进行的，所以给人们一个错觉，认为行政区经济就是区域经济。实际上，这是不准确的，或者说只是中国的一个特例。在完善的市场经济条件下，所谓行政经济是不存在的，只存在真正意义上的"区域经济"。

经济区域。经济学认为，区域是国家经济体系中的一个完整的经济地区，具有完整的经济结构，具有完善的经济运行机制，是一个完整的经济单元。经济单元与行政单元在地域空间上的一致，是中国区域经济发展在目前阶段的一个重要特征，也是区域规划一般按照行政区域来进行的重要背景之一。

按照行政单元来管理区域经济，有着特定的历史条件：

首先，地方政府作为地方民众利益的代表，区域的社会进步和人民生活水平的提高，是其根本的政治目标。实现这些目标，必须要以经济实力为后盾。发展经济是地方政府在任何时候、任何情况和任何体制下都不能放弃的任务。其次，地方政府是地方性资源的管理者，土地、矿山、劳动力，一般都有一定的行政归属。区域经济发展离不开这些资源，所以也就离不开地方政府。资源的区域归属是区域经济运行的重要特点之一。最后，区域经济作为市场经济的重要组成部分，需要有完善的法律法规作为保障，也需要造就一种公平竞争的市场环境和市场秩序，这是各级政府进行区域管理的任务。

在区域规划中，我们使用什么样的区域概念呢？很显然，我们使用的是经济区域的概念，或者说是经济单元与行政单元在地域上相一致的经济区域的概念。由于行政单元是经济存在的区域系统，区域规划必须按照行政单元或超行政单元来进行，所以区域的划分就不再是研究区域最初是如何划分出来的，而是要对现有的区域进行类型的划分，指出本类型包括哪些行政单元。

6.2.2　区域空间类型及其划分

在空间上，区域由于其性质的不同和位置的关系，形成了区域的空间类型。

（1）区域空间的分类

区域自身的复杂性，使对区域空间进行分类以便于具体指导区域发展，变得十分重要，包括政策的制定、产业的选择，都会因为区域类型的不同而出现不同的特征。

按照区域的产业构成分类。按照区域的产业构成进行的区域划分，可划分为工业区与农业区等。工业区指那些以第二、第三产业为主的地区，农业区则指以农业生产为主的地区。工业区与农业区的区别，在现代社会并不完全代表区域的发达与否。

按照区域的生产性质分类。根据区域的性质，划分出不同的物质区。物质区指区域内部主体的物质生产特征相同的区域：农业中的物质区，如水稻种植区、棉花种植区等；工业中的物质区，如能源区、化工区、原材料区等。

按照区域的不同位置分类。按照区域的不同位置，可以划分出核心区与外围区。这是按照一个国家不同区域所处的位置关系进行的区域划分。核心区指一个国家中政治、经济、文化都处于统治地位、领先地位的地区，如美国的北大西洋和五大湖地区、日本的关东地区等；那些处于被领导地位的地区，则是外围区。

（2）核心区与外围区

目前在中国的区域规划实践中，从研究区域的整体发展出发，基本上是按区域的不同位置进行的区域划分。划分区域类型是区域规划的前期工作之一，区域类型的划分，相当于给一个区域定性，然后使用不同的规划原则去指导不同类型区域的区域规划。

核心区域。核心区域是中国目前发展最快的区域，集中了国家大部分的科技力量和工业企业，是国家的政治、经济、文化和对外贸易中心。核心区域聚集了全国主要的大城市，形成了长江三角洲、珠江三角洲和京津唐等大都市区。这些区域的集中发展，往往控制了附近的区域，也有可能阻滞欠发达地区的发展。

外围区域。外围区域是以广大的西部地区为主的、以资源产业为中心的区域。这里的大城市相对东部较为稀少，中等城市不是很密集，中心城市带动全区经济发展的能力还比较低。这类区域的发展条件差，发展需要大量的投资和先进的技术，这些都是外围区域本身所不能解决的。在发展初期，投资的效率一般较低，主要与基础设施和投资环境落后有直接关系，所以对外围区域的开发，往往是从基础设施的建设开始，把改变外围区域落后的发展环境作为首要任务。

过渡区域。过渡区域是介于东部大都市区和西部外围区域中间的区域，这些区域可分为三类：一是经济已有一定的基础，但仍然以农业为主体的地区；二是由于技术进步较慢、体制改革跟不上先进地区、失掉市场或资源枯竭等而开始出现生产停滞、人口外流、市政设施落后、人均收入增长较慢、失业严重的地区；三是以能源和原材料生产为主的地区。要发展这些地区，需要大量的投资，用来保证经济和社会等各方面的发展。

核心区与外围区的判断通常以人均 GDP 的标准化值为标准。计算方法如下：

$$某地区人均 GDP 标准化值 = \frac{某地区人均 GDP - 全国人均 GDP}{各省市人均 GDP 的标准差} \quad （6.1）$$

公式中，全国的平均值和标准差均按加权平均法（以各省区市人口数加权）计算。显然，当某省区的人均 GDP 高于全国平均值时，标准化值为正，否则为负。核心区与外围区的判断指标值各有不同，人均 GDP 的标准化值大于 0 的省区可视为核心区。

中国的核心区、过渡区和外围区与中国目前划分的"四大板块"极为类似，或者说"四大板块"就是反映了核心－外围的关系（见表 6-1）。

表 6-1　中国目前的核心－外围区与四大板块比较

	东部地区	中部地区	东北地区和西部地区
四大板块	北京、天津、河北、山东、江苏、上海、浙江、福建、广东、海南	山西、河南、湖北、湖南、安徽、江西	辽宁、吉林、黑龙江、内蒙古、陕西、甘肃、青海、宁夏、新疆、重庆、四川、云南、贵州、西藏、广西
	核心区域	过渡区域	外围区域
核心－外围区	北京、天津、上海、江苏、浙江、福建、广东、山东、海南	山西、河南、湖北、湖南、安徽、江西	辽宁、吉林、黑龙江、内蒙古、云南、贵州、西藏、甘肃、青海、宁夏、新疆、甘肃、重庆、四川、陕西、广西

规划区域也需要划分核心区与外围区。核心区是在区域经济发展中居于主导地位、经济增长快、发展质量高的地区；外围区则是指经济发展相对缓慢、发展水平比较低的地区，处于经济技术低梯度上，接受核心区的经济技术辐射而得到发展。区域空间规划应当论证核心区与外围区的关系，探讨核心区带动外围区发展的途径。

（3）发达地区与欠发达地区

发达地区与欠发达地区的划分，是根据人均 GDP 来确定的，同时使用其他的辅助指标，形成一个指标体系。斯蒂格利茨对发达地区与欠发达地区划分的标准如表 6-2 所示：

表 6-2　发达国家与发展中国家之间存在的某些重要区别

项目	发达国家	发展中国家
人均年收入	超过 6000 美元	低于 580 美元
生产 / 就业	农业部门中的劳动力不超过 1%	70% 以上的劳动力在农业部门就业
城市化	不超过 3% 的人口生活在农村地区	60% 以上的人口生活在农村地区
人口增长率	低于 1%	通常高于 3%

资料来源：斯蒂格利茨：《经济学》（下册），中国人民大学出版社 1997 年版。

当然，随着经济发展水平的提高，发达地区与不发达地区的划分标准也一直在变化。按照世界银行 2018 年的标准，人均 GDP 低于 995 美元为低收入国家，在 996 美元至 3895 美元之间为中等偏下收入国家，在 3896 美元至 12055 美元之间为中等偏上收入国家，而人均 GDP 高于 12055 美元即为高收入国家。

划分发达地区与欠发达地区，主要是从人均的收入水平来衡量，也就是经济发展水平，同时注意到农村、农业和农业人口的比例及作用。实际上，发达与不发达的区别，可能还要更复杂一些，涉及地区间的政治、经济、文化、社会各方面的发展水平的差距，造成这种差距的原因也是多种多样，包括自然条件、社会经济条件、制度因素、文化因素等多方面原因。

为了研究方便，同时也有助于对区域发展状况有更深入正确的了解，有时还根据各个地区的经济发展水平进行更进一步的划分，例如划分为低收入地区、下中等收入地区、上中等收入地区和高收入地区等。

中国的不同收入地区划分，由于各省市区经济发展的速度变化很大，因此宜选用动态的指标（见表6-3）。

表6-3　2019年全国各省区市人均GDP地区生产总值

排名	地区	人均GDP（元）	排名	地区	人均GDP（元）
1	北京	140211	10	湖北	66616
2	上海	134982	11	重庆	65933
3	天津	120711	12	陕西	63477
4	江苏	115168	13	辽宁	58008
5	浙江	98643	14	吉林	55611
6	福建	91197	15	宁夏	54094
7	广东	86412	16	湖南	52949
8	山东	76267	17	海南	51955
9	内蒙古	68302	18	河南	50152

排名	地区	人均 GDP （元）	排名	地区	人均 GDP （元）
19	新疆	49475	26	西藏	43398
20	四川	48883	27	黑龙江	43274
21	河北	47772	28	广西	41489
22	安徽	47712	29	贵州	41244
23	青海	47689	30	云南	37136
24	江西	47434	31	甘肃	31336
25	山西	45328		全国	64644

资料来源：《中国统计年鉴 2019》。

划分方法如下：[①] 低收入地区，人均 GDP 低于全国人均 GDP75% 的地区；下中等收入地区，人均 GDP 达到全国人均 GDP75%—100% 的地区；上中等收入地区，人均 GDP 达到全国人均 GDP100%—150% 的地区；高收入地区，人均 GDP 达到全国人均 GDP150% 以上的地区。

根据表 6-3 计算，我国按收入水平的分区是：低收入地区，包括河北、安徽、青海、江西、山西、西藏、黑龙江、广西、贵州、云南、甘肃。下中等收入地区，包括陕西、辽宁、吉林、宁夏、湖南、海南、河南、新疆、四川。上中等收入地区，包括广东、山东、内蒙古、湖北、重庆。高收入地区，包括北京、上海、天津、江苏、浙江、福建。

[①] 参照胡鞍钢等：《中国地区差距报告》，辽宁人民出版社 1995 年版。

我们对照 2001 年的情况（见表 6-4）。

表 6-4　各省区市人均 GDP 与全国人均 GDP 的比值（2001）

北京：335%	天津：265%	河北：111%	山西：72%	内蒙古：86%
辽宁：160%	吉林：101%	黑龙江：124%	上海：495%	江苏：171%
浙江：193%	安徽：69%	福建：164%	江西：69%	山东：139%
河南：79%	湖北：104%	湖南：80%	广东：180%	广西：62%
海南：94%	重庆：75%	四川：70%	贵州：38%	云南：65%
西藏：缺	陕西：66%	甘肃：55%	青海：76%	宁夏：71%
新疆：105%				

资料来源：《中国统计摘要 2002》，中国统计出版社 2002 年版。

根据表 6-4，我国按收入水平的分区是：低收入地区，包括山西、安徽、江西、广西、四川、贵州、云南、西藏、陕西、甘肃、宁夏。下中等收入地区，包括内蒙古、河南、湖南、海南、重庆、青海。上中等收入地区，包括河北、吉林、黑龙江、山东、湖北、新疆。高收入地区，包括北京、天津、辽宁、上海、江苏、浙江、福建、广东。

从 2001 年到 2019 年，高收入地区的区域范围大体上是略有减少的，从 8 个减少到 6 个；上中等收入地区也有变化，从 6 个减少到 5 个；下中等收入地区进入的省份很多，从 6 个增加到 9 个，说明发展的省区均衡有所提高；外围的低收入地区数量没有发生变化。

（4）工业化地区与农业地区

对区域进行分析，还需要了解工业化地区与农业地区的区别，这类地区是按照产业结构的不同来进行划分的。具体的方法有霍夫曼定理法和工业化进展程序法。

霍夫曼定理法。工业化是区域经济结构转变的重要内容，在工业化过程中，资本资料的生产在工业生产中的比重不断上升，并超过消费资料的生产，这是工业化进程的重要特点。衡量这种变化的程度，一般采用霍夫曼比例：

霍夫曼比例 = 消费资料工业的净产值 / 生产资料工业的净产值

（6.2）

随着工业化程度的提高，霍夫曼比例不断下降：

第一阶段：　　　　　　霍夫曼比例 5（±1）；

第二阶段：　　　　　　霍夫曼比例 2.5（±1）；

第三阶段：　　　　　　霍夫曼比例 1（±0.5）；

第四阶段：　　　　　　霍夫曼比例 1 以下。

一般来讲，资本资料生产属于重工业，消费资料生产属于轻工业。重工业在工业生产中的比重增大是工业化过程当中的必然趋势。当工业化达到一定程度之后，重工业的比重将大体上处于一个稳定状态。从区域的角度出发来分析轻重工业的比例，必须注意到区域经济的特殊性。由于各区域并不要求形成完整的工业体系，且各区域都有自己的区域优势，加之无限制的区域贸易的存在，一个国家内部将形成重工业区域与轻工业区域的区别，所以，用霍夫曼比例衡量区域经济结构的变化，有一定的局限性。但是工业化的过程，对任何区域来说，都符合霍夫曼定理的质的规定性，即当一个国家实现了农业向工业的转移之后，在现代更表现为现代工业的区域转移。

中国目前工业化过程中碰到的一个最敏感问题是农村工业化问题。乡镇企业、私营企业纷纷在广大农村出现，使农村成为新的工业区。如何评价农村工业化？如何衡量农村工业化的程度？显然不能完全用霍夫曼定理来为其定性。由于农村工业化涉及的农村人口如此之多，以至于我们不能不考虑给农村工业化下定论是多么危险，因为如果误导了农村工业化的政策，将影响几亿人的生活和出路。

实际上，中国的农村工业化是农业向工业就地转移的一种表现，也就是说属于工业化的第一阶段。这就出现了一个有趣的问题：从总体上看，中国的工业化已经达到了工业化的第三个阶段，但在区域内部，还有相当一部分地区停留在第一阶段。工业化水平的差异，已经成为城乡差异和二元结构的具体表现。

工业化进展程度法。其公式如下：

工业化进展程度 =（制造业增加值 / 国内生产总值）× 100%

$$(6.3)$$

日本学者井村干男设置的标准是：比值在 10% 以下，为工业化第一阶段；比值在 10%—17%，为工业化第二阶段；比值在 17%—23%，为工业化第三阶段。比值在 23% 以上，为工业化第四阶段。这个标准提出的年代较早，今天的情况已经发生了很大变化。[①]

6.2.3　中国欠发达地区基本社会经济特征分析

无论外围区、低收入地区还是农业地区，在中国都表现为欠发

---

① 参见周起业等:《区域经济学》，中国人民大学出版社 1989 年版。

达地区。

（1）社会经济特征的一般表现

中国欠发达地区一般的社会经济特征是：社会发展和经济发展水平处于全国平均水准之下，社会经济结构以农业或单纯的资源型产业为主，当地居民收入水平与发达地区相比十分低下，低收入人口较多，发展动力不足，束缚经济社会发展的政治、经济、社会、文化和自然因素较多。

具体来说其特征表现为：

第一，经济欠发达与所处的生存环境有直接关系。如自然环境较差的深山区、干旱地区、边疆地区、土地贫瘠地区和矿山的采空区等，或者是经济结构性失调、文化教育落后、社会基础设施缺乏的地区。欠发达的根源既有自然的原因，也有社会和经济发展的原因。

第二，欠发达地区在较长时间内难以自我摆脱困境。这主要是因为欠发达地区自我发展的机能不完善，资本缺乏，常常容易落入贫困的恶性循环。

第三，欠发达地区政治、经济、社会的改革速度相对较慢，各项改革措施的作用力度往往较弱，这也决定了欠发达地区开发必须具备全面性和综合性。

（2）社会经济的分布特征

从中国欠发达地区的分布看，主要有以下规律：

一是西部自然环境较差的地区。如中国西南地区的石灰岩地貌地区，或者红土丘陵地区，这里土地贫瘠，耕地少，缺乏人类生存的环境条件。西北的黄土高原地区、华北的山区、沙漠地区、退化的草原地区等等，都具有这种特征。二是文化教育相对落后的地区。如西部某些自然环境较好，但文化教育水平较低、人口中文盲较多的地区。这些地区很多人不是不具备接受现代科学技术的基本条件，就是传统观念较浓厚，缺乏现代商业文化和发展理念。这些地区的有些人，至今仍然对经商、赚钱有鄙视的看法，不愿意经过艰苦的劳作来改善生活，小富即安，盆地意识强烈。这些都造成了地区发展的落后。三是位置偏僻且基础设施薄弱的地区。一些地区由于其位于内陆深处或交通不便的区位条件，与沿海发达地区的经济往来较少，缺乏发展现代经济的基本要素，经济发展水平停留在一个较低的层次。这类地区经过2013—2020年"精准扶贫"战略的实施，情况已经大为好转。下一步区域开发的关键，是加强基础设施建设，创造社会经济发展加速的条件。

（3）产业结构特征

产业结构单一是经济结构的主要特征。主要表现为第一产业比重高，农业战线过长，粮食生产所占比例过大。地区工业结构有趋同的态势，而且多数地区都将支撑经济腾飞的产业集中在资源型的主导产业和骨干企业上。

欠发达地区的产业结构处在产业结构演变的初期阶段，从其三次产业的比重表现看，现代制造业和现代服务业比重较低，有些地区甚至第一产业的比重仍然很高，这也是束缚欠发达地区经济起飞的重要原因。按照结构变化的观点，经济发展在结构上的表现应当是生产要素从效益低的产业部门转向效益高的部门。如果欠发达地区的生产要素始终都集中在效益低的农业或矿业部门，则无法创造经济发展所必备的结构条件。

从地区发展的能力上看，主要表现为两个方面的缺陷：一是地区财政入不敷出，长期靠国家财政补贴过日子；二是输出低附加值的初级产品，投资回报率低，又受到了外界市场需求变动的威胁，没有经济的自主、自立性。

（4）社会发展特征

文化教育落后，是欠发达地区社会发展的重要特征。欠发达地区缺乏教育机构以及教学水平较低，是这些地区文化教育落后的直接原因。在现代社会，争夺人才是一个普遍现象，社会的发展需要培养一大批有用的人才，欠发达地区科技力量的薄弱，表现在本身的人才较少，又缺乏吸引人才的有效机制，区外的人才不愿进来，本地的人才都打算流向沿海地区。由于上述诸多原因的综合作用，欠发达地区社会发展滞后是一个事实。这种落后是多方面和全方位的，包括观念落后、思想保守、干部工作能力低、地方政府行政能力弱化、市场发育不完全等。

对欠发达地区的经济开发是通过制定区域规划来实现的。欠发达地区的开发程度低，资源丰富，发展的潜力也大。所谓的后发优势就是欠发达地区在现代科技的武装下，通过加速发展，在尽可能短的时间内能够赶上发达地区。

区域开发是变潜在优势为现实优势，发挥后发优势的具体行动。区域开发是欠发达地区摆脱欠发达状态的一种必然的过程。分类规划的目的在于分类指导。不同类型地区需要有不同的开发和发展政策与战略，分类进行的区域规划是制定战略与政策的基础性工作。中国各地区在经济发展过程中，总结出许多不同的发展模式，如苏南模式、温州模式、珠江三角洲模式以及西部开发模式等，都对中国的区域发展起到了指导性作用。模式的应用关键在于分类，某个模式的应用范围，常常被限制在某个特定的区域范围，这是区域经济学的区域性特征的具体体现。

6.3　区域空间结构设计

区域空间结构设计是对规划区域的整体布局和安排。这种区域布局不同于产业布局，不是单一的要素分布，而是综合要素的整体分布，是对一个区域所有土地的全盘安排。

6.3.1　区域增长中心的确定

区域空间规划的第一步是确定这个地区的区域经济增长中心。在区域经济发展当中，由于不平衡增长模式的存在，集中投资可以产生明显的投资效果，促进各类产业迅速发展，带动所在地区的发展。把投资集中在一个中心城市，特别是城市中的工业和第三产业，可以促进城市的快速增长，从而带动整个区域的发展。选择一个城市作为经济中心，要求这个城市必须具备一定条件：

第一，具有一定的人口规模和经济规模。要想成为一个地区的经济中心城市，必须有一定的人口和经济规模，城市大，吸引力就大，吸引的范围就广。城市居民的消费能力大，城市的市场规模就大，带动区域内消费产业发展的能力也大。

第二，具有先进的城市经济和服务、管理体系。经济中心城市不但要自己发展，还要带动区域经济发展，必须有先进的经济体系，能够为区域而不仅仅是城市本身的人民和经济发展服务。由于城市的工业和第三产业发展很快，通过前向和后向联系，区域内的相关产业也会随之发展起来。因此，经济中心城市的建立坚持的是抓重点带全局的发展战略。

第三，具有完善的城市基础设施。基础设施是城市经济增长的必要条件，工业和第三产业的发展对基础设施有很大的依赖性。完善的基础设施对整个区域的发展也有相当大的影响，包括区域的工业部门选择、产业的区位选择等。

在经济发展的过程当中，城市化与工业化是互相联系、互为条件的。工业在城市的发展，促进了城市化的进程，也使城市成为交通和通信中心，并在工业生产的带动下，成为行政和金融中心，是商业繁盛之地。经济中心城市必须建设良好的基础设施，包括行政管理、信息联络、交通运输、金融财政等服务设施，致力于克服存在的交通拥挤、环境污染等问题。作为经济中心城市，要防止"大而全"和"小而全"。城市经济中心要加强与其他城市及周边地区的经济交流关系，向其他城市开放自己的市场，也充分利用其他城市的市场。通过中心城市与周边城市之间的经济交流，可以使城市之间的经济发展互相协调。

区域经济增长中心并不局限于只建设一个，区域空间结构可以采取双中心或多中心的模式，也可以在主中心周围建设副中心。例如，北京市的中心区域中关村、经济开发区、CBD等已经发展比较成熟，如果经济增长的圈子能向外更快一些扩散，经济总量就能上一个新台阶。在北京周边培育一些经济的副中心，如通州、顺义、昌平、大兴等，就可以达到这个目的。再如上海周围也有昆山、苏州、嘉兴等副中心。

总之，长江三角洲地区的上海市、珠江三角洲地区的广州和深圳市、京津唐地区的北京和天津市、东北地区的沈阳市等，都在扮演区域经济增长中心的角色；而对于市域和县域来说，城市中心区和县城所在地，一般都是该区域的经济增长中心。

6.3.2　中心与外围的区域协调

区域空间规划的第二步是协调这个地区的区域经济增长中心与外围吸引区域的关系。一般来讲，整个规划区域都应当是外围吸引区域。但是，由于经济区与行政区的边界不统一，有时规划区域有一些部分属于其他区域经济增长中心的吸引范围，也有时本地的区域经济增长中心吸引范围超出本行政区的范围。例如，北京市的面积只有16410平方公里，但北京城市的吸引范围应当是整个的京津冀地区。

对一个区域来说，中心－外围关系也表现为中心城市与周边地区的关系。协调中心－外围关系的具体措施主要有：第一，加快实现中心城市的现代化，即尽量运用高技术，实现工业和农业现代化生产，提高生产率和增加生产量。第二，通过城乡一体化的发展经济模式，组织生产综合体，促进城乡经济有机结合，促进城市经济和技术向农村渗透和扩散，促进农村与城市的协调发展。

在所要协调的关系当中，城市区域与农村区域的关系是最重要的。城市区域与农村区域的发展存在一定的矛盾。这些矛盾包括：

经济空间分布的矛盾。由于工业集中在中心城市发展，造成了区域生产和经济空间分布的不平衡。因此把部分工业分散到中小城市，或者分散到郊区，正在成为一种发展趋势。北京、上海这样的大城市，都出现了制造业郊区化的趋势，反映出经济空间分布矛盾的缓解。

社会经济关系上的矛盾。城市与农村在人均收入方面的差距很大，城市区域的居民生活水平高，社会服务设施齐全，在这些方面农村区域有很大的差距。解决矛盾的途径是加强对农村地区的资金投入，健全交通和信息网络，发展贸易、金融、文化等第三产业。

产业结构的矛盾。每个区域的生产条件都不同，因此产业结构也会不同。如果区内农业比重大，要保持农业的基础地位，就要增加对农业的投入；如果是工业区域，就必须对农业的发展制定服务城市、服务工业的目标。城市第三产业的发展一般都很快，如何加快农村地区第三产业的发展，是目前摆在我们面前的重要任务。

人口迁移的矛盾。人口一般的迁移方向是从欠发达地区到发达地区，从农村区域到城市区域。这是由人口迁移的经济动力所决定的。在经济发展过程中，工业化程度越高，城市人口越多，中心城市越发达，吸引的农村来的移民就越多。但农村人口向城市的过量和无序迁移，造成城市中严重的失业现象，也使农村地区缺乏具有一定技能的劳动力。要解决这个矛盾，必须对人口的迁移进行有力的指导和管理，并鼓励人口在城乡之间双向流动。解决这些矛盾的办法是统筹城乡发展，加快城乡之间的要素流动，增强城市对农村的援助力度。

6.3.3 重点发展地区

区域空间规划的第三步是确定这个地区的区域经济发展轴和发展带，也就是规划设计该区域的重点发展地区。区域经济发展轴是指规划区域经济聚集的主要轴线，该区域的经济增长中心应当位于这些发展轴上；发展带是指由一定的交通、通信和能源供应线构成的带状区域，是规划区域未来发展和产业聚集的重点地区。

区域经济增长中心、主要发展轴线和发展带之间也有一个协调问题，有时需要对其相互关系进行强制性的协调，这就是对规划区域的管制协调。

管制协调所采取的方法是：根据区域空间发展要求与生态环境约束要求，重点进行产业空间组织、城镇空间发展、基础设施建设、环境保护等多要素的空间整合，提出具有针对性的控制管理内容与协调要求。管制手段应体现强制性、指导性并重。对影响区域生态环境的规划建设、重大区域基础设施的空间布局提出强制性协调要求。

例如，北京在 2004 年最新规划的空间结构中，明确提出"两轴-两带-多中心"城市空间新格局。按照这个规划，北京城市空间发展战略将发生重大转变。"两轴"是指传统中轴线和长安街的延伸，是北京城市的精髓，全面实现保护与发展，从空间布局上体现首都政治、文化、经济职能的发挥；"东部发展带"北起怀柔、密云，重点发展顺义、通州、亦庄，东南指向廊坊、天津，与区域发展的大方向相一致，应主要承接新时期的人口产业需求；"西部生态带"与北京的西部山区相联系，既是北京的生态屏障，又联系了延庆、昌平、沙河、门头沟、良乡、黄村等，应实现以生态保护为前提的调整改造，各级城镇主要发展高新技术、高教园区等环保型产业，为北京建成最适宜人居住的城市奠定基础；"多中心"是指在市区范围内建设不同的功能区，分别承担不同的城市功能，以提高城市的服务效率和分散交通压力，如 CBD、奥运公园、中关村等多个综合服务区的设定。在市域范围内的"两带"上建设若干新城，以吸纳城市新的产业和人口，以及分流中心区的功能。为实现这一目标，北京将调整城市空间发展战略，有机疏散旧城，实现市域战略转移，村镇重新整合，区域协调发展，构筑城市中心与副中心相结合、市区与多个新城相联系的新的城市形态。这个空间规划，将摆脱北京过去那种同心圆式的由中心城区向周边圈层扩散的"摊大饼"的城市空间发展模式，从而使北京的社会经济发展进入一个新的空间里面。

6.3.4　产业园区的区位选择

区域空间规划的第四步是确定这个地区的产业园区的位置。区域经济增长要靠产业发展来支撑，产业发展要求必须有一定的空间来进行配置。

（1）产业园的布局要求

产业园区一般分为两类：普通产业园（简称产业园）和高新技术产业园。产业园是以发展现代制造业为主体形成的产业聚集区，包括以下几种：a. 工业园区——以工业开发为宗旨，以招商引资为主线，以高新技术产业带动传统产业发展的企业集群形式；b. 出口加工区——以来料加工为主、面向国际市场的工业园区，往往具有免税的功能，与内部相互隔离；c. 专业性产业聚集区——以生产某一类或几类产品为主的没有固定区域界限的新产业区，是生产成本很低、竞争力很强的现代工业品生产基地；d. 现代农业园区——代表现代农业发展方向的新型农业区。

产业园的布局要求包括：第一，要求靠近市场。在技术日新月异、企业竞争激烈的情况下，只有靠近市场，靠近用户，才能及时发现需要，开发新产品，加快产品更新换代，并做好售后服务工作。第二，要求优良的基础设施。要水、电、气、通信设施方便，靠近国际机场或海港，靠近高速公路，离中心城市的距离不能太远，方便职工上下班。第三，要求具有完备的第三产业支撑。要有产业发展所需的设备、材料等上游产业和服务部门，综合配套能力要强。第四，要求有聚集性。一般产业都有聚集效应，企业聚集在一起，可以在资源共享和竞争中相互利用和促进。第五，要求良好的周边环境和生活质量。任何产业的从业人员都希望在环境优美、空气清新、水质良好的地方工作，希望子女上学方便、交通便利、住房条件优越等。要有优惠的地方政策，优良的法律、财务、专利、工商及进出口服务。

（2）高新技术产业园的布局要求

高新技术产业园是由研究、开发和生产高新技术产品的大学、科研机构及企业在一定地域内组成的技术－工业综合体。包括：a.科技园——依托大学和科研机构所形成的科技园，科研是开发的中心，高新技术企业处于从属的地位；b.技术城——以技术开发为支柱，以高新技术产品的生产为辅助，形成科研－生产的综合体；c.高新技术产品加工区——利用高新技术，生产高新技术产品，形成高新技术产品的生产基地。

高新技术产业园的布局要求包括：第一，要求靠近科研机构和大学。可就近聘请到高级科技人才，最快获得最新的科技成果，可与科研机构和大学共享先进设备和实验设施，这样能保证强大的产品研发能力，保证技术人才的提供。第二，要求有高级企业管理人才和高素质的劳动力。因为高新技术产业竞争激烈，只有高级企业管理人才才能正确领导企业；同时高新技术产业生产设备先进，只有高素质、受过训练的劳动力才能胜任。第三，要求能靠近投资机构。由于高新技术产业属于资金和技术密集性产业，产出高、风险高，需要充足的风险投资，因此，不仅需要有专业机构能提供资金，还要能帮助企业进行管理，传授经营管理经验。第四，要求该地区具有崇尚创业精神的城市气氛。如旅游城市就不适合布局高新技术产业，因为那里的城市气氛过于轻松散漫，不适合高度紧张、竞争激烈的高科技创业精神。

（3）产业园区建设中需要解决的问题

目前在中国出现的开发区过多、过烂的问题，并不是说明产业园不能搞，而是要有一些基本的要求，如果达不到要求，就不应该上马。

产业园建设的基本要求问题。首先是保护耕地的要求。在耕地总量平衡的前提下，拿出一定的土地建设产业园。其次是投资量的要求。从土地的产出效果来看，每亩地的一次性投资应当在50万—100万人民币。再次是基础设施建设的能力问题。要看这个地区的政府有没有能力建设完备的基础设施。最后是产业园的数量问题。如果现有的产业园还没有建设好，就不能建设新的产业园，产业园必须一个一个地建，按照区域经济发展的要求去建。

适应都市发展需要，推进工业向园区集中的问题。产业园区中工业园的布局调整，要注重与轨道交通、高速公路等现代交通规划相吻合，以重点城镇为依托，促进城镇建设与工业发展良性互动。在一些大城市，郊区的企业没有必要都以当地的农副产品为基础和原料。要把小城镇的工业当成大城市的大工业来发展。

产业园的企业来源问题。我们应当引导各地区的企业向产业园合理聚集。目前产业园区存在的问题是：占用土地过多，环境污染严重，农业发展受到影响；从企业角度讲，信息不灵，交通不便，基础设施投资过多，物资流转困难。如果把分散的企业相对集中到产业园，则可以发挥企业的聚集效应，克服上述弊端。所以，要制定相应的优惠政策，鼓励社会各方面的力量，把新办的企业建在产业园。对已办的企业，可以分别情况，创造条件，使其逐步搬迁到产业园中。这些企业应当是各地区产业园企业来源的主体，然后才是外地的企业和外商企业。

农业产业园的建设问题。产业园不仅可以搞工业，也可以从事现代农业，通过建设现代农业园区推动农业规模化生产。现代农业园区是产业园区的一种扩展形式，主要是推广先进的农业技术，加快农业现代化的进程，加快培育区域的农业主导产业，形成农业的产业化经营；它较一般农业区技术、资金密集，能够大幅度地提高农业劳动生产率。推进农业向规模经营集中，不仅要提高人均占有耕地面积，而且要通过土地集约化经营来促进农业的规模化生产，提高组织化程度，增强竞争力。

（4）其他功能区的确定

区域空间规划的第五步是确定这个地区的其他功能区，包括主要农牧业区、主要旅游区、主要生态保护区等。

主要农牧业区。主要农牧业区是区域内最广大的产业发展地区，涉及区域的经济发展基础，应当充分重视。要保证一定面积的土地种植粮食作物。养殖业要有明确的地域界限，要防止现代养殖业对区域土地和水源的污染。

主要旅游区。主要旅游区的确定要依据区域的山水风光、文化古迹的分布状况，划定具体的范围，要保证旅游区内的生态环境质量，在任何情况下都不在旅游区建设有污染的工业企业。

主要生态保护区。主要生态保护区是规划区域的生态屏障，对这类地区划定之后，要交地方立法机构立法保护，划定红线，在任何情况下，都不能突破红线进行开发建设，保护区内的产业发展必须以不破坏环境为标准。

6.4 影响因素和政策措施

区域空间结构规划是包括区域的经济、政治、社会、文化及自然条件在内的区域综合发展规划，每一个空间形式都涉及下面的全部或部分内容。

6.4.1 制定规划的影响因素

（1）经济领域

经济领域的内容主要包括区域的经济发展总水平、产业结构、技术条件、市场环境、基础设施等五个方面。

经济发展总水平。主要是指一个地区的经济总量和人均产出量，通常以地区 GDP 和人均 GDP 衡量。形成什么样的区域空间结构，受到经济发展水平的强烈制约。例如，经济发达地区可以形成增长中心、发展轴和发展带，而不发达地区可能只有增长中心，形不成发展轴和发展带。

产业结构。三次产业结构，涉及产业特征和工业化程度；产业功能结构，包括不同类型产业与地区的资源禀赋相吻合的程度，体现不同产业在区域发展中的作用。产业结构不同，地区产业的分布就不同，产业园的内容和分布也不一样。

技术条件。包括区域的科学技术水平，反映该区域的创新能力，在创造新技术、新设备、新产品方面的能力；还包括人力资源的基本素质、专业技术人员的技术水平和职工学习掌握新技术的能力等。主要也是影响产业和产业园的分布。

市场环境。包括市场规模，即由区域收入水平和人口规模产生的对产品和劳务的需求量；区域市场结构，即区域整体上对生产资料和消费资料的需求结构。市场环境决定区域经济增长中心的规模和水平。

基础设施。基础设施是指能源、交通、通信、邮电、给排水、医疗保健等公共服务系统。基础设施构成区域经济发展的硬环境，对区域经济增长中心的规模、发展轴和发展带的规模、产业园的分布起决定性的影响。

（2）政治法律领域

政治环境。主要是指一个国家的对外开放程度、政局的稳定性以及政府的产业政策和外资政策等，政府的产业政策是为发展地方经济、加速产业结构升级而制定的，外资政策是产业政策的延伸。

法律制度。法律制度是保证投资者的资金投入能正常运行的重要制度因素。如果法律法规不健全，执法不严，市场的游戏规则不明确，招商引资就很难进行。

行政制度。如果一个国家或地区各行政部门职能明确，办事效率高，就可以大大降低投资者交易成本，提高企业运行效率。

政治法律条件对区域空间规划中的产业园的建设影响很大，是产业园能不能建设、能建多大规模的决定性要素。

（3）社会文化领域

社会文化因素主要由各地区的历史文化背景、社会风俗习惯、生活观念及宗教信仰等构成。文化因素的影响，是以丰厚的社会经济资源为发展经济的依托，而这种资源优势的实现又是以深厚的文化底蕴为社会基础的。所以，文化因素在区域社会经济发展中起着本质的、深层次的作用，成为一个地区经济发展的重要源泉。文化资源转变为社会经济资源，进而又转化为现实的经济优势，并在未来的区域经济发展中起到巨大和深远的作用，这应当体现在区域的空间结构规划中。

6.4.2　实施规划的政策措施

制定和实施区域空间结构规划，必须有相应的政策做保证。这些政策是：

区域市场一体化政策。建设区域一体的市场体系，对区域空间结构调整的进行十分重要。所谓市场一体化政策是指规划区域内的各类市场建设、市场开放都应当执行一个标准、一种管理程序、一揽子投资计划，根据区域经济增长中心、主要发展轴线和发展带的不同位置和在区域中的地位，建设不同种类、面向不同产业和不同人群的市场。

区域产业协调发展政策。区域空间结构规划的核心是产业在空间上的布局，所以要与产业的发展规划和政策结合起来，真正实现产业的合理布局。例如，北京按照新的空间规划，中心城区和两轴以发展第三产业为主，并对不同的中心区赋予不同的功能；东部发展带主要是规划发展现代制造业，西部发展带规划发展高新技术产业等。

区域基础设施建设政策。对规划区域的基础设施进行统一规划和建设，是区域空间规划实现的必要保证。要依照发展轴和发展带的方向，布局主要的快速交通干线，对主要产业区进行能源和水源的重点建设，并使区域内其他地区的基础设施与主要发展地区相配套。

区域城市化与就业政策。打破城乡分割，开放大城市、卫星城和小城镇就业的多向流动，是推进空间结构调整、农业剩余劳动力转移和城镇化的客观要求和必然趋势。要确认劳动者、企业在就业和经济活动中的主体地位，积极果断推进小城镇在内的劳动力市场城乡开放，清理限制和歧视农业人口流动就业、向城镇迁移的规定，把政府职能转变到服务、培训和合法权益保护上来。流动就业是城镇人口构成的一部分，城镇政府要把农民流动就业工作的重点由管制流动转向提供就业服务、培训和权益保护上来，切实维护劳动力市场秩序，保护劳动者就业权益和公民的其他权益。

保护耕地政策。在保护耕地和保障农民合法权益的前提下，妥善解决城镇建设用地。发展城镇势必要占用一定的土地，但拆除与合并自然村落又会腾出相应的土地，所以一般情况下可以做到耕地总量的动态平衡。要注意节约用地，真正做到集约用地，通过挖潜，改造旧镇区，积极开展迁村并点、土地整理，开发利用荒地和废弃地，解决小城镇的建设用地。要采取严格保护耕地的措施，防止乱占耕地。为了更有效地保护和利用土地，应把城镇的建设用地纳入土地利用总体规划和土地利用年度计划。应严格限制分散建房的宅基地审批，鼓励农民进城购房或按计划集中建房，节约的宅基地可用于城镇建设用地的总量平衡。

区域性行政管理体制改革政策。区域经济的正常运转和发展壮大，需要有符合规划区域经济社会特点的行政管理体制。建立职能明确、结构合理、精干高效的政府机构和管理体制，是区域发展的必然要求。地区政府要集中精力管理公共行政和公益性事业，创造良好的投资环境和社会环境，避免包揽具体经济事务。要完善城镇的财政管理体制，理顺地区、县、乡镇的财政体制，搞好税费改革，减轻农民和企业的负担。

6.4.3　区域政策制定的方向

在经济新常态下推进区域经济发展，需要区域发展的战略转型。区域政策制定的方向是：完善并创新区域政策，缩小区域政策的目标单元，提高区域政策的精准性，达到进一步缩小地区间发展差距的目的。具体内容包括以下几方面：

（1）缩小政策单元，完善政策体系

一段时间以来，中国区域政策的关键点放到大的区域板块上面，大区域的规划、主体功能区规划等，成为区域政策的主轴。从发挥市场在资源配置中的决定性作用、促进区域协调发展的目标来讲，这样的顶层设计是十分必要的。从这个核心主轴出发，中国的区域政策是为区域发展总体战略和主体功能区战略服务的，是从战略规划的角度去指导区域发展的宏观布局，并在此基础上形成区域政策体系。这个政策体系在加快构建全国统一市场、实现生产要素在区域间自由流动和产业转移、促进区域之间的分工等方面，起到了关键性作用，使各区域在要素流动、资源开发、产业发展、生态环境治理与保护等诸多方面，形成发展的合力。

然而，市场机制推动要素流动、自然资源在区域间的配置等等，需要有一定的作用空间。在区域战略制定之后，缩小区域政策的作用单元，就显得极为重要。例如，资源共享、机会共享、利益共享等，就只能在一个有限的空间做到，而不可能在一个辽阔的区域做到。所以，不管是经济区划、主体功能区划、区域发展战略、空间规划、空间开发模式、空间管制等，都需要一定的发挥作用的合适空间，以提高空间效率。从提升效率的要求出发，缩小区域政策的作用单元，是区域发展的必然规律。从这点来看，未来国家级的新区、自贸区、科技创新示范区等，将会发挥更大的作用。

　　推动区域经济协同发展的区域政策，应当坚持精细化调控原则，进一步细化空间尺度，提高干预精度。区域管理和调控应更有针对性，有效地避免区域政策的"一刀切"和政策"泛化"的弊端。

　　（2）建立多层次的区域空间体系

　　建立优化的区域空间体系，逐渐形成以"城市群发展为核心、发展轴打造为引导、经济区合作为重点"的国土开发空间模式，形成全面区域开发新格局。随着区域间联系的紧密，区域间打破行政界限、推进区域经济一体化发展的趋势更为明显。2014 年，西咸新区、贵安新区获批，成为国家级新区，晋陕豫黄河金三角区域合作也上升为国家战略，区域协同发展进程有所加快。目前，区域协同发展最为典型的是京津冀协同发展，成为国家三大区域战略之一，其协同发展的效果备受关注。此外，全国区域协同发展较为典型的地区还包括广佛、宁镇扬、厦漳泉、沈抚、成德、合淮、郑汴、乌昌、太榆等。

全方位区域经济关系的形成，表现为区域协同发展进程的加快。以下三方面因素共同推动着中国的区域协同发展：一是国家重大战略的引导。例如，中央对京津冀协同发展做出了顶层设计，在全国形成了示范效应，在一定程度上影响着各地区的政策安排，加强区域合作的政策指向更加明显。二是各地区的城市病问题日益凸显。这降低了区域中心城市的运行效率，加快了这些城市进行功能疏解的步伐。三是中心城市产业升级的需要。区域中心城市的产业选择正在向总部经济、生产性服务业、绿色经济转变，需要向外转移传统、低端制造业，这促进了与周边地区的产业分工协作。

在各类区域关系中，根据不同地区和海域的自然资源禀赋、生态环境容量、产业基础和发展潜力处理好陆海关系是十分重要的。要按照以陆促海、以海带陆、陆海统筹、人海和谐的原则，积极优化海洋经济总体布局，形成层次清晰、定位准确、特色鲜明的海洋经济空间开发格局，推进中国的海洋经济发展。要建设全民新观念，树立现代海洋观，树立陆权意识，也要有海权意识。同时，要以保障国家海上安全和经济发展为基本目标，建设强大的海洋综合力量，促进海洋经济、海洋科技、海洋生态环境保护事业全面发展。要通过全党和全国人民的长期不懈努力，科学开发海洋，发展蓝色经济；要建设生态海洋，促进人海和谐；谋求和平发展，推动合作共赢。要坚持走和平发展道路，不能牺牲国家的核心利益。在海洋权益的问题上，必须立场鲜明，行动有力，坚定不移地维护岛屿的主权，审慎处理海洋的划界问题。

（3）推进城镇化，促进区域协调发展

促进区域经济转型发展，完善新型城镇化建设的政策引导是重要的内容。要促进大中小城市和小城镇协调发展，而不是单一的超大城市的单兵突进，形成有利于城镇化健康发展的制度环境；加快和推进人口有序流动，有利于在空间上形成疏密得当的国土开发利用和产业优化分布的空间格局；促进经济发展与人口、资源、环境在空间上的协调。

参考文献：

[1]〔德〕赫特纳.地理学.北京：商务印书馆，1982.

[2]孙久文，叶裕民.区域经济学教程.北京：中国人民大学出版社，2003.

[3]周一星.城市地理学.北京：商务印书馆，1995.

[4]陈才.区域经济地理学.北京：科学出版社，2001.

[5]〔美〕郭彦弘.城市规划概论.北京：中国建筑工业出版社，1992.

[6]城市规划译文集.北京：中国建筑工业出版社，1992.

[7]〔美〕约翰·利维.现代城市规划.北京：中国人民大学出版社，2003.

[8]安树伟，肖金成.区域发展新空间的逻辑演进.改革，2016（8）.

[9]杨荫凯.我国区域发展战略演进与下一步选择.改革，2015（5）.

[10]孙久文.新常态下的"十三五"时期区域发展面临的机遇与挑战.区域经济评论，2015（1）.

[11]孙久文，原倩.我国区域政策的"泛化"、困境摆脱及其新方位找寻.改革，2014（4）.

[12]张庭伟.高科技工业开发区的选址及发展——美国经验介绍.城市规划，1997（1）.

［13］张可云.区域经济政策.北京：商务印书馆，2005.

［14］邓小平.邓小平文选.北京：人民出版社，1994.

［15］夏添，孙久文，林文贵.中国行政区经济与区域经济的发展述评——兼论我国区域经济学的发展方向.经济学家，2018（8）.

第7章　区域产业发展规划

区域产业发展规划是区域规划的核心部分，主要研究产业发展的条件与环境分析，分析产业的市场竞争力，确定产业发展的目标，提出实现发展目标的途径与措施，形成产业布局方案。

7.1　区域产业类型和发展的条件

区域产业发展规划一般是在规划的对象已经确定的前提下，具体制定产业未来发展的目标与途径。产业选择是区域经济发展战略当中应当重点考虑的问题，从地区发展的角度来看，注意各类规划的连续性是十分重要的。

7.1.1　规划产业的类型、特点和作用

对于规划的对象产业，需要明确以下几个方面。

（1）产业的类型

规划产业属于哪类产业，基本上能够左右规划的进程。第一产业的发展规划是农业发展的规划，注重土地等农业资源的开发和利用、农业产品的发展规模和地区布局等；第二产业的发展规划比较复杂，涉及采掘工业、原材料工业和制造业等，要根据不同工业门

类的发展规律，进行具体的规划，而建筑业更有自己的发展特点；第三产业规划的门类更多，也更复杂，需要具体分析规划。但无论哪类产业的规划，其基本的规划程序是一样的。

从产业功能结构来划分产业的类型，确定规划的产业属于哪种类型，往往是从今后政策扶持的角度来考虑问题。考虑到主导产业对区域经济的带动作用，其规划内容一般都十分详尽，常常由地方政府或地方综合经济部门来操作；辅助部门和基础部门的规划，更多是由地方的主管部门来主持。

（2）产业的特点

产业的特点因产业的类型不同而有很大的区别。产业特点对规划的影响，体现在不同的产业需要不同的内外发展环境，要求有与之相匹配的资源、资金和劳动力。产业特点包括：

产业的组织特点。不同类型的产业，其产权结构和与之相适应的组织形式是不同的。产权结构在中国与某类产业中企业的平均规模有很大关系。例如，钢铁、汽车、电信、铁路、航空等产业，由于每一个企业的平均规模较大，其产业的产权和组织形式比较适合国有或大型股份制公司的组织形式；而陶瓷、五金、印刷、日用小百货和公路运输等产业，更适应个体经营或民营企业的组织形式。股份制企业、混合所有制企业的产权结构关系更复杂，产业规模也大小不一，产业组织也有很多新的特点。

产业的聚集特点。产业的聚集是与专业化相一致的，专业化的水平又与一个地区的经济发展水平、基础设施的配套水平和产业的组织形式有直接的关系。一般来讲，聚集是区域经济发展到一定程度之后的必然要求，是企业降低生产成本、提高市场竞争力的有效途径。

产业的市场开发特点。任何产业中的企业都要面对市场，但不同的产业面对市场的方式方法有一定的区别。直接面对消费者的生产性行业，要求对市场信息有灵敏的反馈，对消费者偏好有正确的把握；生产矿产品、原材料和中间产品的行业，更多是在企业之间打交道，企业之间的生产网络就更重要；服务性行业则应当更多地把握当地的收入水平、基础性产业的发展现状等。

产业的成长特点。规划产业具有什么样的成长规律，对我们在规划中采取什么样的发展途径有很大的影响。对于有些地区来讲，产业规划要从产业的形成开始。现代的产业形成主要有两个途径：对现有分散的小型企业进行整合，使其逐步发展成为一个产业，或是进行大规模的定向投资，在一个地方培育起一个新的产业。产业形成的标志是：具备一定的规模，拥有专门的生产设备，拥有专业的生产和销售人员，承担一定的社会功能。

对有些地区来说，规划的产业可能是已经形成的产业，那么规划的任务就是产业的扩张问题。产业的扩张是由产业的规模扩大和产出品的增长来反映的。在经过一个时期之后，产业进入成熟时期，规划时应注意产业成熟期的特点。在经历了一个快速增长的时期之后，产业的发展就应当进入平稳增长的时期，规划应当预见到这个时期增长方式的转变和可能碰到的相应问题。此外，产业规划还应考虑到可能的产业衰退，并就防止产业衰退提出意见。

（3）产业规划的作用

产业规划的作用是从产业发展对地区经济发展的功能和贡献来考虑的。主要包括：

第一，产业规划通过促进产业发展对区域经济发展战略的实施产生作用。规划产业发展要以市场为导向，落实区域经济发展战略，培育新的经济增长点。这类产业规划对相关企业开发新产品、开拓新市场、提高技术水平、参与市场竞争有很大的推动作用。在贯彻区域经济发展战略的过程中，处理好规划产业与当地资源基础的关系十分重要。例如，在我国西部一些地区，基本上是依赖当地的煤炭资源和建立在煤炭资源之上的电力资源来发展原材料工业。因此，转变立足现有资源的传统产业，发展高附加值和高技术含量的有竞争潜力的新材料产业，为西部大开发战略的实施起到促进作用。

第二，产业规划通过促进产业发展对区域产业结构调整起到促进作用。主要思路是如何用先进适用技术改造传统产业和一般性加工业，培育壮大支柱产业，提高产业素质，增强竞争力，推动产业升级。如果规划的是工业部门，规划产业的发展，将提升第二产业在 GDP 中所占的份额，带动第三产业的发展。同时，工业发展不仅意味着人口的集中，而且带来生产的集中。在这些生产企业集中的地区，将出现对于生产性服务需求（比如咨询业、金融业、经纪与代理行业、计算机信息行业）的大幅增长。这种需求将构成第三产业进一步发展的推动力。

第三，产业规划通过促进产业发展对区域产业经济布局产生作用。区域产业经济布局是指区域发展中产业的空间配置，包括在什么地方发展什么产业、产业发展规模和产业发展时序。从有序控制发展进程出发，制定详细的发展规划，按照发展条件允许的时间和空间来配置产业，是一个地区产业发展成败的关键。例如，"中国制造2025""德国工业4.0"等，都属于这类规划。当然，地方性的产业发展规划更加细致，也更加符合当时当地的发展要求。

7.1.2　规划产业发展的条件

对于规划产业发展的环境与优势，要从资源、发展条件和科技条件等方面进行分析，具体包括：

（1）资源条件

规划产业的资源条件分析应当比较具体，不仅涉及与本产业相关的自然和环境资源，并且要从与周边地区的比较来认识其优势。我们大致可以将规划产业对资源的依赖程度分为四类：

第一类：重度依赖自然资源的产业。这类产业包括各种资源的采掘业和多数原材料产业，它们的区位选择基本上是以自然资源条件为转移。采掘业依赖资源产地是毫无疑问的，原材料产业与能源资源和非金属矿产的储量丰富与否也息息相关。中国西部地区发展原材料产业有明显的优势，原因就在于资源丰富且开采程度低，发展潜力大。以材料和新材料产业为例，与其发展相关的矿产资源有煤、石油、天然气、石膏、白云岩、石灰岩、硅石、铁、铜、镁、铝等，而这些资源在中国西部地区有着丰富的储量。

第二类：中度依赖自然资源的产业。这类产业包括钢铁、化工、石油加工等重化工业，也包括若干农产品加工产业，它们的区位选择要考虑多种要素，如运输、劳动力、环境等，而不仅仅是资源条件。这类产业与能源资源和矿产资源的储量丰富与否也有很大相关性，但它们对市场的依赖程度更高，在运输产品与运输原料之间进行比较，运输原料更经济。当前，中国铁矿石、原油等产品的进口数量很大，由于运输因素的影响，这些产业更倾向于沿海和沿边布局。所以，这类产业需要有国内的原料基地，但原料地与生产地之间是可以在空间上脱节的。中国西部地区发展原料基地有明显的优势，但目前主要的重化工业基地还是在东部。

第三类：基本不依赖自然资源的产业。以制造业为代表的这类产业，它们的发展不依赖资源条件，而与原材料产业分不开。如纺织、机械、汽车、食品以及建筑业，都具有这样的性质。这些产业的发展需要有人力资源和科技条件做保证，需要充足的资金供给，需要产业之间的联系和方便的运输条件、获取信息的渠道。

第四类：完全不依赖自然资源的产业。所有第三产业、主要的高新技术产业等，都有这种性质。所谓不依赖自然资源，并不等于不消耗自然资源，而仅仅是其区位影响很低。其中高新技术产业严重依赖人力资源和智力资源，使其发展也不可能有很大的自由度，而必须在区位上进行严格的选择。也就是说，并不是所有的地方都能够发展高新技术产业。

（2）产业现状

规划产业目前发展的基本情况，包括规模、构成、地位等。有些产业可能已具有相当规模，成为支柱产业；有些产业可能还很弱小、很分散，但可能很有发展潜力；还有些产业可能是属于淘汰的产业。

在具体的工业部门分析当中，我们应当注意该产业在本区的国民经济特别是工业经济中所占的比重，分析该产业的企业规模结构、规模以上的企业有多少家、占工业企业总数比重、工业产值数、占规划区域工业总产值的比重、年销售收入和占规划区域工业总销售收入的比重、出口创汇占规划区域出口额的比重等。特别应当引起注意的是，对于一些建立在当地优势发展条件基础上的产业，应当考虑其在全国的位置：如果在全国处于领先的地位，就要考虑以该产业为中心建设产业链条，使之最后形成支柱产业群。例如，宁夏的金属钽、铌及其制品，金属镁，电解铝，煤基碳化硅，煤质活性炭，石灰氮，双氰胺，钢丝绳等有地区特色的主要原材料产业在全国乃至世界已有一定地位，是其主导产业选择应优先考虑的产业。

（3）基础设施条件

对产业发展来说，基础设施条件主要是交通、能源、供水和其他辅助条件。交通包括比较完善的铁路、公路、航空综合交通运输体系，能源包括供电、供气等。某些产业可能还需要一些特殊的生产条件，如有些产业的发展对温度、湿度的要求，有些产业的发展对良好环境的要求等，都要给予关注。近年来中国的能源、交通与通信设施日益完善，东部、中部和西部地区在信息、技术、市场和人才方面有了更多的交流与合作，具有了在更大范围内发展各类产业的基础与条件。

（4）发展软环境

发展软环境涉及的内容很多，可归纳为下面几点：

第一，地方政府的政策和法治环境。软环境条件主要包括政策和法治环境、政府机构的办事效率和服务水平等。对区域经济影响较大的政策有地方税收、土地、各项收费以及用工、行业管理、审批、进出口等政策，包括地方政府颁布实施的一系列投资优惠政策、鼓励外商投资的政策、土地使用优惠政策等。

第二，国家的相关产业政策。国家政策支持是软环境条件的重要组成部分。对中国西部地区的开发来说，《国务院关于实施西部大开发若干政策措施的通知》明确了国家对西部地区予以重点支持的措施内容，国家发改委和国家科技部也相继出台了加快发展西部地区优势产业的政策措施，这都为产业的健康发展提供了有力的政策支持。

第三，当地的人文基础。规划产业所在地区的人文基础，指该地区人们的文化水平、思想观念、文明程度等。有些地区文化发达，人们的开放意识强，能够与外来的投资者共同进行经济建设，共享经济发展的成果；有些地区则存在盲目的地方保护和盲目的排外思想。这些都会影响到产业发展的快慢和对外部资金的吸引。

例如，从当地的人文基础对经济发展的影响来看，浙江省产业集群的发展与当地的人文基础是紧密相连的。由于当地山地丘陵的地理环境，中国传统文化当中的血缘纽带和邻里文化保存得十分完整，与当代的乡村社会治理结构相结合，形成了以产业集群的方式发展制造业的优越条件。

7.2 区域比较优势

区域产业规划要依据比较优势，发展主导产业，带动相关产业，配套基础产业。

7.2.1 比较优势的衡量指标

根据比较利益理论的原则，采取区位商方法来衡量产业发展的比较优势。区位商是空间分析中用以计量所考察的多种对象相对分布的方法，同时将分析结论体现为一个相对份额指标值，即区位商值。

指标定义为

$$LQ_{ij} = \frac{L_{ij} / \sum_{i} L_{ij}}{\sum_{j} L_{ij} / \sum_{i}\sum_{j} L_{ij}} \qquad (7.1)$$

式中，i——第 i 个地区；

j——第 j 个行业；

L_{ij}——第 i 个地区、第 j 个行业的产出指标；

LQ_{ij}——i 地区 j 行业的区位商。

区位商的另一种表示形式是

$$LQ_{ij} = \frac{L_{ij} / \sum_{j} L_{ij}}{\sum_{i} L_{ij} / \sum_{i}\sum_{j} L_{ij}} \qquad (7.2)$$

第一种形式的区位商（LQ_{ij}）表示的是 i 地区 j 行业在本地区总

产出中的份额与全国 j 行业占整个国民经济产出份额之比。其含义是如果各地区产出结构与全国相同，意味着这是一个自给自足的经济；而如果各地区产出结构与全国产出结构存在差异，则意味着地区间存在着地域分工和产品贸易。具体说来，就是：当 $LQ_{ij} > 1$ 时，意味着 i 地区 j 行业的供给能力能够满足本区需求而有余，可对外提供产品（大于 1 的部分意味着对区外市场的占领部分）；当 $LQ_{ij} < 1$ 时，意味着 i 地区 j 行业的供给能力不能满足本区的需求，需要由区外调入；当 $LQ_{ij} = 1$ 时，意味着 i 地区 j 行业的供给能力恰好能够满足本区需求。

第二种形式的区位商表示的是 i 地区 j 行业占全国同业的比重与 i 地区经济总量占全国经济总量的比重之比。含义是如果 i 地区 j 行业的比重相对大于本地区总量占全国总量的比重，意味着 i 地区在 j 行业上具有优势地位。虽然表示形式有所不同，但两种区位商公式本质上是一致的。

7.2.2 比较优势的类型

在具体进行区域的产业发展优势分析时，我们主要从以下几个方面去进行选择：

（1）资源优势

资源优势是通过对资源数量和质量的区域间的比较分析，认识到某个区域具有比其他区域更丰富、开发条件更好的资源富藏，并可以通过对资源的开发，形成优势的资源产业。资源优势是最容易认识和最容易利用的比较优势之一，原因是一般性的资源开发在技术上相对成熟，开发的方式方法比较容易掌握，加上资源产品一般在市场上的销路都很好，所以一些地区进行区域规划时首先想到的一般都是资源型产业。但是，资源优势具有局限性，仅仅依靠资源来发展经济是不可持续的。

（2）产业优势

产业优势是指区域的某类产业与其他地区的同类产业相比，在生产成本、产品质量和所占有的市场份额这三个方面的某个方面具有优势或全都具有优势。如果单纯进行生产成本的比较，只要符合本地生产的某类产品的成本加上运到销售市场的运费，小于市场当地生产的同类产品的生产成本的条件，就表明该地区该产业具有比较优势。如果进行综合比较，仍然可以用区位商的指标，只要对指标的含义稍加更改：产业优势的区位商，即某地区向全国输出的某类产品的价值比上该地区向全国输出的产品的总价值，与全国市场中该产品的输入总价值比上全国市场的总规模之比，大于1表示有优势，小于1表示没有优势。

（3）环境优势

由于环境对人类经济生活的影响越来越大，拥有良好的环境，也能够形成经济发展的优势。环境优势是指一个地区拥有良好的自然环境和良好的人文环境，从而吸引更多的企业来此落户。良好的自然环境指废弃物的排放限制在一定的标准之内，空气新鲜，林木和草地的覆盖率高，人们感觉到的舒适度高。良好的人文环境指地区文化开放性、包容性强，政府办事效率高。由于智力资源的载体是人本身，人们倾向于选择环境良好的区域生活，所以，环境优势常常成为吸引高新技术产业、旅游业等新兴产业的主要条件。例如，人们普遍认为，杭州的互联网产业发展好，与其良好的自然和人文环境是分不开的。

7.2.3 产业竞争力

根据产业竞争力分析的方法，下面具体阐述产业竞争力规划的主要内容。

（1）产业发展条件的区域对比分析

区域的产业发展条件对规划产业的发展十分重要，但发展条件的好坏只有通过对比才能够确定。首先是自己与自己比，现在比过去哪些地方有改进，今后将比现在在哪些方面继续改进；其次是与周边地区相比，看看本地区在大区域内的发展如何；最后是在全国范围内的对比，寻找自己地区的定位。区域对比有利于在大范围内比较本地发展的技术、人才、资金与市场等各种资源要素，看看自己的竞争力到底如何。在一般情况下，本地发展了，常常被认为条件改善了，竞争力就增强了。但是，如果其他区域的条件改善更快、条件更好，本区域实际上还可能落后了。

例如，中国中部和西部地区在改革开放后的发展并不慢，但东部的发展更快，所以区域差距反而拉大了。从"九五"期间的平均年增长速度看，中西部地区的宁夏为9.7%，重庆为9.4%，甘肃为9.3，陕西为9%，其他地区均为8%—9%；而东部地区的福建为11.7%，上海为11.3%，江苏为11.2%，浙江、山东为11%，广东也保持了10.3%的速度。人均收入也逐渐拉开，以城镇居民可支配收入为例，西部地区大约相当于东部地区的 60%—70%。

这种数据的对比关系，反映了中部和西部地区产业生产水平的相对下降，技术水平相对落后。1998 年与 1978 年相比，西部各省市区工业产值占全国的比重都下降了，下降幅度最小的是云南，为 0.04 个百分点，下降幅度最大的是陕西，为 1.18 个百分点。从全国来看的优势工业行业的地区分布，西部的四川有 5 个，云南有 4 个，陕西有 2 个，贵州、内蒙古、新疆、甘肃各 1 个，重庆、青海、宁夏没有，而同期广东有 33 个，山东有 32 个，江苏有 29 个，上海和浙江有 27 个。差距是显而易见的。

（2）规划产业发展领域的区域优势分析

规划地区规划产业竞争力的强弱，要看在一个较大的区域内本产业领域的发展情况。如果在这个领域内，规划区域的某一个部门优势明显，那么就应当利用这个优势形成强大的产业竞争力。部门优势的构成，包括资源优势、科研优势和现有产业基础发展的相对竞争优势。

例如，通过优势分析，我们发现我国西北地区各省区中，陕西省在电子信息制造、航空航天、生物医药制品、建筑新材料产品、有色金属制品、新型能源产品、新材料成套技术及装备、特种光电产品、光通信基础器件及集成模块、光电测量分析仪器及设备、高性能钼金属材料及其制品等新材料产业方面的优势很大；青海的有色金属冶炼及深加工行业是强有力的潜在发展区域；内蒙古在煤炭、稀有金属、稀土等资源的提炼加工上优势明显；宁夏在钽、铌、铍等稀有金属材料领域的领先地位，以及镁和无烟煤方面的资源优势，造就了其以钽、铌、铍等稀有金属，镁冶炼，煤基活性炭为代表的新材料产业格局；甘肃省在常规有色金属的生产、石油加工等方面有优势；新疆在以石油、煤炭为原料的原材料产业的发展方面有很大优势。所以，西北地区在产业发展上是各有侧重的。

（3）规划产业的市场需求分析

在市场经济条件下，地区工业化的推进和产业的发展，最终要靠其产品（或劳务）市场的不断扩大来拉动。而市场份额的扩大依赖于其适应市场需要的产品生产规模的不断扩张和市场竞争力的不断增强。在新的经济社会环境下，一个地区如何培育地区产业竞争优势和推动某些具有优势的产业的发展，提高其市场竞争力是一个极为关键的问题。

规划产业的市场需求分析，是通过对某类产业产品的国内外市场需求情况，预测该产业未来的前景，同时评估规划区域的该产业在市场上的占有率，这是衡量区域的规划产业是否有发展前途和发展潜力的重要指标。对于市场的预测方法很多，我们可以通过技术上的可行性研究，选择一种或几种方法来进行。

（4）规划产业的科技竞争力分析

衡量规划产业的科技条件要看区域的科研基础和技术创新能力，包括政府投入的科研机构、独立的重点实验室、以大学为依托的重点实验室和企业的科研机构等。考察的重点是科研机构在规划产业的科技领域的科技成果，这些成果代表了产业的科技水平。

（5）规划产业的主要行业竞争力分析

规划产业如果是由若干行业组成的，我们还需要对主要的行业及其生产的主要产品的竞争力进行分析。如果几个主要行业的规模都已居国内同行业前列，在国际国内占有重要的地位，具有一定的产业优势，那么我们可以认为这个产业是有竞争力的。

7.3 区域产业结构规划

产业结构规划是产业规划的重要组成部分。区域经济发展离不开区域产业结构的转变，制定区域规划必须对区域产业结构有清楚的认识。当区域经济从一个较低的阶段向一个较高的阶段发展时，产业结构的演进是发展的主要动力。事实上，我们的规划，有相当一部分是对区域的经济或产业结构进行规划。

7.3.1 产业结构

国民经济结构的三次产业划分目前已被广泛地接受，区域经济和区域规划的研究同样采用这一划分。英国经济学家科林·克拉克将全部产业部门归并为三类：第一产业，取自于自然界的自然物的生产；第二产业，加工于自然物的生产；第三产业，繁衍于自然物生产之上的无形财富的生产。

由于国民收入的增加，劳动力首先由第一产业向第二产业移动。当人均收入继续提高，第二产业的边际收益开始下降时，劳动力开始向第三产业移动。最后形成大量的劳动力分布于第三产业上的特征。

劳动力之所以能够在产业之间移动，是由于产业之间存在着相对收入的差异。克拉克认为，这种相对收入的差异促使劳动力向能够获取更高收入的产业部门转移。然而，在人均收入较低而人口众多的发展中国家，除了收入差异的影响，劳动力的产业部门转移还受其他因素的影响。在中国改革开放初期，由于第一产业当中滞留有大量的劳动力，其中有相当一部分处于相对过剩的状态，所以农业劳动力向第二、第三产业的转移，很大程度上取决于第二、第三产业的规模和能够提供多少就业岗位。第二产业当中一部分劳动力向第三产业转移，也并不是因为第二产业总劳动生产率低于第三产业，而是受到第二产业部门的市场平均成本和平均劳动投入水平的影响。我们实际上正在把第三产业当作一个劳动力的蓄水池，将第二产业多余的劳动力注入第三产业。因为第二产业与第一产业的收入水平相差过大，不可能让多余劳动力回流，第三产业与第二产业的收入差异相对小些，所以流向第三产业比较容易。

劳动力在各产业中的分布，是衡量地区产业结构的重要标准，也是经济结构转变的重要标准，随着经济的高级化，劳动力在第一产业中的比重越来越小，而在第三产业中的比重越来越大。

一般发展中国家，都普遍存在着农业产值在国内生产总值中比重下降的趋势。这是由于农产品的需求弹性低，人均收入的增加并不意味着对农产品需求的增加，恩格尔系数与人均收入增加是向相反的方向变化。但一般情况下，农业劳动力下降的速度，落后于国民收入相对比重下降的速度。

第二产业在国内生产总值中比重的上升，是由于投资的报酬递增现象引起的。第二产业变化的特征，是国内生产总值的比重不断上升而就业人数相对变动不大。这表明当工业化达到一定程度之后，第二产业不可能大量吸纳劳动力就业。当进入到后工业化社会后，第二产业比重在稳定一段时期之后将会下降，这也是经济发展的一个规律。

第三产业具有很强的吸纳劳动力的能力，但第三产业劳动生产率的提高并不快。目前，人们普遍用经济结构的服务比程度来衡量产业结构高级化的程度，而一般发达国家服务业的比重都已超过70%。中国经济的服务化进展也很快，尤其在沿海地区更是如此。由于担心虚拟经济比重过大，中央也多次发出鼓励发展实体经济的政策信号。

7.3.2 影响区域产业结构转变的发展环境

区域产业结构是一定区域范围内的产业结构。区域产业结构的转变和优化需要有适当的内部和外部环境。一般经济环境的状况，有两种可能：其一是良好的内外环境。在这种状况下，为了今后长远的发展，应主动去转变经济结构，但此时常常要牺牲一些当时看来还比较赢利的产业部门，可能会牺牲一定的增长速度。其二是不好的内外环境。在这种状况下，经济结构的转变成为克服困难的唯一出路。我们目前所面临的结构转变，是在第二种情况下发生的，因此需要克服的困难就相当多。

（1）区域产业结构转变的外部环境

区域产业结构转变的外部环境，包括国际的经济大环境、对外贸易的状况和吸引外资的情况等。

中国自 1978 年改革开放以来，各地区的对外贸易和引进外资都有相当程度的增长。其中东部沿海的经济发展通过对外贸易和吸引外资直接与国际经济发展相关，中西部地区则通过对沿海地区的经济关系，间接与国际经济发展相关。世界经济的一体化，已经浸入中国的每一个地区。

我们用外贸依存度来衡量地区对外贸的直接依存情况，计算的公式为：

外贸依存度 =（进出口总额 / 国内生产总值）× 100%

通过外贸依存度可以看出一个地区经济外向的程度，也可以间接反映一个地区的对外开放程度。一般而言，外贸依存度越高的地区，在外部冲击下受影响程度越大，然而由于不同地区经济韧性不同，应对冲击的恢复能力不同，因此最终受影响程度不完全与外贸依存度正相关。以 2018 年以来的中美贸易战为例，贸易战的外部危机对各个区域、各个领域产生了不同程度的冲击。图 7-1 计算了区域经济受冲击程度和外贸依存度的分布，图中垂直于横坐标的线表示全国平均外贸依存度，平行于横坐标的线表示全国平均受冲击程度。

在图中，第一象限的区域受到贸易战的冲击较强，且对于冲击的抵抗能力较弱，这些区域包括江苏、浙江、天津和辽宁四个省市，这些省份大部分位于东部地区，在贸易战中也会受到最大的冲击，且江苏、浙江和天津都是我国经济发展的重镇，因此采取积极的措施稳定此区域经济增长将是贸易战中的一项重要任务。我国大部分省区处在第二象限中，其中主要包括中西部地区和东北的吉林和黑龙江，这些区域的贸易依存度较低，因此在贸易战中可能不会受到过于剧烈的冲击，但是由于这些区域经济韧性较弱，一旦贸易战对于此类区域产生强烈的冲击，那么很容易引发全国系统性的风险，因此应重点防止不良冲击向此类脆弱区域的蔓延。第三象限的区域，贸易依存度较低，且经济韧性较强，因此在贸易战中受到的实际影响最小，这些区域包括重庆、贵州、云南和西藏。其他东部省市分布在第四象限，这些区域外贸依存度较高，但是从产业特征、制度环境和文化因素等角度考虑都有很不错的经济韧性，这些区域对贸易战冲击的抵御情况将直接决定贸易战对中国的最终影响。

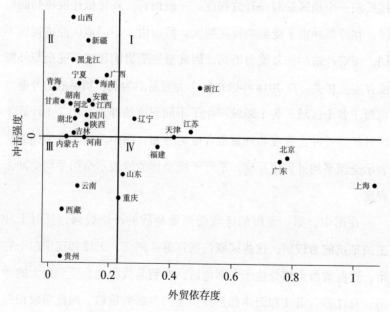

图 7-1　冲击强度和外贸依存度的关系

注：闫吴生博士制图。

（2）区域经济结构转变的内部环境

区域经济结构转变的内部环境同外部环境一样重要。我们目前面临的内部环境有利有弊：有利之处是体制改革逐步深入，各区域发展潜力增强，投资能力增强；不利之处是经济发展的深层次矛盾很难解决。

扩大内需有两个层次。一个层次是扩大对生产资料的需求，使生产资料的生产企业活起来，劳动者的收入增加，对消费品的需求增加。这是可以通过基础设施投资直接来启动的。但是，扩大内需的最根本目的，是扩大最终消费的规模，这是扩大内需的第二个层次。扩大基础设施投资是为扩大最终消费提供一种环境和动力，并希望以此来刺激最终消费。同时我们还须注意到，最终消费的扩大还受到人们的消费倾向影响，亦即心理作用的影响。所以，政策引导是十分必要的，可以防止人们的消费信息受影响。

从产业部门上看，能源、原材料产品和一部分重工业产品是扩大内需的重点，因为基础设施建设项目首先扩大这部分需求。通过部分项目的实施，根据乘数原理，其带动作用将扩展到对最终产品的消费要求。从地区受益情况来看，北方地区从扩大内需中受益，其原因在于这些地区能源、原材料工业的比重较大。然而若不能够适时调整产业结构，新兴产业没有增长，又会陷入单一结构当中，阻滞地区经济的发展速度。近年来北方一些省区之所以经济低迷，这应当是重要原因。南方各省区多属于外贸拉动型的增长，长期以来是带动全国经济增长的主要区域，一旦外贸增长减缓，这些地区经济增长就会受到很大影响。得益于近年来产业结构的优化，特别是高新技术产业的增长，南方省区经济形势比较好，与北方的发展差距在拉大。这种情况已经引起了各方面的重视。

7.3.3 区域产业结构设计

对于结构转变，我们采用钱纳里的定义：结构转变是随人均收入增长而发生的需求、贸易、生产和要素使用结构的全面变化。按照发展经济学的观点，经济发展具有明显的阶段性，在不同的发展阶段，区域经济结构有着不同的特征：第一，不同阶段需要的资源条件不同，发展的特点也不同；第二，不同阶段的主要产业不同，形成的产业结构也不同；第三，不同阶段的技术水平不同，选择的技术部门也不同；第四，不同阶段发展的重点不同，要素投入和配置的方向也不同；第五，不同阶段产业发展的环境不同，相应的体制制度也必须不断变化。在这里，我们把规划的重点放在生产和要素使用的结构比例上。区域产业结构规划的内容包括：

（1）区域经济发展阶段的划分理论

美国经济学家钱纳里对34个准工业国的经济发展进行实证研究，提出任何国家和地区的经济发展都会规律性地经过六个阶段，从任何一个发展阶段向更高一个阶段的跃迁都是通过产业结构转化来推动的。因此，产业结构的变动和升级是划分区域经济发展阶段的基本依据。

传统社会阶段。产业结构以农业为主，绝大部分人口从事农业，没有或极少有现代化工业，生产力水平很低。传统社会发展水平低，基础设施、技术水平都比较落后。

工业化初期阶段。产业结构由以落后农业为主的传统结构逐步向以现代工业为主的工业化结构转变，工业中则以食品、烟草、采掘、建材等初级产品的生产为主。

工业化中期阶段。制造业内部由轻型工业的迅速增长转向重型工业的迅速增长，非农业劳动力开始占主体，第三产业开始迅速发展，这就是所谓的重化工业阶段。工业化中期阶段是区域经济发展由传统社会向现代社会发展的关键性阶段。

工业化后期阶段。在第一、第二产业协调发展的同时，第三产业开始由平稳增长转入持续的高速增长，成为区域经济增长的主要力量。第二、第三、第四阶段合称为工业化阶段，是一个地区由传统社会向现代社会过渡的阶段。

后工业化社会阶段。制造业内部结构由以资本密集型产业为主导向以技术密集型产业为主导转换，同时生活方式现代化，高档耐用消费品在广大群众中推广普及。

现代化社会阶段。第三产业开始分化，智能密集型和知识密集型产业开始从服务业中分离出来，并占主导地位；人们的消费欲望呈现出多样性和多变性，追求个性。

区域规划的主要内容与区域发展的阶段密切相关。一个区域处于社会发展的不同阶段，具有不同的产业结构，产业结构的升级必然带来区域发展阶段的跃迁，所以处于不同发展阶段的区域，其区域规划的内容的丰富程度是不一样的：包括发展产业的差别、增长速度的差别、发展机制的差别等。另一方面，各阶段不是截然分开的，处于特定发展阶段的区域同时具有前一阶段和后一阶段产业结构所具备的某些特征。特别是当区域发展处于过渡时期时，产业结构的演变和升级很快，这时必须加强研究其发展方向和变化速度，把握时机，把资本投向即将获得高速发展的新产业。此时的规划应当能够及时反映这种变化。

区域规划要根据区域发展的阶段、水平和所处的环境进行，对区域经济发展阶段的分析，是区域规划的重要程序之一，需要建立一套切合实际的分析方法和分析工具。

（2）区域产业结构规划的前提和要素构成

资源、资本、劳动力、技术、市场容量、投资环境以及经济体制的现实空间组合，形成了现实的区域经济结构；各种因素的每一个变动，都会影响到经济结构的变动。如果国家在一定时期各要素的总量是一定的话，那么各要素在地区间的分配和地区利用这些要素的效率将对区域经济结构的变化起到决定性的影响。当然，在这个总量当中，已经有相当大的部分随着国家与地方关系的变化固定在一定的地区，所以地方本身的发展潜力和要素的拥有量对经济结构的转变意义更大，也就是说，区域产业结构转变的要素投入是区域产业结构转变的前提条件。资本和劳动的投入是我们要分析的两个主要的要素。通过对资本和劳动投入对区域经济增长贡献份额的分析，了解各个区域各种要素在经济增长中到底起多大的作用，从而分析在结构转变的过程中，不同区域要素投入的重点应放在什么地方。

区域产业结构转变的现状和特点，也是进行区域产业结构设计的前提。区域经济结构和现状分析，是阐述结构转变的前提。现状分析的目的是寻找出结构的特点，从这些特点出发，了解现有结构的优劣之处，进一步判定现有结构能否促进经济的发展，或者在哪些方面进行调整，才能促进经济的发展。

现状是未来转变的基础，充分了解现状，才能充分理解未来。从落后的传统结构向先进的现代经济结构转换的过程，本身就是一场革命。如果能够从现状分析当中找到当前结构问题的症结，并对症下药解决结构问题，就可以克服经济困难，获得更快的增长。

（3）区域产业结构设计的要点

区域经济结构要向更高的一个层次上升；提高部门的生产率，是结构转变的基本目标。但是，经济发展中可供选择的部门是多种多样的，对任何区域来说，不可能全部发展，而只可能选择其中的一部分，甚至是一小部分。产业选择对于结构转变是十分重要的，通过选择能够确定区域对发展产业的取舍，选择的依据就是比较优势。

三次产业的比例。地区三次产业的比例是与地区经济发展的阶段相联系的。在中国目前阶段，第一产业的产值比重与第一产业的劳动力在全部劳动力中的比重一样，都处于不断下降之中；第二产业的产值比重逐步稳定并略有下降，占用劳动力比重缓慢下降；第三产业的产值比重及占用劳动力比重都处于上升状态，特别是在沿海经济较为发达的地区。

在区域经济发展当中，三次产业的发展是相互关联的。第一和第二产业是第三产业的发展基础。第二产业在 GDP 总额中比重的下降，应当促使第三产业同比例增加，劳动力向第三产业转移。所以，产业结构规划，是设计一个与地区经济发展相适应的各产业的比例关系。

产业类型和部门的比例。同样三次产业，不同地区选择的产业类型和部门却是不相同的。发达地区和不发达地区的比较优势显然是不一样的：发达地区由于具有资本和技术优势，选择的产业应当是资本和技术密集型的；欠发达地区由于资本和技术缺乏，选择的产业应当是劳动密集型的。但是，一般欠发达地区都选择开发自然资源并输出原材料这种道路，使其产业结构当中的主要部分是资源型产业。而在各种产业类型中，应当发展的产业部门也不一样，所以还要有一个合理的产业部门结构。

投入的生产要素的比例。在结构确定之后，区域产业发展的要素分配也就基本确定了。将一个区域的资本、资源、劳动力等，按照需要投入到规划的产业部门中去。但是，如果比较优势发生了变化，对于一个区域来说，生产率高的部门已经从一组部门转到另一组部门，那么区域内要素资源的部门转移也应当改换新的方向。区域经济结构规划，说到底，就是对全社会拥有的要素资源，特别是新增加的要素资源在各产业部门之间进行分配；分配合理的标志是，新的分配所形成的产业结构能够促进区域经济增长。

7.4 地区主导产业的选择

在区域比较优势基础上产生的产业部门，一般都能够成为主导产业部门，主导产业部门的产生是比较优势作用的结果。所有的生产部门在地区经济中都起重要作用，但只有主导部门才能在地区经济中起主宰作用，能带动整个地区经济的发展。

（1）主导产业选择的标准

一个产业部门要成为区域经济发展中的主导产业，至少应当具备六个条件：

一是应当有很高的区位商。区位商是衡量专业化程度的主要指标之一。由于主导产业决定一个地区在全国的地位，决定地区经济发展的速度和规模，决定整个区域经济发展和产业结构的合理性，因此，主导产业应当是一个地区有代表性的、专业化的生产部门，其区位商应当大于1。一个城市的主导产业的区位商，应当比一个区域高，因为城市更具有外向性，而区域具有更强的综合性。

二是在地区工业总产值中占有很大的比重。主导产业的产品应在国内和国际市场具有较大量、长期、稳定的需求，当然首先是针对国内市场。市场需求是所选择的主导产业生存、发展和壮大的必要条件。没有足够的市场需求拉动，主导产业很快就会衰落。主导产业作为支柱产业，必须有较高的产值比重，有些较明显的支柱产业，常常占到一个区域工业产值的三分之一。地域范围越小，产业的产值比重可能就越大，专业化生产可能就越强。如果5%的比重就可以成为全国的主导产业，那么省级区域的主导产业就要占10%左右的比重，县级区域的主导产业就应当占15%—20%的比重，有些区域可能要超过20%的比重。

三是要有比较大的产业关联度。主导产业应该是能对较多产业产生带动和推动作用的产业，是前后向关联部门多而且密切的产业。

主导产业重要的任务是带动区内工业部门的全面发展，而不仅仅是本身的发展，所以应当是产业关联度高的产业。例如，汽车工业的产业关联度很高，数十个行业的数千种产品与汽车工业的发展相关联。汽车工业发展起来后，将为这些行业提供很大的产品市场。因此，世界上许多国家将汽车工业作为主导产业。

四是要有较高的产业规模经济。主导产业如果同时又是地区的支柱产业，该产业的发展，在空间上将会引起聚集现象，形成地区的经济增长极。支柱产业的规模，一般都应比较大，一是单项设备的规模要大，二是联合企业的规模要大，只有这样，才能以支柱产业为中心，聚集起一批企业来。所以，主导产业一般也要有较高的产业规模经济。

五是具有进口替代或出口替代能力。在改革开放的条件下，区域经济中的主导产业必须具有竞争力。主导产业应在立足国内市场的基础上，有外向发展潜力，能在国际市场上形成较强的竞争能力。在选择主导产业时还应注意选择那些有一定技术基础，但产品长期大量依赖进口的产业加以重点扶植，尽快实现产品的进口替代，并在此基础上，不断提高技术水平，增强对引进技术的吸收、转化、创新能力。

六是就业效果好。中国人口众多，劳动力就业压力大。因此，选择的主导产业应当具有较强的劳动力吸纳能力，能创造大量就业机会。

（2）主导产业选择的方法

在区域规划中如何选择主导产业？这是一个技术性很强的问题。

一般来讲，主导产业是在较长时间内支撑、带动区域经济发展的产业，因而必须是有发展前途的、代表区域发展方向的产业。选择的方法有以下几种：

第一，根据本区域所处的经济发展阶段选择主导产业。处于工业化前期阶段的地区，主导产业一般具有劳动、资金密集型特性，可以在轻工业领域和基础性的重工业领域选择；处于工业化中期阶段的地区，主导产业一般具有资金、技术密集型特性，可以在重工业中的深加工工业领域选择；处于工业化后期的地区，主导产业具有技术密集型及服务型特性，可以在技术密集型产业、高技术产业及新兴服务业中选择。

第二，根据产业发展的阶段来选择主导产业。根据产业生命循环理论，任何产业在某一地区的发展中都会规律性地经过科研创新期、发展期、成熟期和衰退期，主导产业要在处于发展期和成熟期的产业中选择，处于科研创新期的产业可以作为潜在主导产业来加以培育。

第三，根据区域市场的发育情况来选择主导产业。主导产业生产的产品应该是地区市场上占有率很高的产品，而且能够不断扩大市场范围。要考虑本区域的市场，也要考虑全国和国际市场，要根据市场的变化来调整主导产业。要做到这一点，必须有对产业发展的科学预测，对各类市场的充分把握。

目前，使用产业关联效应的方法来选择主导产业是比较通行的做法。20世纪50年代中期，美国经济学家赫希曼首先提出了发展中国家应首先发展那些产业关联度高的产业。这一基准的含义是：政府应选择那些关联效应高的产业作为主导产业，通过政府重点支持和优先发展来带动整个经济的发展。基本指导思想是认为主导产业对产业结构具有引导和带动作用，并通过关联效应发挥作用。主导产业的关联效应有三种形式：一是主导产业的持续发展扩大了对相关设备、技术和原材料等要素的需求，从而带动为其提供这些要素的产业的迅速发展，这是前向关联效应。二是主导产业关联性强、技术领先、发展快速，能够为与其联系、消费其产品的产业提供中间产品和零配件，这是后向关联效应。三是主导产业的发展还会引起一系列经济、社会、文化等多方面的变化，扩大服务业的需求，增加对基础设施的需要，从而扩大总的经济规模，这是旁侧关联效应。

对于主导产业的选择方法，目前学术上有三个基准：

罗斯托准则。又称"主导产业扩散效应最大准则"，强调支柱产业对经济和社会发展的影响力。美国经济学家沃尔特·惠特曼·罗斯托认为，应选择扩散效应最大的产业或产业群作为一国的主导产业，重点扶持，加速发展，从而带动其他产业发展和社会进步。扩散效应的带动原理在于：a. 回顾效应。主导产业高速增长，对各种要素产生新的投入要求，从而刺激这些投入品的发展。b. 旁侧效应。主导产业的兴起会影响当地经济、社会的发展，如制度建设、国民经济结构、基础设施、人口素质等等；c. 前向效应。主导产业能够诱发新的经济活动或派生新的产业部门，甚至为下一个重要的主导产业建立起新的平台。

筱原基准。又称"收入弹性和生产率上升率准则"，强调市场需求对支柱产业发展的作用力。日本经济学家筱原三代平早在上世纪 50 年代中期就提出，产业的收入弹性和产业的生产率上升率是影响产业发展的两个主要因素。在市场经济条件下，社会需求是推动产业发展最直接，也是最大的原动力，其结构变化也是产业结构变化和发展的原动力。"收入弹性"大的产业，因产品增加而带来更大收入，进而创造了更大需求，从社会获得更大的发展动力；生产率上升较快的产业有着较快的技术进步速度，生产成本低，投入产出高，自然吸引资源向该产业移动，从而在产业结构中占有更大的比例。筱原基准的实质在于从供求两方面反映产业结构演进的内在根源，其意向在于把收入弹性和生产率上升率高的产业作为主导产业重点发展，使之上升为支柱产业。

*赫希曼标准。*又称"产业关联准则"，强调产业结构的协同效应。支柱产业必须关联度高，有较强的前向、后向和旁侧关联效应，能够向各方向渗透，带动相关产业和地区经济的发展。产业结构的协同效应如何产生并起作用？通过市场扩张。阿尔伯特·赫希曼认为，市场扩张能促进生产的发展，而生产的发展又能带动其他产业发展。所以，应当以一个产业的产品需求价格弹性与收入弹性两个标准作为选择主导产业的具体标准，因为需求价格弹性和收入弹性大表明该产品市场前景广阔，这样的主导产业有可能比较顺利地成长为支柱产业。

（3）主导产业选择的模型

那么如何判断一个产业与其他产业技术经济联系的密切程度呢？通常用产业的影响力系数和感应度系数来判断。影响力系数是指某

一部门增加一个单位最终使用时，对国民经济各部门所产生的生产需求波及程度，其计算公式为

$$F_j = \cfrac{\displaystyle\sum_{i=1}^{n} \overline{b}_{ij}}{\cfrac{1}{n}\displaystyle\sum_{j=1}^{n}\sum_{i=1}^{n} \overline{b}_{ij}} \qquad j = 1, 2, \ldots, n \qquad (7.3)$$

式中，b_{ij} 为完全消耗系数，$\displaystyle\sum_{i=1}^{n} \overline{b}_{ij}$ 为里昂惕夫逆矩阵的第 j 列之和，$\cfrac{1}{n}\displaystyle\sum_{j=1}^{n}\sum_{i=1}^{n} \overline{b}_{ij}$ 为里昂惕夫逆矩阵的列和的平均值。

当影响力系数 $F_j > 1$ 时，表示第 j 部门的生产对其他部门所产生的波及影响程度超过各部门影响力的平均水平，反之亦然。影响力系数越大，该部门发展对其他部门的拉动作用也越大。

感应度系数是指国民经济各部门每增加一个单位最终使用时，某一部门由此而受到的需求感应程度，也就是需要该部门为其他部门生产而提供的产出量。感应度系数 E_i 的计算公式为

$$E_i = \cfrac{\displaystyle\sum_{j=1}^{n} \overline{b}_{ij}}{\cfrac{1}{n}\displaystyle\sum_{i=1}^{n}\sum_{j=1}^{n} \overline{b}_{ij}} \qquad i = 1, 2, \ldots, n \qquad (7.4)$$

式中，b_{ij} 为完全消耗系数；$\displaystyle\sum_{j=1}^{n} \overline{b}_{ij}$ 为里昂惕夫逆矩阵的第 i 行之和；$\cfrac{1}{n}\displaystyle\sum_{i=1}^{n}\sum_{j=1}^{n} \overline{b}_{ij}$ 为里昂惕夫逆矩阵的行和的平均值。

当感应度系数 $E_i > 1$ 时，表示第 i 部门所受到的感应程度高于各部门感应度的平均水平，反之亦然。一般而言，影响力系数大的产业比较容易带动其他上游产业的发展，感应度系数高的产业容易受其他部门发展的拉动而得到发展。

（4）主导产业的升级

在区域经济发展中，主导产业是获取地区经济利益的重点产业。主导产业发展的规模和水平在一定程度上决定着整个区域经济发展的规模和水平，因此，正确选择并努力发展主导产业是每个地区经济发展中的重大问题。由于主导产业的存在及其作用会受特定的资源、制度和历史文化的约束，因此不同国家或同一国家不同经济发展阶段的主导产业也是不一样的，它会受所依赖的资源、体制、环境等因素的变化而演替。由于主导产业应能够诱发相继的新一代主导产业，因此，特定阶段的主导产业是在具体条件下选择的结果。一旦条件变化，原有的主导产业群对经济的带动作用就会弱化，会被新一代的主导产业所替代。

一个地区的主导产业要实现升级，应该通过下列途径实现：

选择先进的技术武装主导产业。在同一产业内部，可以通过技术进步实现产品结构的升级，或通过制度创新实现生产组织方式的重大进步，使原有主导产业大大提高劳动生产率，重新焕发出巨大的生命力和活力。另一方面，同一产业内的制度创新、技术进步以及生产组织方式的重大进步也可以实现产业结构的升级。

一个地区主导产业的发展是否成功，关键在于其技术水平和产品竞争力。作为主导产业的产品至少在全国应该是一流的，不论经济效益指标还是技术指标都应该是最好的，只有用最先进的技术来武装的主导产业才能够在市场竞争中立于不败之地。很难想象技术水平低、成本高、质量差、需要依赖政府保护才能得以生存的产业能够很好地支撑区域经济发展。

培育大型企业集团作为地区主导产业发展的载体。地区主导产业必须是在市场中富有竞争力的产业，主导产业要得到良好的发展，需要及时获得国内外同行业的最新信息，需要不断地实现创新和产品换代，需要多方面跨区域的经济技术合作。所有这一切，一般的中小企业难以胜任，只有资金雄厚、技术先进的大型企业集团才能够及时掌握国际国内技术动态，投入足够的资金进行研究与开发，从而为主导产业发展提供条件。

　　以全新的、更高技术层次的产业来替代原有产业成为新的主导产业。一般而言，新主导产业是根据工业化进程中产业结构演进的基本框架逐步形成的，比如以工业替代农业，以重工业替代轻工业，以深加工工业替代原材料工业，以技术密集型产业替代资金密集型产业，以第三产业替代第二产业等等。这些新的主导产业一旦形成，必然通过产业间的经济技术联系带动一批更先进的、技术水平更高的相关产业的发展，从而促进区域整体产业结构的升级。主导产业既然是代表区域发展方向的产业，那么区域经济的发展必然要求主导产业逐步升级，要求扩散、压缩已有的技术层次较低的主导产业，扶持发展新的较高技术层次的主导产业。当新兴主导产业还不成熟、还缺乏市场竞争力时，需要政府予以大力扶持，以免下一轮产业结构升级受阻。

7.5　产业规划的方案

　　产业规划的方案应当包括产业发展的宏观设计、产业发展门类方案（产业发展指南）和产业分布空间布局方案等方面的内容。

7.5.1 宏观设计

（1）基本原则

虽然区域产业的门类很多，产业发展的特点也不尽相同，但对于进行区域产业发展规划来说，有一些基本的原则是通用的。这些原则是：

第一，整体规划，统筹发展，分阶段实施。区域产业规划，应当充分考虑地区国民经济和社会发展的主要任务和有关单个产业的发展方案，充分考虑有关地区的经济发展战略目标，充分考虑国家的有关政策，充分考虑国内外规划产业的发展动态，结合地区经济发展的实际情况，制定不同时期的目标、任务和实施措施。

第二，市场导向与政策引导相结合。应以市场为导向，紧密跟踪国内外先进的技术，紧紧抓住市场需求，发展适合市场需求、竞争力强的产品和技术，着力抓好一批科技含量高、市场需求大、经济效益好的项目，以研究与开发为先导，以占领市场为目的，对于市场发展前景好的项目和企业，应该在政策上予以适当的倾斜和扶持，引导和推动企业尽快做大做强。

第三，产业基础与比较优势相结合。发展规划产业要立足于现有的产业基础，更要对产业发展的环境进行更深层次的分析，深入了解产业发展的区位优势及相对比较优势，优先发展特色产业和优势产业，对特色领域和优势领域内的先进、关键性技术，要集成各种科技资源进行重点突破，以避免产业趋同，提升区域的核心竞争能力。

第四，突出重点与带动区域发展相结合。结合规划地区的产业基础与发展条件，着力通过重大技术创新及高新技术发展来改造和提升传统产业项目，加强技术链接与产业带动，尽快形成产业群体及聚集效应，延伸产业链条。规划发展产业必须以战略的眼光进行长远的规划，在发展规划产业的过程中，必须坚持环境保护与经济发展并行的方针，加强环境治理与监管力度，杜绝以牺牲环境为代价来换取短期经济发展的行为，走可持续发展的新型工业化道路。

（2）规划思路

在上述原则的指导之下，对不同的规划产业应当有不同的发展思路，在不同地区发展同样的产业也要有不同的思路。例如，目前由于国际产业转移的影响，中国已经成为国际制造业发展的首选之地；国内各地区都准备发展现代制造业，但发展的思路不应当都一样。东部沿海地区应当以三大都市圈为中心，以自主创新特别是原始创新为引领，发展科技含量高的产业部门，以国际市场为引导，突出产业特色，提升制造业的层次，形成产业龙头。出口产业是其中的重要产业。中部地区应当把握发展的机遇，在传统制造业的现代化改造上下大工夫，发展钢铁、纺织、机械、化工等重化工业产业，并大力发展农产品加工业。以国内市场为导向，以业已形成的产业优势为基础，填补东部产业结构升级留下的发展空间，加快发展现代制造业。西部地区要以西部大开发契机，发挥区位和资源优势，集中精力，强力推进，重点支持有比较优势、有地方特色、有带动作用的产业的发展，形成若干个特色优势明显的产业群，实现资源优势向产业优势进而向经济优势的转化。东北地区要以改善营商环境为核心，加快老工业基地的技术改造和产业升级，重新回归国家现代制造业中心的位置。

（3）发展战略

产业规划中的发展战略，是指发展思路确定之后，选择什么样的发展途径。例如，选择发展现代制造业，面临的战略途径可能有若干选择，规划区域到底选择哪种途径，需要具体分析（见图7-2）。

以开发优势资源为基础发展上游产业的带动战略。对于具有丰富的发展产业所需的资源，通过开发这些优势资源能够形成优势产业的地区，形成自己的产业特色，是一个长期的发展方针。冶金、化工、建材、煤炭、电力、机械制造、陶瓷、食品加工等门类，都是可以选择的部门。

以技术开发和企业孵化为基础发展高新技术产业的带动战略。对于技术条件比较好的地区，发展技术含量较高的产业，对区域的产业结构升级有重大的带动意义。由于其相对技术含量高，市场竞争激烈，所以要求创新性强，科研成果转化、产品市场推广是关键，建立产业研发和孵化基地是进行市场竞争的必由之路。计算机等电子产业、微电子产业、生物制药产业、通信产品制造产业等，都属于此类。

以现有优势产品生产为基础发展主导产业的带动战略。在有些地区，已经形成了主导产业群，这类地区的产业发展，要求集中人力财力对现有产业进行重点建设，并促进主导产业的产业链的延长，以主导产业带动相关产业。

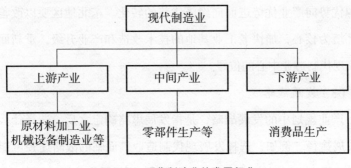

图 7-2　现代制造业的发展行业

7.5.2　重点发展领域选择

区域产业发展的重点领域选择，应当依据三个条件：

首先，根据地区的自然资源情况进行选择。如果一个地区具有某一种或几种优势的自然资源，就具备了发展某种资源产业的基本条件。依据优势资源发展的加工工业，基础牢固，潜力巨大，并且具有一定的比较优势，可以作为专业化的产业，将产品输出到区外。从资源综合利用的角度出发，要有一种主要的加工工业，同时还可以发展多种综合利用资源的工业，使产业的横向关联程度增加，带动一批产业发展起来。例如，中国依靠察尔汗盐湖的钾盐资源发展起来的格尔木市的钾肥工业，依靠攀西铁矿发展起来的攀枝花钢铁工业，依靠丰富煤炭资源发展起来的山西能源工业等等，都属此类。

其次，根据地区的市场情况来进行选择。目前市场的发展在世界许多地区都日渐成熟，各类专业或综合的批发与零售市场已遍布城乡。根据市场来选择发展产业，可根据本区和邻近地区的市场销售情况，选择出销售量居前几名的产品，根据本区的情况，经过技术、资金和资源等条件的对比，确定一到两种商品的生产作为将来本区的重点发展产业。由于市场本身是衡量产业发展的重要标志，产品在市场上销售情况如何，反映了产业生产的综合状况。从市场中选择出来的产业，一般都是产品有销路、有潜力的产业。

再次，通过产业扩张来进行选择。任何一个地区都有许多产业，但可能都没有达到形成支柱产业的要求，因而还不能确立为支柱产业。在这种情况下，可在现有的产业中进行重点培养，使之扩展为支柱产业。现有的产业部门在没有形成支柱产业前，产业范围较窄，市场需求较少，专业化生产有余而生产规模较小，产值比重低。在这种情况下，可以将这类产业作为增长极来培养，使之带动相邻近的产业门类的发展，从而形成一个大门类的支柱产业。例如，一个地区的包装印刷业十分发达，但由于该细分行业市场需求较少，产值比重上不去，不能成为支柱产业。产业扩张就是将包装印刷业扩张为整体的包装行业，发展那些与包装印刷业相关的包装材料生产和包装服务业等，形成一个完整的包装行业，成为当地的支柱产业。

这样，我们的选择标准是：a.已经形成一定产业规模并具有竞争优势的行业；b.有利于产业结构升级和传统产业提升的行业；c.具有资源比较优势的行业；d.产业关联度较高、易于形成产业链，有利于提高行业集中度和产业整体竞争力的行业；e.技术研发水平处于领先地位的行业。

7.5.3 产业布局

在区域的产业选择完成之后，我们规划关注的焦点是产业的布局问题。任何好的产业选择，都要落实到一定的地域空间，这样就必须制定合理的、科学的产业布局方案。

（1）产业布局指向

在产业发展机制共同作用下的产业布局，往往反映出对于某一类地域的倾向，我们将其称为产业布局指向。产业布局指向给出了一个产业布局的空间趋向。有些地区发展生产的条件比较优越，资源集中，环境承载力高，供电、供水及交通等基础设施均较好，这样的地区，可能对多种产业的布局来说，都是理想的地点。特别是这个地点如果能够集市场与原燃料地于一体，那么各类指向型企业都可能向此地集中。例如，一个大城市，本身就是一个巨大的市场，如果在它的周围有矿产和能源富集，又拥有发达的交通网络和大型的港口，那么它无疑将成为很多企业布局的理想之地。

但是，更多的情况是，一个地区的布局条件具有某些有利方面，也存在一些不利的或限制性因素。例如，一个大型水电站的周围地区拥有大量廉价电力这一有利的布局条件，那些对电力有特殊要求的、具有燃料动力指向的有色冶金、电化学等企业，可以在此布局。但这个地区可能还存在这样或那样的限制条件，如环境限制等。但只要不是不可克服的因素，我们往往倾向利用一个地区布局的最有利条件，这样可以使在此布局的企业获得的生产成本上的节约，超过克服不利条件带来的成本增加。

有些地区，限制性条件可能成为主要的制约因素。例如，某一地区的各类布局条件当中，水资源是最主要的限制条件，而克服这种限制条件，又不是一个企业短期内所能做到的。那么，那些耗水较高的企业，就很难在此布局。中国西北干旱地区在布局大型耗水工业时，就必须认真考虑这一因素。

规划产业在空间上的布局方案，应当依据产业的布局指向来制定。产业布局指向通常有以下几种类型：

能源指向。这类部门包括：火电站，铝、镁、铜等有色金属冶炼，电冶合金，稀有金属生产，合成橡胶以及石油化工等。另外，重型机械制造、水泥、玻璃、造纸业等在有些情况下也属于燃料、动力指向型产业。在这类部门中，燃料、动力的耗费在生产成本中占有很高的比重，一般在35%—60%。能源的供应量、价格和潜在的保证程度是决定布局的重要因素。

原料地指向。这类部门包括：采掘工业部门，以及原料用量大或可运性小的部门，如原料开采、化纤、人造树脂、塑料、水力发电、钢铁、建材、森林工业、机械制造（部分），以及轻纺工业的制糖、罐头、肉类加工、水产加工和茶业、棉花、毛皮等的粗加工业。原料地指向型产业大多是物耗高的产业部门，一般要考虑资源的数量、质量和开采的年限，还要考虑运输的能力等。

消费地指向。主要包括为当地消费服务的部门，以及产品易腐变质、不耐用、不易储存的部门。如重型机械、大型机械和特种机械的制造，建筑构件制造，面包、糖果以及各类副食品生产部门。布局的要点是考虑产品本身的特性、产品就近销售的比重以及消费地所能够提供的产业间的协作规模。第三产业的布局是消费区指向的。

劳动力指向。在这一类部门中，劳动力费用的支出在产品成本构成中占有很大的比重，超过其他费用项目的支出。如仪器制造、纺织、缝纫、制鞋、制药、塑料制品以及工艺美术品等。劳动密集型产业的布局，往往考虑地区劳动力的供应情况和工资水平等。

交通运输枢纽指向。交通运输枢纽兼有原、燃料地和消费地指向的优点。例如，在沿海港口区布局大型钢铁厂和石化厂，在机场附近建设临空经济区生产依赖快捷运输的产品，在公路和铁路枢纽地区布局综合工业园区等，都属于此类。对布局条件要求不甚严格的那些部门，其布局指向也将移向交通运输枢纽。另外，产品耐运性较强、运费在产品成本中所占比重很高的部门，也属于此列。

技术指向。高新技术产业，如电子计算机、生物工程、航天、机器、新材料、新能源等产业，要求运用最先进的科技成果，对研发能力较为重视，对劳动力素质要求较高，比较重视地区高等学校的数量和高水平研究机构的数量，因此多在科研单位和大学聚集区附近布局。

无差异指向。主要是那些布局指向不很明显的部门。其特点是各个地区基本上都具备发展条件，原料、燃料与制成品的运费大体相当，布局在任何一个地区，其经济效益和社会效益也基本相似。

产业布局规划要求明确产业分布的具体位置，以及主要企业的分布位置，并且在规划图上具体标出来。

（2）产业布局指向的新变化

产业区位选择是从微观的角度考虑布局问题，是从一个行业的角度来考虑布局问题。产业布局指向的变化与企业区位选择的变化是相互关联的。

传统的产业布局主要是对物质产品生产部门的布局，而现代的产业布局则增加了对知识产品生产部门的布局，因此其布局指向发生了很大变化。主要表现在无指向性产业增多和聚集型布局指向的出现。

所谓无指向性产业即产业布局的指向不明显，许多地区都具备该产业的发展条件，并且原料和成品的运输费用也大致相等，或者是使用大量的半制成品为原材料，其市场遍布各地。由于距离因素对区位选择的影响减弱，新材料和新能源广泛使用，许多高新技术产业的原料是广布原料，产品是在全世界销售，劳动力也是可以流动的，因此，传统的指向性减弱。网络业和电子商业等在内的信息技术革命将决定全球未来的发展方向，整个世界被网络连接为一个整体，信息高速公路使世界的距离缩短，计算机和网络技术正以惊人的速度改变着商业世界。例如，网上商店面对的是全世界的网络用户，电子商务中的虚拟市场更是改变了传统的布局观，虚拟市场是一个边界模糊的虚拟空间，既可以重叠在地理实体空间之上，也可以完全游离于地理空间之外，是一个非常广阔的空间。所以，距离、劳动力等因素对布局的影响在改变，无指向性的产业增多。产业布局指向的新变化主要有以下四个方面。

第一，企业的规模技术特征引起的产业布局指向的变化。企业规模之所以对产业布局的指向性产生影响，是因为不同规模的企业一般采用不同的生产技术、组织管理模式，而这些改变了企业布局的指向性。

第二，企业所有权状况引起的产业布局指向的变化。企业的所有权状况也会影响企业布局的指向性。企业为了达到扩大生产、增加盈利的目的，会充分发挥其所有权优势，并不断寻求发挥这种优势的外部环境条件，迫使企业指向具有这些条件的地方。

第三，科学技术发展引起的产业布局指向的变化。科技因素决定了企业的技术特性和规模特性，同时，科技技术进步，使这些特性处于不断变化的过程之中。由于科技因素在产品形成中的作用日益明显，企业的布局指向也就随着科技的进步而不断改变。

第四，市场竞争引起的产业布局指向的变化。市场竞争对企业布局的影响很复杂。在产品无差异的情况下，竞争将使布局在空间上趋向聚集，而在产品有差异的情况下，竞争将使布局在空间上趋向分散，以便更有效地利用资源和市场条件。

参考文献：

[1] 中国人民大学区域经济所.产业布局学原理.北京：中国人民大学出版社，1997.

[2] 刘再兴主编.中国区域经济——数量分析与对比研究.北京：中国物价出版社，1993.

[3] 程选主编.我国地区比较优势研究.北京：中国计划出版社，2001.

[4] 中国社会科学院工业经济所.中国工业发展报告.北京：经济管理出版社，

2001.

[5] 孙久文,叶裕民.区域经济学教程.北京:中国人民大学出版社,2003.

[6] 魏后凯.21世纪中西部工业发展战略.郑州:河南人民出版社,2000.

[7] 肖金成,黄征学.未来20年中国区域发展新战略.财经智库,2017,2(5):41-67.

[8] 陈耀.国家级区域规划及区域经济新格局.中国发展观察,2010(3):13-15.

[9] 白永秀,王颂吉.丝绸之路经济带的纵深背景与地缘战略.改革,2014(3):64-73.

[10] 孙久文.中国区域经济发展报告.北京:中国人民大学出版社,2013.

[11] 孙久文,李恒森.我国区域经济演进轨迹及其总体趋势.改革,2017(7):18-29.

[12] 李广东,方创琳.中国区域经济增长差异研究进展与展望.地理科学进展,2013,32(7):1102-1112.

[13] 陆大道,刘卫东.论我国区域发展与区域政策的地学基础.地理科学,2000(6):487-493.

[14] 陈东琪,邹德文.共和国经济60年.北京:人民出版社,2009.

[15] 魏后凯.改革开放30年中国区域经济的变迁.经济学动态,2008(5):9-16.

[16] 张可云.区域经济政策.北京:商务印书馆,2005.

第8章 城镇体系规划

区域规划当中的区域城镇体系规划，是指在规划区域范围内，按照经济社会发展的要求，规划设计联系密切的一组城镇群，它们具有不同的等级、不同的规模、不同的职能，在布局上有一定的规律可循，是区域规划中重要的、不可或缺的内容。

区域城镇体系由两部分组成：一是行政区的城镇体系，二是跨行政区的城镇体系，包括城市群和都市圈的城镇体系。

8.1 区域城镇体系的特征和形成条件

城镇体系是区域规划中空间规划的核心内容之一，需要在规划中进行系统的设计。区域城镇体系的特征有：关联与聚集性、整体与层次性、动态与变化性。一个区域的城镇体系的形成，首先取决于当地的区位条件；规划区域的地形、地貌等自然条件，对形成有区域特色的城镇体系十分重要；城镇体系的形成与规划区域的人口密切相关，人口的多少决定了城市群式都市圈的大小；区域经济发展的条件，是区域城市化道路的决定因素，也是城镇体系形成的决定因素；城镇体系的形成有还赖于规划区域的基础设施条件。

城镇体系规划仍然要遵循一贯的程序，就是首先确定发展的战略和指导思想。城镇体系规划的战略目标由两个部分构成：城市化水平目标和城镇环境目标。规划的发展策略是：a.按照区域发展的模式来培育城镇体系；b.培育支柱产业及发展新的经济增长点来支撑城镇体系；c.加快特色产业的发展来完善城镇体系发展；d.多渠道吸引资金加快城镇体系发展。

城镇体系规模结构是指规划区域内不同规模的城镇组成的等级构成，从大到小依次为超大城市、特大城市、大城市、中等城市、小城市和建制镇等。城镇体系的规模结构在理论上可以划分为三类：顺序－规模分布法则、城市首位律和城市金字塔模型。

城镇体系职能结构是指区域内各城市的职能构成及其在区域发展中所起到的作用。城镇职能是城镇的经济、社会和文化等因素的集合，由于要素的不同组合，形成城镇为区域服务的职能特点，包括在工业、商业、交通通信、文化教育、科研、行政和旅游等方面的作用。合理的城镇体系，应当是各类职能的城镇的合理组合。在中国各区域中，城镇职能包括：(1)综合性中心城市、(2)工业－矿业城市、(3)交通－工业城市、(4)工业－商贸型城市、(5)农业－商贸型城市、(6)旅游城市、(7)边境口岸贸易城市。城镇体系职能结构规划是与各城市产业结构规划相联系的。规划的原则是发挥综合中心型大城市的区域极核作用，带动次级中心城市发展，辐射中小城市和小城镇；注意发挥各类城市的产业优势，强化主导产业对相关产业群的带动作用，实现城市专业功能作用区域化以及国际化。

8.1.1 区域城镇体系的特征

城镇是区域发展的基本要素。城镇体系是区域规划中空间规划的核心内容之一，需要在规划中进行系统的设计。我们从区域规划的角度认识的区域城镇体系的特征有：

（1）关联与聚集性

城镇体系的关联与聚集的特性，是指城镇之间职能分工上的相互关联。任何一个经济区域内部的各城镇之间，都依据区域不同的经济内容，有着合理的分工和密切的经济社会联系，每个城镇都有自己作为主导或支柱的产业部门，通过社会分工与其他城镇建立密切的经济联系。关联性是城镇体系最主要的特性之一。

城镇的聚集性是城镇体系在布局上的特点，指城镇在地域空间上的相互关系。其中跨行政区的城镇体系当中涵盖了城镇群、城市带和都市圈等城镇的聚集形式。城市群是由若干个在地域上相互接近的同类城市发展与聚集所形成的，一般地域面积都较大，如京津冀城市群、山东半岛城市群、辽中南城市群等；城市带是指若干城市沿一条带状的交通线分布的聚集形式，一般在空间上延续很长但相对较狭窄，如济南－青岛城市带、郑州－洛阳－西安城市带等，目前城市带还没有成为中国城镇布局中一种公认的形式；都市圈是城市聚集的高级形式，是以一个大型城市为中心、以 1 小时通勤圈为基本范围的城镇化空间形态，在中国的经济发展中起着增长中心的作用。

（2）整体与层次性

城镇体系是由城镇、交通网络和基本区域构成的统一整体，各个城镇之间由发达的交通通信网络进行联结。我们可以用框图来表示城镇体系的系统构成（见图8-1）：

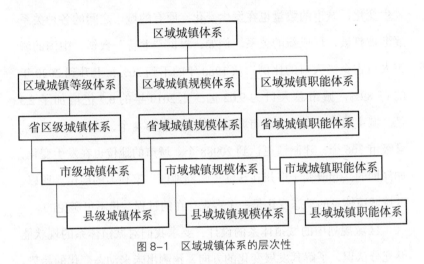

图8-1　区域城镇体系的层次性

城镇体系形成之后，每一个城镇、每一条交通通信线路都构成城镇体系中的有机组成部分，形成一个整体，这是城镇体系的整体特性。

城镇体系的层次性是系统性的具体化，包括区域行政层次、城市规模层次和城市职能层次三个方面。行政层次由规划区域的行政级别构成，通过行政管理的机构，规范层级的内容，包括不同级别城市的数量结构；规模层次是指大中小城市的规模构成，包括不同规模城市的数量结构；职能层次是指两类城市的数量构成，即综合性城市和单一职能城市。

（3）动态与变化性

区域城镇体系是一个动态变化的系统，是在不断发生变化的系统。由于城市化速度的加快、城市人口的增加，城市本身的规模在发生变化，城市的数量也在发生变化，原有的城市之间的各种关系逐渐被打破，形成新的关系。例如，根据"七普"数据，中国的城市人口占全国人口的比例，从1980年的不到20%，上升到2020年的63.89%，城市总人口为9.02亿，比2010年的6.7亿增加了2.3亿。城市数量为663个设市城市，其中直辖市4个，地级市293个，县级市366个，建制镇更达到20988个。城市的地位也在发生变化，如深圳的兴起改变了广州在珠江三角洲地区一家独大的地位。所以，区域城镇体系的动态变化是一个客观存在的过程，是不可避免的。

区域规划中的城镇体系的设计，要求我们对城镇体系的现状能够充分认识，了解其发展变化的方向，预测出未来动态变化的趋势。当然，规划本身对城镇体系的变化也具有引导和取向性的作用，即在认识到城镇体系的发展大趋势后，采取一定的措施，加快发展的速度。

8.1.2　区域城镇体系的形成条件

（1）区位条件

一个区域的城镇体系的形成，首先取决于当地的区位条件。决定城镇体系的区位条件与决定企业选择的区位条件所不同的是：决定企业选择的区位条件关键是经济地理位置，而运输是其中的主导要素；决定城镇体系的区位条件除了经济地理位置外，还有该区域的面积和区域的海陆位置。

例如，中原城市群与粤港澳大湾区城市群在形态、职能结构和分布特征上都有很大的不同，中原城市群面积大，呈菱形，平铺在中原大地；粤港澳大湾区城市群被珠江三角洲的面积所限制，呈以海岸为底边的三角形。

（2）自然条件

规划区域的地形、地貌等自然条件，对形成有区域特色的城镇体系十分重要。大的中心城市及其城镇体系一般是形成于平原地区、大江大河的河口三角洲等地势平坦、开阔的地域；以中等城市为主体的城镇体系更容易在丘陵、盆地地区形成；高原地区的城镇体系常常表现得十分松散，并且分布范围很大。

海洋和海岸的形态对临海地区的城镇体系影响很大。如中国的海南省，所辖海域面积约200万平方公里，占中国海域面积的2/3，并有西沙、中沙、南沙等三大群岛在内的大小岛礁600多个。海南本岛1528公里的海岸线上有1.5万公顷港湾，共有大小港湾68处，水深200米以内的大陆架渔场面积6.56万平方公里，可供人工养殖的浅海、滩涂面积约2.5万多公顷。这种条件使海南的城市基本上都是在环岛的海岸地带分布的，形成独特的城镇体系。

（3）人口条件

城镇体系的形成与规划区域的人口密切相关。其基本关系是：人口→城市→城镇体系。人口数量决定城市数量和城市规模，城市规模和个数决定城镇体系的形态。更进一步分析，人口的分布特点决定城市数量和城市规模，也决定城镇体系的形态。例如，青海省72万平方公里仅分布550多万人，这就决定了其以中小城市和小城镇为主的城镇体系形态。浙江省10万平方公里分布有4000多万人口，人口密集使城市分布也十分密集，大、中、小城市协调发展对当地的城镇体系建设就十分重要，其城镇体系形成以杭州、宁波和温州三个大都市圈为中心的形态。再如，安徽省与江苏省的人口分布都很密集，但江苏城市人口比重大，城市发达、规模大，城镇体系完善；相对来讲，安徽城市人口比重较小，以大城市为中心的区域（如合肥、芜湖等）和农村占优势的区域并存，城镇体系仍处在完善之中。

（4）经济发展条件

区域经济发展的条件，是区域城市化道路的决定因素，也是城镇体系形成的决定因素。有什么样的产业结构，就有什么样的城镇体系。我们知道，形成现代城市的决定性原因是第二、第三产业的发展，而这些产业中的部门特点和构成部门的企业特点都不尽相同，以这些产业和企业为基础的城市形态和城镇体系当然也不同。

例如，海南省的经济特点是农业资源优势逐渐转化为热带高效农业的产业优势，旅游业发展迅速，已成为海南经济的支柱产业。这种经济特征的微观基础——企业，其规模都不大，需要的城市支持也不是很大，所以，该区域的城镇体系是中小城市主导型的。辽宁省是中国的重工业基地，钢铁、煤炭、化工、机械等企业规模都很大，有的一个企业的职工和家属就有十几万或几十万人，需要的城市支持也必定很大。辽宁目前百万人以上的大城市有沈阳、大连、鞍山、抚顺等，并有五六个接近百万人口门槛的大城市。

（5）基础设施条件

城镇体系的形成有还赖于规划区域的基础设施条件。其中铁路、公路、港口、航空和邮电通信、能源供应、水资源供应等对城镇体系的影响最大。一般来讲，大城市的基础设施条件都要好些，而且城市的规模与城市的基础设施条件有一个互相适应、不断调整和发展的过程。

城镇体系本身是一个网络形态的体系，城市本身是节点，运输与通信线路是线，区域是域面。从区域规划的角度来说，要规划每一个城镇，也要规划城镇之间的连接线。加强城镇体系内部各城镇之间的联系，要加大运网的投资。一个成熟的城镇体系，除了传统的运输线路外，还应当有发达的高速公路网和快速铁路网，并使城际联系如同城内联系一样便捷。能源和水资源问题的解决，更适合从大的区域出发，从一个完整的城镇体系出发，这样比单个城市的解决方案更经济、更能发挥效益。

8.2 城市化发展战略

区域规划中的城镇体系规划，首先要确定发展的战略和指导思想。

8.2.1 战略思想

结合目前国家经济发展的宏观背景，城镇体系规划的战略思想的确定，应当从以下几点出发：

第一，从加快城市化进程出发确立战略思想。城市化进程作为社会发展的必然趋势，有利于转移农村人口和优化城乡经济结构，为经济发展提供广阔的市场和持久的动力。要紧紧围绕经济社会发展的战略目标，不失时机地加快城市化进程。要逐步改变城市和乡村社会的二元经济格局，缩小城乡间的差距，实现城乡区域协调发展。要让城镇更好地为农业产业化发展服务，乡村居民点实行集约化建设，使其同样享受到 21 世纪现代物质文化设施服务。这将使城乡产业结构全面重组改造，降低城乡经济运作的各项成本，真正实现城乡的统筹发展。

第二，从推动经济发展和社会进步出发确立战略思想。根据各地区区位条件、资源特点、产业结构和发展潜力，合理确定城镇布局和功能定位；加速发展中心城市，扩大规模，形成对经济社会发展强有力的辐射、带动和聚集作用；在这个前提下确立的发展战略，要大力发展规划合理、规模适度、功能完善、环境优美、具有聚集人口和繁荣经济作用的各类城市，高起点规划、高标准建设和高水平管理好城市。

第三，从加强中心城市作用出发确立战略思想。中心城市对区域经济的带动作用目前已经被区域的经济发展所证明。提高规模效应和"极核"作用，积极培育能够发挥区域性枢纽作用和产业优势的中心城市，应当是城镇体系规划的中心任务之一。在加强中心城市作用的同时，还要加强小城市及小城镇的建设，使其成为各区域经济的中心，带动城、镇、乡村社会经济全面发展。要集约发展小城镇，提高城镇质量，扩大第二、第三产业规模，吸纳农业剩余劳动力在小城镇就业，吸引乡镇企业向小城镇聚集，规模经营，从而适应农业集约化经营和乡镇企业实现现代化的需要。

第四，从区域协作和区域统筹出发确立战略思想。规划区域的城镇体系建设，要依据当地的资源优势和区位条件，与周围区域形成合理的分工协作关系，统筹大区域的市场和科技创新力量，将各项产业的发展与国内外市场需求紧密结合，提高自己的市场竞争力，大力发展外向型经济。

总之，城镇体系规划是希望建设一个环境优美、经济发达、科技领先的城镇体系；要求达到环境质量高、基础设施质量高、城镇生活质量高的特色，形成城镇布局合理、职能分工明确、结构有序、协调发展的城镇体系。

8.2.2 战略目标

城镇体系规划的战略目标由两个部分构成：

（1）城市化水平目标

近期目标。五年为限，城市化水平以本区域现有的水平为基准，以全国平均水平为比照标准。城市化水平的目标是与城市的发展紧密结合在一起的，近期目标的实现，要求规划区域加速第二、第三产业聚集发展，增加第二、第三产业就业岗位；加速农业产业化发展，分离出的第二、第三产业及农业剩余劳动力向小城镇聚集，加速城市化发展。

中期目标。十年为限，城市化水平以全国平均水平为比照标准。

例如，中国在 2010 年城镇人口为 66978 万，城市化水平为 50%，与当时世界平均城市化水平 50.52% 基本持平；到 2020 年，中国城市化水平为 63.89%，比上中等收入国家 2011 年的平均水平 59.75% 高4.14 个百分点，城市化水平年均增长一个百分点。未来 10 年，中国城市化水平将持续提升，到 2030 年达到 70%。

远期目标。十五到二十年为限，城市化水平以国际先进水平为比照标准。在未来二十年间，中国要积极促进城市化加速发展，使城市化水平年均增加 0.7—1 个百分点，2020—2035 年城市化水平从 60% 多提高到 75% 左右，达到发达国家的城市化一般水平。

（2）城镇发展目标

城镇发展目标由以下四个方面构成：

人居环境目标。即各项发展以保护自然环境为基础，与环境的承载能力相协调；城镇每户居民拥有功能比较齐全的住宅，供水、能源、交通、环保等住区的基础设施比较完善；城镇空闲土地全部种花种草，农村住区环境清洁、优美，实现城乡的绿化、美化和净化；形成布局合理、生态景观和谐优美的人居环境。

经济发展目标。即城市的生产和消费的目标：提高资源的再生和综合利用水平，建立发达的城市产业体系，提高主要城市的主导产业在区域经济中的比重。农业基本实现产业化，工业实现现代化，第三产业成为城市经济的重要支柱，建立以可持续发展为特征的新的生产结构和运行机制。

社会发展目标。主要指采取行政、立法、经济、科技等手段，促使城镇社会的发展和现代化。全社会形成自觉的发展意识和现代化的价值观,使生活质量、国民健康与社会进步、经济发展相适应;在物质生产和社会生活中,形成一种新观念、新经济、新秩序和新文化的创造过程。

城镇环境质量目标。主要是与城市环境质量有关的一些指标构成的目标体系,包括主要城市空气质量标准、主要城镇噪声达标率标准、使用清洁能源标准、城市用水质量标准、解决城市生活垃圾(无害化处理率)标准、城市污水和机动车尾气治理标准等。

8.2.3 发展途径

城镇体系规划的实现途径与区域经济发展的途径基本上是一致的,在具体的操作过程中,需要确立一些基本原则。

第一,按照区域发展的模式来培育城镇体系。根据规划区域的经济特色和大环境的要求,主要城镇按网络、点轴或是多中心极核发展,在发展模式上要与所在的区域相一致。例如,首都圈地区、长江三角洲地区和珠江三角洲地区基本上是网络发展的模式,山东、海南、河南等地区基本上是点轴发展的模式,西部人口较少的省区基本是增长极的模式。规划的区域位于哪个区域,就要按照该区域的模式去发展城镇体系。

第二,通过培育支柱产业及发展新的经济增长点来支撑城镇体系。培育城市支柱产业及新的经济增长点,实现传统产业向现代制造业和高科技产业的转化,是完善城镇体系建设的物质基础。要创造进入知识经济的条件,发展利用本地资源、科技含量高的现代制造工业,利用现代技术、生态工程逐步改造传统工业,引入具有强大市场竞争力的高科技产业，支撑城镇体系发展。

第三，通过加快特色产业的发展来完善城镇体系。小城市和小城镇的发展，需要特色产业的支撑。要依据不同区域，选择真正具有优势的特色产业。农业区域的小城市和小城镇的发展，要加速农业产业化发展，提高特色农业的产品附加值。旅游区域的小城市和小城镇的发展，要加强旅游及其相关产业建设，加强区际旅游网络接待体系建设。在旅游区城镇要配置完善城镇旅游服务相关产业，提高旅游产业综合效益。沿海地区的小城市和小城镇的发展，要发展海洋产业，建设具有海洋经济特色的沿海城市。资源开发区域的小城市和小城镇的发展，要结合区域资源的开发情况，建设具有资源经济特色的矿业城镇。

第四，多渠道吸引资金加快城镇体系发展。要抓住经济全球化中产业梯度转移和国内市场竞争的机遇，多渠道吸引资金用于城镇体系建设。城市建设的资金来源是多方面的，有国家投资、城市资源开发、企事业单位投资、社会个人集资，以及利用银行贷款进行建设等。其中土地资源是城市建设的重要资金来源，应当认真用好，为此必须进一步改善投资环境，在政策、法规、制度、基础设施条件等多方面提高城市的吸引力。但是，城市土地开发要适度，要有可持续发展的观念，开发速度不应当太快，政府手中要掌握一定的后备土地，本届政府要为后面的政府留有一定的发展空间。

8.2.4　人口发展与城市化水平预测

区域城镇体系的具体设计，是在对发展条件进行分析之后，以规划区域的人口发展和城市化水平预测为中心开始着手进行。

（1）人口预测

a. 劳动平衡法。

户籍人口预测。预测公式如下：

$$P = P_1 / 1 - (\beta + \gamma) \qquad (8.1)$$

式中，P 表示规划期末城镇人口规模，P_1 表示规划期末基本人口，β 表示服务人口的百分比，γ 表示被抚养人口的百分比。

指标的选取及参数的计算：基本人口是指从事第一产业和第二产业的职工人数。首先要统计规划区社会从业人员的总数，然后分析其结构，即第一产业从业人数、第二产业（包括工业和建筑业）从业人数和第三产业从业人数的比例。从发展趋势来看，第一产业从业人数呈现逐年下降的趋势，尤其是随着中国经济发展和科技水平的提高，农业劳动生产力也将提高，第一产业从业人数减少不可避免。工业从业人数增长是目前阶段必然出现的情况，农业劳动力转出之后，将有相当一部分加入到工业，特别是地方性的工业中去；建筑业从业人数增长也是比较合理的；第三产业人口的比重应当有比较大的增加。

流动人口预测。首先要统计目前规划区流动人口的数量，然后计算 GDP 年均增长率及其与流动人口的相关关系，并对规划区域未来的 GDP 增长率进行预测，最后根据两者之间的相关关系预测未来流动人口的规模。

b. 平均增长率法。

户籍人口预测。平均增长率是根据规划区域人口发展特点确定的人口增长率的平均数，以此作为规划区域人口的增长速度。预测公式如下：

$$P = P_1 \left(1+r\right)^n \tag{8.2}$$

式中，P 表示规划期末人口，P_1 表示规划期初人口，r 表示规划区域年均人口增长率，n 表示规划年限；$r = \sum_{n=1}^{8} r_n / 8$，$r_1$—$r_8$ 分别是选取的八个镇的人口增长率。

一般来讲，规划区域中心城区的城市化水平高于周边各县，尤其是各自城关镇的城市化水平相对要高。要选取历史资料来分析其增长的趋势，年度的选取可以多些。根据这些年度数据可以计算出各中心城镇的年均增长率，然后将取平均，得出规划区域城区人口的年均增长率，然后预测规划年的人口。

流动人口预测。首先要统计目前规划区各中心城镇的流动人口的数量，计算出 GDP 年均增长率与各中心城镇流动人口的相关关系，最后根据 GDP 和各中心城镇流动人口的关系预测未来规划区域各中心城镇流动人口分别的数量。将各中心城镇的流动人口的数量加总，就是规划区域流动人口的总数。

c. 时间序列法。

预测公式如下：

$$Y = Y_0 \left(1+X\right)^N \tag{8.3}$$

其中，Y 表示预测期总人口，Y_0 表示基期总人口，X 表示从基期到预测期年均人口增长率，N 表示从基期到预测期年数。

下面给出求 X 的公式：

$$X = \frac{\sum\limits_{I=1}^{n} N_I X_I}{\sum\limits_{I=1}^{n} N_I} \qquad (8.4)$$

根据规划地区历史时期的人口增长情况，计算出规划区域的人口自然增长率，然后计算出预测年的规划区域的总人口。需要注意中心城区中心地位的强化和整个规划区域经济的发展，尤其是暂住人口的增加，并对根据人口自然增长率预测的人口数进行调整。

（2）城市化水平预测

对规划区域的城市化水平进行预测，包括以下几方面内容：

城市化的概念。城市化是一个复杂的社会经济动态演变过程。从主要特征看，城市化是人口非农业活动在规模不同的城市和建制镇地域环境集中的过程和非城镇景观转化为城镇景观的过程；从社会学角度看，城市化是农村社区向城镇社区转化中人的行为方式和生活方式变化的过程和结果；从人口学角度看，城市化是在社会经济发展过程中人口不断向城镇地区迁移集中的过程。总之，城市化是人口结构、产业结构、生产方式、生活方式转换升级的过程。

城市化速度。国内外城市化发展的大量历史数据表明，在城市化水平达到 50% 以前，每年平均增长 0.5 个百分点，是城市化的正常速度。中国在 1988—1998 年的十年间，城市化年均增长速度为 0.46 个百分点；2000—2019 年间，大体上保持在 1 个百分点。

如图 8-2，按照诺瑟姆曲线，城市化水平到 70% 左右就会进入停滞阶段或者是缓慢增长阶段。当然，诺瑟姆曲线仅仅是统计描述，并不具有规律性。

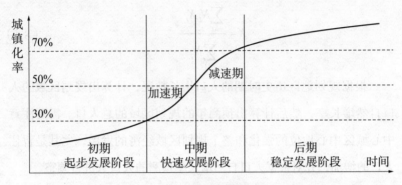

图 8-2　诺瑟姆曲线

　　城市化水平统计口径。城市化水平常以城镇人口占总人口的比重来表示。市人口统计口径为设区的市的区人口和不设区的市所辖的街道人口；镇人口统计口径为不设区的市所辖镇的居民委员会人口和县辖镇的居民委员会人口。因此，城镇人口为居住在城镇建成区内的总人口。

　　预测方法及结果选择。城镇体系规划研究和预测规划区域范围的城市化水平，主要研究区域社会经济发展水平下的城镇人口发展总规模水平，为整个地域的经济发展和城镇建设布局提供依据。根据对规划区域社会经济发展规划的研究及城镇发展态势分析，结合定性和定量分析模型计算，可以选择城市化水平增长率趋势预测模型法、回归优选模型法、灰色预测模型法、劳动力弹性系数（城市化与经济发展关系）模型法、逻辑斯缔趋势预测模型法、综合比较法等进行城市化水平预测。

城市化预测取值。预测的方案可能有好几个，需要比较其优劣。需要进行预测情况的综合比较分析，参考国内平均水平、其他地区城市化的水平和国际先进水平来最后确定。例如，假设某县 2020 年城市化水平为 25.96%，随着经济的加速发展，城市化水平也将迅速提高，今后五年城市化水平每年要增长 1—2 个百分点。因此分三种情况进行推测，分别是城市化水平每年提高 1、1.5、2 个百分点。根据以上三个速度进行推测，得到 2025 年的城市化水平分别为 31%、33% 和 36%，再将以上三个数据平均，得到 33.3%，就是该县 2025 年的城市化水平。当然，我们也要考虑特殊情况的影响。例如，某县 2015 年有 20 万人，县城人口只有 3 万，城市化水平为 15%。但在 2015—2020 年易地扶贫搬迁中，4 万人搬到县城，城市化率一下子增加到 34%。计划在 2020—2025 年再搬迁 4 万人，届时城市化率将达到 55%。

8.3　城镇体系规划

区域的城镇体系规划方案包括等级规模结构规划、职能结构规划、城镇布局规划和城镇土地利用限制性规划等。

8.3.1　区域城镇体系规划的基本内容

区域城镇体系规划内容主要包含以下几个方面：

第一，城镇体系发展条件分析。包括对规划区城镇发展的资源条件、城镇体系发展的社会经济条件的分析。

第二，城镇体系发展现状分析。包括规划区域开发建设简史、各城镇的发展、行政区划的变化、城镇现状概况、分市县的城镇现状、城镇体系发育过程中呈现出的特点与不足、城市建设与布局中存在的问题。

第三，城镇体系发展战略。包括规划区域城镇体系发展的宏观政策环境、国际经济环境、国内经济环境、城镇体系发展战略的指导思想、城镇体系发展的总体目标，包括城市化水平目标、生态环境目标、经济发展目标、城镇用地目标、城镇发展布局目标、城镇基础设施和社会服务设施建设目标。

第四，城镇化水平预测。包括规划区域城镇化水平预测的背景依据、总人口发展预测、城镇化水平预测、城镇化水平规划方案、规划方案的可行性分析。

第五，城镇体系等级结构规划。包括规划区域城镇体系等级现状、城镇等级结构的特点、城镇等级规模结构形成的原因、城镇体系等级结构规划。

第六，城镇体系职能结构规划。包括规划区域城镇的类型、城镇体系职能结构规划方案。城镇类型包括综合型城市、交通港口城市、工矿型城镇、加工－商贸型城市、旅游城市。

第七，城镇体系布局规划。包括规划区域城镇体系布局现状、城镇体系布局的影响因素、城镇体系布局规划的主导思想、城镇体系布局规划方案。

第八，城镇土地利用总量平衡结构规划。包括规划区域土地资源利用结构、建设用地现状、土地利用总体规划的城镇用地控制指标、城镇土地利用总量平衡结构规划。

第九，城镇区域基础设施总体布局规划。包括规划区域交通基础设施布局规划、通信与信息网设施建设布局规划、能源基础设施布局规划、水利和城市供水设施建设规划、环境保护设施建设规划、城市灾害预防设施规划、社会服务设施建设布局规划。

第十，实施城镇体系规划的有关政策措施。

8.3.2 城镇体系等级规模结构规划

城镇体系等级规模结构是指规划区域内不同规模的城镇组成的等级构成，从大到小依次为超大城市、特大城市、大城市、中等城市、小城市和建制镇等。

（1）城镇体系等级规模结构理论模型

城镇体系的等级规模结构在理论上可以划分为三类：顺序－规模分布法则、城市首位律和城市金字塔模型。

顺序－规模分布法则。顺序－规模分布型城镇体系是指在城镇体系中，城镇的数量随着城镇规模的增加而减少。顺序－规模分布的统计模式表达为

$$RP^q = K \qquad (8.6)$$

其中，R 为按人口规模排列的城市顺序，P 为城市规模（万人），q、K 为常数。

当 $q = 1$ 时，公式转化为

$$RP = K = P_1 \qquad (8.7)$$

式中，P_1 为最大城市的人口规模。

按照顺序－规模分布模型，在最典型的城镇体系中，城镇的规模顺序与人口规模的乘积是一个常数。一般而言，只要城镇体系符合城镇的数量随着城镇规模的增加而减少这一基本要求，就可以认为该城镇体系属于顺序－规模分布型。

在顺序－规模型分布的城镇体系中，最大城市通常具有重要的意义。一般而言，如果最大城市规模大，在全国城市体系中处于较高的地位，那么这个城镇体系发展水平一般也比较高。

城市首位律。城市首位律是马克·杰斐逊（M. Jefferson）在1939 年对国家城市规模分布规律的一种概括。他提出这一法则是基于观察到的一种普遍存在的现象，即一个国家的"首位城市"总要比这个国家的第二位城市大得异乎寻常。不仅如此，这个城市还体现了整个国家和民族的智慧与情感，在国家中发挥着异乎寻常的作用。他把这种在规模上与第二位城市保持巨大差距，吸引全国城市人口的很大部分，在国家政治、经济、社会、文化生活中占据明显优势的城市定义为首位城市。杰斐逊认为，一个国家在它的城市发展早期，无论由于什么原因而产生的一个规模最大的城市，都有着一种强大的自身继续发展的动力，它作为经济机会的中心而出现，把有力量的个人和活动吸引到这里，逐渐变成一个国家、一个民族的象征，在很多情况下，就成为首都。对于一个区域来说，首位城市的作用也同样十分明显，一般都会成为这个地区的政治、经济、社会、文化中心。

城市金字塔模型。城市金字塔模型是指把一个国家或者地区的城市按照大小分成等级，就有一种普遍存在的规律性现象，即城市规模越大的等级，城市的数量越少，而城市规模越小的等级，城市数量越多。把这种城市数量随着规模等级而变动的关系用图表示出来，就形成城市规模等级金字塔（见图8-3）。

例如，按照中国的城市分类，1999年建制镇为20000多个，20万人口以下的小城市为365个，20万—50万人口的中等城市为216个，50万—100万人口的大城市为49个，100万人口以上的特大城市和200万人口以上的超大城市共为37个。这个城市金字塔模型从上到下为：1：1.32：5.84：9.86：540。

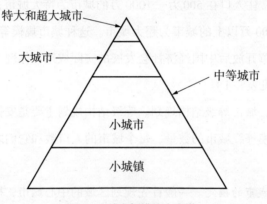

图8-3　城市规模的金字塔

（2）城镇等级规模结构规划

第一，城市规模分级。中国原来的城市规模分级标准是1984年提出来的，规定小城镇在5万人以下，5万—20万人为小城市，20万—50万人为中等城市，50万—100万人为大城市，超过100万人为特大城市，也有人把200万人以上的城市称为超大城市。这种划分在城市化的历史发展过程中曾起到过重要的作用，但是随着世界经济一体化的加快发展以及中国加入世贸组织的完成，原来的城市规模划分存在的问题日益凸现。目前，国家建设部已经颁布了新的城市规模标准。2014年11月，建设部《关于调整城市规划分标准的通知》明确提出的城市规模划分标准将城市划分为五类七档：城区常住人口在50万以下的城市为小城市，其中20万—50万的为Ⅰ型小城市，20万以下的为Ⅱ型小城市；城区常住人口在50万—100万的城市为中等城市；城区常住人口在100万—500万的城市为大城市，其中300万—500万的为Ⅰ型大城市，100万—300万的为Ⅱ型大城市；城区常住人口在500万—1000万的城市为特大城市；城区常住人口在1000万以上的城市为超大城市。这种城市规模等级的调整，体现了改革开放后中国经济社会发展的实际成果，体现了时代性和科学性（见表8-1）。

第二，城市等级结构规划。等级结构规划主要是安排规划区域的不同规模等级城市的数量、每个城市的人口数和它们之间的等级关系。

中心城市的确定。一般首先规划区域的中心城市，按国内一般大中小城市运行效益比较，其中大城市运行效益最高，具有典型的规模经济效益递增特点，所以确定哪座城市作为中心城市，是第一步的工作。例如，海南省的城镇体系规划，首先把海口市作为中心城市来对待。在规划期内，将琼山并入海口市，作为"大海口市"城市组团进行规划，合并统计的"大海口市"，2020年其GDP达到1792亿元，人口达到287.34万。

大、中城市规划。巩固区域内的中等城市，并将其中条件好、

表 8-1　新旧城市规模划分标准对照表

划分标准	共同点	不同点		
		空间口径	人口口径	分级标准
新标准（2014年）	对城市的界定的一致，包括设区城市和不设区城市（县级市）设区城市由所有市辖区行政范围构成，县级市政范围即自身行政范围	城区，即城市行政范围内实际建成区所涉及的村级行政单元	城区（常住）人口，即居住在城区内半年以上的常住人口	五类七档： >1000万（超大城市） 500万—1000万（特大城市） 300万—500万（Ⅰ型大城市） 100万—300万（Ⅱ型大城市） 50万—100万（中等城市） 20万—50万（Ⅰ型小城市） <20万（Ⅱ型小城市）
旧标准（1984年）		市区，即全部城市行政范围	市区非农业（户籍）人口，即市区内具有非农业户籍的户籍人口	四级： >100万（特大城市） 50万—100万（大城市） 20万—50万（中等城市） <20万（小城市）

资料来源："百度百科"：城市规模划分标准。

发展快的中等城市在规划期内发展为大城市，促进区域内的小城市加快发展为中等城市，增加中等城市的数量。对于处于城镇体系发育初期的地区，各片区中心城市的实力较弱，对周边地区带动作用较小。加快各片区中等城市的形成，可以带动各片区的经济加快发展。例如，海南省的城镇体系规划，规划期内首先促进琼南、东、西各片区中心的三亚市、琼海市、儋州市加快发展成为中等城市，陆续扶持东方市等进入中等城市行列等。

小城市和县城镇规划。巩固发展小城市和县城镇，是城镇体系规划的基础性工作。一般处于城镇体系发育初期的区域，小城市的经济实力相对较弱，经济辐射作用不够突出，需要巩固、提高实力。在规划期内，应努力强化其二、三产业发展，提高其城市聚集效益，强化城市功能的扩散效应。

小城镇规划。一般规划区域的小城镇数量多，人口规模和镇区建设规模相差很大。应当加强基础设施、生活设施和市场设施建设，吸引就业人口，加强产业基础的建设，加强与周边区域的经济联系。

城镇体系等级结构规划的结果，一般是形成一个规划图表，并辅以文字的解释。表 8-1 是 2010 年海南省城镇体系等级结构规划，在此作为案例供参考。

8.3.3　城镇体系职能结构规划

城镇体系职能结构是指区域内各城市的职能构成及其在区域发展中所起到的作用。城镇职能是城镇的经济、社会和文化等因素的集合，由于要素的不同组合，形成城镇为区域服务的职能特点，包括在工业、商业、交通通信、文化教育、科研、行政和旅游等方面的作用。合理的城镇体系，应当是各类职能的城镇的合理组合。

（1）城镇职能类型划分

目前有三种对城镇体系职能分类的方法：

第一，描述性城镇职能类型划分。以英国学者奥隆索分类法为代表的描述性城镇职能类型划分，从城市的性质出发，抓住城市的最基本特征，进行简单而通俗的定性划分，如表 8-2 所示。

表 8-2　描述性城镇职能分类法

体系类型	城镇类型
行政城市	首都、税收城市
文化城市	大学城市、艺术中心城市、宗教中心城市
防御城市	要塞城市、驻军城市、海防城市
生产城市	加工业城市
交通运输城市	运输城市、贸易城市
娱乐城市	疗养胜地城市、度假城市、旅游观光城市

资料来源：张敦富主编：《区域经济学原理》，中国轻工业出版社 1998 年版。

这种分类法强调城镇职能的专门化，突出一项职能，缺少综合功能的分析，也缺少量化的概念。

第二，统计法城镇职能类型划分。为了能够准确地确定城市的主导职能，人们借助统计学的分析方法，利用统计资料，用各行业的就业人数占城市就业总人数的比例作为主要标识，并根据职能专门化相似程度进行分类。最有代表性的是日本学者土井喜久一和美国学者哈里斯所提出的方法。

哈里斯的统计法城镇职能类型划分如表 8-3 所示。

表 8-3　哈里斯统计法划分的美国城镇职能体系（根据美国 1950 年数据）

城镇体系	类型号	总量（个）	比重（%）
加工工业城市	M′	118	19.50
制造业城市	M	140	23.14
综合型城市	D	130	21.49
零售商业城市	R	104	18.19
交通运输业城市	T	32	5.29
批发商业城市	W	27	4.46
娱乐休闲城市	X	22	3.64
教育城市	E	17	2.81
矿业城市	S	14	2.31
行政城市	P	1	0.17
总计		605	100.00

资料来源：张敦富主编:《区域经济学原理》,中国轻工业出版社 1998 年版。

第三，多变量城镇职能类型划分。随着现代城市的发展和影响因素的多样化、复杂化，以及城镇体系研究手段的更新，出现了多变量分类方法，研究的变量涉及经济、政治、人口、就业、收入等各个方面。例如，1977 年韩国的成俊庸提出的韩国多变量城镇职能分类，共计算了 5 组 34 个变量，如表 8-4 所示。

表 8-4　成俊庸多变量城镇职能体系

城市体系	城市名称
综合性大城市	汉城
大城市、工业城市	釜山、仁川、浦项、大丘、水原、大田、光州、群山、马山、蔚山
汉城近郊城市	城南、议政府、安养、富川
综合职能城市	春川、全州、青州、晋州、安东、镇海、木浦
停滞型城市	原州、丽水、江陵、庆州、天安、三千浦
孤立型城市	济州

资料来源：张敦富主编：《区域经济学原理》，中国轻工业出版社 1998 年版。

中国国土面积广大，人口众多，到 2002 年有 666 个设市的城市，20000 多个建制镇，60000 多个集镇，城镇的类型也多种多样。所以，应当以省级为单位，制定当地的城镇职能类型方案，真正做到"因地制宜"。

（2）城镇体系职能结构现状分析

在进行未来的规划之前，应先对目前的区域城镇职能进行分析。在中国各区域中，城镇职能包括以下几类：

综合性中心城市。综合性中心城市一般都位于自然条件优越、交通便利、工业发达、人口众多的区域，具有行政中心、经济中心、科技和教育中心的职能。中国东部地区人口密集，综合性中心城市数量较多，吸引范围大小有较大的差别。西部地区面积广大，中心城市数量相对要少些，所以中心城市的辐射面都比较大。越往西部推进，这种状况越明显。按照综合性中心城市功能作用的范围，又可以划分为全国性中心城市、大区性中心城市、省区性中心城市等。

工业-矿业城市。从中华人民共和国成立 70 多年的历史来看，工业发展和资源开发是分不开的。在这种机制的作用下，形成了资源开发与加工制造业相结合的工业体系。这种工业体系，造就了一批新的工矿业城市，包括因煤矿开发而形成的城市，因钢铁工业发展而发展起来的城市，因铝、铜和其他有色金属加工而发展起来的城市，因石油和天然气开发而发展起来的城市等。此外，规模略小的工业-矿业城市已经是星罗棋布，成为中国城镇体系的重要支点。

交通-工业城市。中国面积广大，交通运输对区域发展的作用很大。在主要的交通枢纽地区，伴随当地工业的集中，往往会形成交通-工业型城市或城镇，成为物资集散和转运中心，如铁路交叉口、公路交会处、河港、铁路-河港枢纽等地方都形成了这样的城市。

工业-商贸型城市。工业为发展的主导产业，带动了商业贸易的发展，形成工业-商贸型城市。这类城市一般都有交通枢纽的区位优势，发展大工业、区域贸易和出口贸易等。

农业-商贸型城市。这类城市或城镇的产业特色是主要以农副产品加工业为主的第二产业及其产品商贸为主的第三产业。此类城镇数量众多，规模均较小，具有城市化发育初期的特征，主要为周边乡村地区的农副产品集散地和服务中心，包括由集市贸易小集镇发展起来的建制镇和由行政功能聚集一部分非农业人口，同时也聚集了一定量的农副产品加工工业的行政管理机构所在地。

旅游城市。由于拥有丰富的旅游资源，这类城市大力发展旅游业及其相关产业，引起经济发展和人口聚集，形成旅游城市。中国自然环境多种多样，历史遗迹纵贯古今，民族风俗丰富多彩，发展旅游业的条件得天独厚，旅游城市也是分布广泛。例如，敦煌市，位于河西走廊的西缘，因发现敦煌石窟和大量的古代经卷而闻名，每年吸引大量海内外游客，已经是一座中等城市；延安市，位于陕北黄土高原，曾是抗战时期的中共中央驻地，随着陕北铁路的通车和陕北天然气的开发，发展速度正在加快；都江堰市，名垂千古的都江堰水利工程已经被联合国教科文组织确认为世界文化遗产，自然景观与人文景观的完美结合，使都江堰从乡间小城变为著名旅游城市；大理市，苍山洱海的秀丽风光和绚丽多彩的民族风貌令人们心驰神往，自广大铁路通车后，已经成为旅游热点，城市建设发展也很快。

边境口岸贸易城市。在中国内陆地区，对外开放和对外贸易成为一批边境口岸城市的主要发展动力，广西、云南、新疆、西藏、内蒙古、黑龙江、吉林、辽宁等地区，都形成了一批边境口岸城市。如新疆面对蒙古的哈密市老爷庙公路口岸，面对哈萨克斯坦的博乐市阿拉山口铁路口岸，面对吉尔吉斯斯坦的伊宁市霍尔果斯公路口岸，面对巴基斯坦的塔什库尔干县红其拉甫公路口岸等；云南面对缅甸的瑞丽市瑞丽公路口岸和畹町镇畹町公路口岸，面对老挝、缅甸的景洪市景洪公路口岸，面对越南的河口县河口铁路口岸等。

（3）城镇体系职能结构规划

城镇体系职能结构规划是与各城市产业结构规划相联系的。规划的原则是发挥综合中心型大城市的区域极核作用，带动次级中心城市发展；注意发挥各类城市的产业优势，强化主导产业对相关产业群的带动作用，实现城市专业功能作用区域化以及国际化。

对各类城市产业发展的实施要点为：

综合中心型城市：发挥产业门类齐全的优势，积极引进高新技术和专业人才，提高产业产品的市场竞争力，推动信息产业与国内外市场紧密衔接，特别要重视科研教育基地建设，推动实用型专业研究、高新技术产业及技术交流转让，增强城市凝聚力和辐射能力。

工业主导型城市：发挥资源优势和产业优势，形成工业专业化生产，开发企业信息流，与国内外市场紧密衔接，抓住市场机遇，加快现代制造业的发展。

商业主导型城市：充分发挥交通枢纽作用，开拓专业化、信息化商贸流通渠道，建立各类商贸市场，向规模经营方向发展。

旅游主导型城市：旅游城镇的产业发展是以旅游为主导的产业群体。旅游业本身包括旅游酒店业、旅游交通业、旅游餐饮业、旅游娱乐业、旅游商业、旅行社业等，相应带动许多为旅游服务的行业（如农副产品加工业、建筑业、水电能源供应、轻工业等行业）发展。要以旅游产业和文化产业为主导，配以相关无污染的产业，建设文明城镇，完善旅游接待服务功能。

农贸市场型城市：此类城市为数众多，应发展农业产业化和农产品深加工业及其服务体系，推动农贸市场型专业城镇发展。

城镇体系职能结构规划的结果，一般也是形成一个规划图表，并辅以文字的解释。表8-5是2000—2020年海南省城镇体系职能结构规划表，在此作为案例供参考。

表 8-5　2000—2020 年海南省主要城市的主要职能定位

城市名称	职能定位
海口	全省政治经济文化中心，东南亚重要商贸港口流通中心
三亚	琼南经济中心，国际性旅游度假基地
儋州	琼西经济中心，省高等教育科研基地和交通枢纽
琼海	琼东经济中心，交通枢纽、轻工业及特色产品商贸中心
通什	琼中具有特色民族风情的旅游基地
东方	全省重要工业中心，琼西港口工业基地
文昌	琼东沿海以轻工业、旅游业为主的商贸流通中心
万宁	琼东南沿海以特色农产品加工业、旅游业为主的商贸流通中心
洋浦	全省重要工业中心和国家级开发区，琼西港口工业基地
陵水	琼东部沿海农副产品生产加工流通中心和旅游基地

8.3.4　城镇体系空间结构规划

城镇体系的空间结构是指城镇的地域分布状态。城镇体系的空间结构，是在区域经济发展的大背景下，人口、政治、文化、社会、经济、科技、环境、资源和历史等因素综合作用的结果。这种分布状态一旦形成，将影响到区域的城乡结构、土地利用结构、建筑景观、社会生态和居民的生活方式。

（1）规划的原则

城镇体系空间结构规划的原则是：第一，与规划社会经济和城市化发展阶段相适应，满足城镇体系发育的空间聚集客观要求，顺应市场经济的客观规律；第二，依托区域经济主要交通走廊，促进城镇发展空间轴带和网络节点形成规模效益；第三，按照地域分工特点，促进不同区域经济社会发展空间及产业分工的优化组织和生产力合理布局；第四，按城市－区域的内在联系合理组织城市经济区，发挥各级城镇的区域中心作用，促进城乡经济协调发展。

（2）空间布局

以大城市为中心的增长极的布局模式。促进区域经济增长的最有效手段，是把区域有限的资源集中用于主导部门的发展，通过对主导部门的投入，激活产业链条，扩大区域市场需求，带动相关部门的发展。但是，主导部门的发展不可能是凭空造就的，必须落实到一定的地点，这个点就是我们要规划的中心城市。以大中心城市带动规划中的城镇群体发展，形成规模有序、有机联系的空间布局结构。城镇空间布局特征是依托有区域特色的产业带、城镇圈或城镇群。目前这类布局模式有单中心形式、双中心形式和多中心形式等。

城市发展轴布局模式。这个模式是增长极模式的扩展。由于增长极数量的增多，增长极之间也出现了相互联结的交通线，这样，两个增长极及其中间的交通线就具有了高于增长极的功能，理论上称为发展轴。一般的发展轴是两个大的中心城市带动交通线上的若干中小城市的发展。发展轴两头的中心城市，带动城镇群发展，要与基础设施建设紧密结合，形成以城镇为依托，功能齐全、设施一流、带动国民经济全面发展的城市化快速发展地区。特别是沿海港口工业城镇群发展，要合理开发利用深水良港，根据货物种类、流量流向统筹布局，合理安排开发时序，避免重复建设。

城市网络布局模式。发展轴还有一种演化的结果，就是由若干个发展轴联合在一起，形成你中有我、我中有你的局面，从而形成增长的网络。这种网络式的城市体系布局模式促进了增长网络的形成，使极化效应产生的聚集规模经济在更大的范围内表现出来，而不是仅仅从一个点上表现出来，对于网络所在的区域来说，意味着增长结果的分散化和增长极点的分散化，而对于更大区域来说，则将整个网络区域视为一个巨大增长极，所以其极化效应可能更强，对区域经济的影响也可能更大。

网络布局有利于形成巨大的凝聚力和辐射力，进而带动规划区域经济的发展。网络城镇群内各城镇规划为职能分工明确、作用互补的有机整体；各用地组团内配置相对完备的各项设施和协调的产业结构，使居民居住和就业就地平衡，减少了大量的远距离交通出行；各城镇间以农田绿地分割，维护良好的生态环境，形成区域"点、线、面"相结合的绿地系统。

城镇体系规划与城市规划的结合，是未来城市规划的发展方向。那种只关注城市内部结构的单一的城市规划，在目前的发展形势下，是不能解决区域发展的问题的，必须把城市发展放到大的区域发展中来，才能使城市发展增加动力，扩大吸引范围。正因为如此，城镇体系规划的重要性越来越明显。

（3）规划图

城镇体系的空间结构规划的结果，应当用地图（或图集）来精确地表示出来。

8.3.5　城镇土地利用总量平衡结构规划

城镇土地利用规划是城镇体系规划的中心环节之一，其对区域发展的作用主要是通过对土地的开发利用来体现的。

（1）城镇建设用地统计

第一，城乡居民点及工矿用地。例如，1996年海南省城乡居民点及独立工矿用地面积共为213234公顷，占全省土地总面积的6%。其中，城市用地16389公顷，建制镇集镇用地19410.5公顷，村庄用地120689公顷（以上三项合计为1564.9平方公里），独立工矿用地、特殊用地及盐田为57031公顷。

第二，交通用地。例如，1996年海南省交通用地面积为25581公顷，占全省土地总面积的0.7%。其中，铁路用地371公顷，公路用地8277公顷，分别占交通用地面积的1.5%、32.4%。

第三，水利设施用地。例如，1996年海南省水利设施用地面积为18996公顷，占全省土地总面积的0.5%。

（2）土地利用总体规划的城镇用地控制指标

城镇土地利用规划中应当十分重视城镇用地的控制指标。中国土地资源紧缺，人口众多，任何浪费土地的行为都是不允许的。城镇用地的控制指标有国家的统一标准，按照中华人民共和国国家标准《城市用地分类与建设用地标准》和《村镇规划标准》，设市城市人均用地控制在100—120平方米，建制镇人均用地控制在110—130平方米，乡村居民点发展生态型村庄，人均用地控制在150—180平方米。这个标准是各地区规划用地的上限，是不能够突破的。但各地区可以从节约用地的原则出发，适当调低本地的城镇用地标准。

（3）土地利用总量平衡结构规划

土地利用总量平衡结构规划就是按照上面的用地指标，根据各城市的发展需要和人口聚集的速度，合理在全区域范围内分配用地指标，落实到每一个城市。规划需要注意的要点是：

第一，加强城镇土地集约利用、切实保护耕地。城镇土地集约利用，即通过对城市用地的调整、优化配置和对单位面积土地合理增加资本投入，来提高单位面积土地的利用效率及效益，达到节约用地、满足社会环境发展需求的目的。各类建设用地应当充分挖掘潜力，尽可能利用现有建设用地和废弃地，切实提高行业用地产出率。严格控制新增建设项目用地规模，特别是严格控制建设占用耕地。

第二，大幅度压缩开发区用地。中国自改革开放以来，各地建设了许多各类开发区。有些开发区发挥了很大的作用，也有相当一批开发区没有发挥作用，大量占用土地。针对现存各类开发区的问题，必须从控制用地的原则出发，进行调整。各类开发区必须纳入城镇规划与土地管理部门的统一管理，严格执行土地管理的有关规定；对于不具备开发条件，或一直不能开发建设的开发区，坚决予以撤销；对于与城市相邻的或在城市、城镇之中的开发区，必须与该城市统一规划、协调发展，作为该城市的有机组成部分；对于已具雏形的开发区，具备城镇发展条件的要按照城镇规划管理。要加强土地集约利用，优选建设项目及招商引资，做好建设工程可行性研究。

第三，集约发展小城镇。规划期应当以重点镇的发展为中心，吸纳迁并来的乡镇企业和村落人口，提高用地聚集效益。在推进城市化的过程中，将部分农村人口向城市、城镇迁移，提高城市基础设施的共享利用率，将城市和村镇用地组团式集约发展，逐步实现国家标准对小城镇和村镇用地的人均控制指标。

（4）城镇土地利用与土地利用总量平衡结构规划表

城镇土地利用与土地利用总量平衡结构规划表是规划的最后结果。表8-6是海南省的例子。

表8-6　城镇土地利用与土地利用总量平衡结构规划

编号	分类	现状（1998年）			规划（2010年）		
		面积（公顷）	人口（万人）	人均用地（平方米）	面积（公顷）	人口（万人）	人均用地（平方米）
1	城镇村及工矿用地	213234			215907		
1.1	城市建设用地	21270	182	117	26700	230	116
1.2	建制镇建设用地	21861	103	212	20525	132	150
1.3	乡村居民点用地	117584	468	251	92835	516	180
1.4	独立工矿区用地	35419			45557		
1.5	其他	17100			30290		
2	农业用地	2742547			2922214		
2.1	耕地	762068			753401		
2.2	园地	515199			666667		
2.4	林地	1445144			1468813		

编号	分类	现状（1998 年）			规划（2010 年）		
2.5	牧草地	20136			33333		
3	区域交通用地	25581			36792		
4	水域	144668			187206		
4.1	水面	125672			164934		
4.2	水利设施用地	18996			22272		
5	未利用土地	409339			173250		
合计	土地总面积	3535369	753	4696	3535369	877	4029

资料来源：孙久文、陈玮："海南省城镇体系规划研究报告"（2000）。

8.4 中心城市建设

国家中心城市是目前中国城镇体系最高位置的城镇层级，也被称为"塔尖城市"。国家中心城市的定位决定了其在国内和国际上的重要功能，在国内主要发挥引领、辐射、集散三大功能，立足国际视野，除探索和发展外向型经济外，也承担着推动国际间文化交流的重要作用。根据中国各国家中心城市的发展规划，部分国家中心城市未来的目标是发展成为世界金融、贸易、文化、管理中心。

8.4.1 中心城市与国家中心城市

中心城市在一国经济增长中发挥重要作用，国家之间综合实力的竞争主要是大城市或者说中心城市之间的竞争。新经济地理学在研究中心城市和外围城市之间的分工关系时主要集中于产业聚集基础上形成的"中心－外围"空间结构和地区差距关系，而没有研究服务业对其的影响。

在区域经济发展当中，制造业与服务业共同聚集或协同聚集的特征非常明显。中心城市和外围城市在聚集扩散的动态演进过程中会逐渐形成前者主要以服务业聚集为主、后者主要以制造业聚集为主的"中心－外围"空间结构，进而出现前者主要承担管理和研发功能，后者主要承担制造和加工功能的空间功能分工格局。随着城市规模的扩大和实力的增强，一般区域性的中心城市向国家中心城市演化，主要发生在区位条件优越、周边腹地范围宽广的城市，这些城市的金融中心和管理中心的经济功能确立之后，通过金融和生产性服务业所产生的经济发展的向心力的作用，政治、经济和文化中心职能逐步巩固，国家中心城市的基本条件就逐步具备了。

一般认为，城市综合服务功能的产生是城市经济商品化和社会化的要求，也是国家中心城市的一般性特征。国内很多学者研究城市的综合服务功能。有学者从理论上分析城市综合服务功能的基本属性和度量，认为城市综合服务功能能够集中反映城市综合竞争力的本质特征，也是衡量一个城市是否能够称为国家中心城市的必要条件。

从国家中心城市本身的要求来看，国家中心城市应具有跨区域的服务功能，它们不仅为本地区的城市居民服务，还承担着国家的重要服务功能，代表国家参与国际竞争。在城市内部应当坚持空间紧凑式发展模式，以充分利用空间聚集的优势，在省域以及全国层面上，则应当更加注重中心城市网络型布局，形成合理分布的城市体系。

目前北京、天津、上海、广州、重庆、成都、武汉、郑州、西安九个城市共同组成了中国城镇体系的最高层级。党的十九大提出"建立更加有效的区域协调发展新机制"，"以城市群为主体构建大中小城市和小城镇协调发展的城镇格局"。在这一城镇格局建设中，国家中心城市具有关键性的作用。国家中心城市分布在中国地理空间格局的东、中、西部，有助于引领和促进中国区域经济协调发展，缓解中国现阶段的主要矛盾。从国家中心城市建设的现状看，2016年以来，中国陆续批复了成都、武汉、郑州、西安四市成为新的国家中心城市，和之前的北京、天津、上海、广州、重庆共同构成中国城镇体系的最高层级，多中心城市格局逐渐形成。

8.4.2 国家中心城市与区域经济发展

作为处于城镇体系顶层的国家中心城市，其建设发展的重要意义是能够在更大范围内起到辐射、引领、示范作用，并促进区域发展。

（1）国家中心城市建设的重大作用

国家中心城市的作用主要体现在其功能上：

第一，国家中心城市建设能够引领区域经济社会发展。大都市与周边区域是紧密联系而非相互分割的，周边区域能够从大都市的发展中受益，聚集也能促使大都市和周边区域更加繁荣。作为全国城镇体系的最高层级，国家中心城市在区域经济社会发展中发挥极化、引领、带动的作用，其在投资、技术创新、贸易、基础设施建设、信息化等方面对区域经济社会发展都具有十分明显的引领带动效果。尤其是国家提出"一带一路"建设、京津冀协同发展和长江经济带发展三大发展战略以来，国家中心城市对区域经济社会发展的带动作用显得尤为重要，发挥国家凝聚力和裂变力，对于推动西部地区的一体化发展也具有"领头羊"效应。同时，在周边区域城市间构建更为繁密的基础设施网络，将更好地促进这些区域与国家中心城市的协同增长。

第二，国家中心城市建设能够影响城镇体系格局。中华人民共和国成立以来，中国城镇体系建设先后经历了限制大城市鼓励小城市、大中小城市协调发展、城市群发展等阶段，城镇体系格局不断优化，发展方式更加科学。国家中心城市建设是在原有城市群基础上发挥首位城市更高定位功能，通过政策支持增强其影响力、资源整合能力、引领辐射能力等，在全国范围内分区域打造多个增长极，真正构建国家城镇体系中的"塔尖城市"，推动国家城镇体系优化升级。

第三，国家中心城市建设能够促进中国外向型经济发展和国际文化交流。随着时代的发展，传统国际大都市由原来的交通枢纽逐渐向信息枢纽、金融服务枢纽等角色转变。国家中心城市位于全国城镇体系的顶层，国家名片效应十分显著，拥有低层级城镇体系不具备的对外联系优势，在推动中国外向型经济发展中有着举足轻重的作用。另外，国家文化软实力在国际竞争中的重要性也越来越高，中国当前支持建设的九个国家中心城市均有深厚的历史文化底蕴，在对外传播中国优秀文化上有着天然的优势，也能够借助其高度的开放性促进文化之间的交流。

（2）国家中心城市建设实践

中国确立的第一批国家中心城市有五个，分别是北京、上海、天津、广州、重庆。之后在《成渝城市群发展规划》指导文件、《促进中部地区崛起"十三五"规划》《关中平原城市群发展规划》三个文件中分别确立建设成都、武汉、郑州、西安四个中心城市，国家中心城市增至九个。从地理格局来看，这九个国家中心城市分别分布在中国的华北、华中、华南、华东、西南、西北地区，考虑到中国人口的分布状况，国家中心城市的分布较为均衡。随着国家中心城市不断发展，各市均积极调整自己的发展规划与定位及战略部署。表8-7是对目前九个国家中心城市的发展定位和战略部署的归纳。

表8-7　国家中心城市发展定位及战略部署

城市	定位	批复建设国家中心城市后的战略部署
北京	全国政治中心、文化中心、国际交往中心、科技创新中心	2010年制定了建设世界城市的战略部署，并对世界城市的功能构成、设施标准、区域协调发展等内容展开一系列研究
上海	国际经济中心、国际金融中心、国际贸易中心、国际航运中心和国际大都市	到2020年，基本建成国际经济、金融、贸易、航运中心和社会主义现代化国际大都市
天津	北方经济中心、国际港口城市、北方国际航运中心、北方国际物流中心	建成全国先进制造研发基地、北方国际航运核心区、金融创新运营示范区、改革开放先行区

城市	定位	批复建设国家中心城市后的战略部署
广州	国际商贸中心和综合交通枢纽、国家综合性门户城市、国际大都市	实施"枢纽+"战略，强化国际航运、航空及科技创新三大枢纽的功能。打通发展"大动脉"，完善大交通网络体系和城市信息网络
重庆	国家历史文化名城、长江上游地区经济中心、国家重要的现代制造业基地、西南地区综合交通枢纽	建设成为超大城市，国际大都市，长江上游地区的经济、金融、科创、航运和商贸物流中心
成都	国家历史文化名城，国家重要的高新技术产业基地、商贸物流中心和综合交通枢纽	批复为国家中心城市次年制定了《成都市城市总体规划》（2016—2035），战略定位提升为"四川省省会、国家中心城市、国际门户枢纽城市、世界文化名城"
武汉	国家历史文化名城，国家重要的工业基地、科教基地和综合交通枢纽	2018年《武汉建设国家中心城市实施方案》将国家中心城市建设划分为2021年、2035年、2049年三个阶段
郑州	国家历史文化名城、国家重要的综合交通枢纽	2018年《郑州建设国家中心城市行动纲要（2017—2035年）》将国家中心城市建设划分为2020年、2035年、2050年三个阶段
西安	国家重要的科研、教育和工业基地，国家重要的综合交通枢纽	暂无

资料来源：易淑昶博士根据政府规划文件整理。

（3）以城市群为依托发挥带动作用

各市均高标准规划建设国家中心城市，主要集中在金融、交通、科技、文化等方面。最近支持建设国家中心城市批复文件基本上都是依托城市群规划提出的，如《成渝城市群发展规划》《关中平原城市群发展规划》等，而且在实际发展中，这些城市同样也是其所在城市群的首位城市，例如京津冀城市群的北京和天津、成渝城市群的成都和重庆、"长三角"城市群的上海、"珠三角"城市群的广州、中原城市群的郑州、武汉城市圈的武汉、关中平原城市群的西安。

城市集群程度高对城市经济增长有很明显的推动作用。集群发挥增长作用的渠道主要有两个：一是疏解大城市的聚集不经济，优化城市经济结构；二是促进区域一体化进程。城市群建设能够有效推动中国城市经济发展。同时，国家中心城市的建设也能够优化城市群内部城市结构。城市群内部的首位城市，能够结合国家中心城市自身优势，积极利用和整合城市群内部的资源和要素，积极破除城市隔离，加大中心城市建设力度，积极发挥中心城市对城市群中其他城市的辐射作用。

跨区域多中心式的国家中心城市布局能够促进资源要素跨区域转移，在合理利用城市群在疏解大城市聚集不经济方面的优势的基础上，将被动的"疏解"化为主动的"转移"，以解决北京等特大城市的大城市病问题，积极利用这些特大中心城市的优势缩小区域差距，促进区域协调发展。

8.5 中国城市群与都市圈发展

8.5.1 中国城市群的发展

国家于 2014 年在《国家城镇化发展规划》中提出了 21 个城市

群，从已经成型的核心区域来看，"长三角"地区的空间载体是"长三角"城市群，粤港澳大湾区的空间载体是"珠三角"城市群，环渤海地区的空间载体是京津冀城市群。其他初具规模的城市群还有：成渝城市群、中原城市群、长株潭城市群、关中城市群、哈长城市群、北部湾城市群。

作为区域经济发展的网络化空间组织形式，城市群能够有效优化各类资源要素的组合分布，在"整体分散"的战略实践中为切实处理好利益共享问题与行为约束问题提供了可行方案。自"十一五"规划纲要强调"要把城市群作为推进城镇化的主体形态"起，城市群便开始成为各类政策性文件中的高频词，受到全社会的广泛关注。2021年3月发布的《中华人民共和国国民经济和社会发展第十四个五年规划和2035年远景目标纲要》则进一步指出："以促进城市群发展为抓手，全面形成'两横三纵'城镇化战略格局。"表8-8展示了中国国家级城市群的空间分布。

表 8-8 中国国家级城市群的空间分布

城市群名称	批复时间	覆盖范围	主体区域所属板块	对应的主要区域战略
京津冀	尚未批复	北京，天津，河北的石家庄、唐山、邯郸、张家口、保定、沧州、秦皇岛、邢台、廊坊、承德、衡水	东部地区	东部率先、京津冀协同发展

城市群名称	批复时间	覆盖范围	主体区域所属板块	对应的主要区域战略
"长三角"	2016年5月	上海，江苏的南京、无锡、常州、苏州、南通、盐城、扬州、镇江、泰州，浙江的杭州、宁波、嘉兴、湖州、绍兴、金华、舟山、台州，安徽的合肥、芜湖、马鞍山、铜陵、安庆、滁州、池州、宣城	东部地区	东部率先、"长三角"一体化、长江经济带
粤港澳	2019年2月	广东的广州、深圳、珠海、佛山、惠州、东莞、中山、江门、肇庆，香港，澳门	东部地区	东部率先、粤港澳大湾区
长江中游	2015年3月	湖北的武汉、黄石、鄂州、黄冈、孝感、咸宁、仙桃、潜江、天门、襄阳、宜昌、荆州、荆门，湖南的长沙、株洲、湘潭、岳阳、益阳、常德、衡阳、娄底，江西的南昌、九江、景德镇、鹰潭、新余、宜春、萍乡、上饶及抚州、吉安的部分县区	中部地区	中部崛起、长江经济带
中原	2016年12月	河南的郑州、开封、洛阳、平顶山、新乡、焦作、许昌、漯河、济源、鹤壁、商丘、周口、安阳、濮阳、三门峡、南阳、信阳、驻马店，山西的晋城、长治、运城，安徽的亳州、宿州、阜阳、淮北、蚌埠，河北的邯郸、邢台，山东的聊城、菏泽	中部地区	中部崛起、黄河流域生态保护与高质量发展

城市群名称	批复时间	覆盖范围	主体区域所属板块	对应的主要区域战略
成渝	2016年4月	重庆的渝中、万州、黔江、涪陵、大渡口、江北、沙坪坝、九龙坡、南岸、北碚、綦江、大足、渝北、巴南、长寿、江津、合川、永川、南川、潼南、铜梁、荣昌、璧山、梁平、丰都、垫江、忠县及开县、云阳的部分地区，四川的成都、自贡、泸州、德阳、绵阳（除北川、平武）、遂宁、内江、乐山、南充、眉山、宜宾、广安、达州（除万源）、雅安（除天全、宝兴）、资阳	西南地区	西部大开发、长江经济带
哈长	2016年2月	黑龙江的哈尔滨、大庆、齐齐哈尔、绥化、牡丹江，吉林的长春、吉林、四平、辽源、松原、延边	东北地区	东北振兴
北部湾	2017年1月	广西的南宁、北海、钦州、防城港、玉林、崇左，广东的湛江、茂名、阳江，海南的海口、儋州、东方、澄迈、临高、昌江	西南地区	西部大开发
关中平原	2018年1月	陕西的西安、宝鸡、咸阳、铜川、渭南、杨凌、商洛（除山阳、商南、镇安），山西的运城（除平陆、垣县）、临汾（除古县、安泽、吉县、乡宁、蒲县、大宁、永和、隰县、汾西），甘肃的天水、平凉（除静宁、庄浪）、庆阳（除庆城、镇原、宁县、正宁、合水、华池、环县）	西北地区	西部大开发、黄河流域生态保护与高质量发展

城市群名称	批复时间	覆盖范围	主体区域所属板块	对应的主要区域战略
呼包鄂榆	2018 年 2 月	内蒙古的呼和浩特、包头、鄂尔多斯，陕西的榆林	西北地区	西部大开发、黄河流域生态保护与高质量发展
兰西	2018 年 2 月	甘肃的兰州、白银（包括白银、平川、靖远、景泰）、定西（包括安定、陇西、渭源、临洮）、临夏（包括临夏、东乡、永靖、积石山），青海的西宁、海东、海北（包括海晏）、海南（共和、贵德、贵南）、黄南（包括同仁、尖扎）	西北地区	西部大开发、黄河流域生态保护与高质量发展
海峡西岸	尚未批复	福建的福州、厦门、泉州、莆田、漳州、三明、南平、宁德、龙岩，浙江的温州、丽水、衢州，江西的上饶、鹰潭、抚州、赣州，广东的汕头、潮州、揭阳、梅州	东部地区	东部率先

资料来源：根据国务院发布的城市群发展规划文件整理。

在国家级城市群发展壮大的同时，区域性城市群也在不断发轫。表 8-9 展现了我国区域性城市群的空间分布。

表 8-9　我国区域性城市群的空间分布

城市群名称	覆盖范围	主体区域所属板块	对应的主要区域战略
山东半岛	山东的济南、青岛、淄博、枣庄、东营、烟台、潍坊、济宁、泰安、威海、日照、滨州、德州、聊城、临沂、菏泽、莱芜	东部地区	东部率先、黄河流域生态保护与高质量发展
辽中南	辽宁的沈阳、大连、鞍山、抚顺、本溪、营口、辽阳、铁岭、盘锦	东北地区	东北振兴
东陇海	江苏的徐州、连云港、宿迁，山东的日照、临沂、枣庄，安徽的宿州、淮北	东部地区	东部率先、长江经济带、黄河流域生态保护与高质量发展
黔中	贵州的贵阳、贵安新区、遵义（包括红花岗、汇川、播州、绥阳、仁怀）、安顺（包括西秀、平坝、普定、镇宁）、毕节（包括七星关、大方、黔西、金沙、织金）、黔东南（包括凯里、麻江）、黔南（包括都匀、福泉、贵定、瓮安、长顺、龙里、惠水）	西南地区	西部大开发、长江经济带
滇中	云南的昆明、曲靖、玉溪、楚雄、红河（包括蒙自、个旧、建水、开远、弥勒、泸西、石屏）	西南地区	西部大开发、长江经济带
山西中部	山西的太原、晋中、吕梁、阳泉、忻州	中部地区	中部崛起、黄河流域生态保护与高质量发展
宁夏沿黄	宁夏的银川、石嘴山、吴忠、中卫、固原	西北地区	西部大开发、黄河流域生态保护与高质量发展

城市群名称	覆盖范围	主体区域所属板块	对应的主要区域战略
天山北坡	新疆的乌鲁木齐、昌吉、米泉、阜康、呼图壁、玛纳斯、石河子、沙湾、乌苏、奎屯、克拉玛依	西北地区	西部大开发
藏中南	以西藏的拉萨、日喀则为中心	西南地区	西部大开发

资料来源：根据地方政府发布的城市群发展规划文件整理。

在城市群空间格局网络化进程中，必须考虑以下三方面因素：首先是城市间的行政区划分割，如果不打破城市间的市场封锁、准入壁垒，就难以在城市群内部形成优势互补的网络化空间格局。其次是各城市的功能定位，在科学评估各城市资本、人才、技术、信息等要素禀赋的同时，选准并优先发展主导产业，配套发展关联性产业，积极发展需要就地平衡的基础性产业，努力扶持潜导产业，营造合理分工、错位发展的网络化空间格局。最后是资源环境综合承载力，城市群必须以国家主体功能区划为指导，充分考虑土地、水源等多重约束，以此为依据确定其地域范围、人口规模与产业选择，防止城市群网络的无序扩张。

总体上看，京津冀、"长三角"、粤港澳、长江中游、中原、成渝城市群在经济规模、人口规模以及发展普惠性等方面具有相对优势，说明发展差距在国家级城市群之间依然存在，在西北地区、东北地区设立国家级城市群更多是出于助推区域协调发展的战略考量。结合已获批复及待批复的 12 个国家级城市群的空间规划布局，从现在起到 2035 年十多年的时间里，我们宜将京津冀、"长三角"、粤港澳、长江中游、中原、成渝 6 个国家级城市群定位为第一梯队增长极，将哈长、北部湾、关中平原、呼包鄂榆、兰西、海峡西岸 6 个国家级城市群确立为第二梯队增长极，同山东半岛、辽中南、东陇海、黔中、滇中、山西中部、宁夏沿黄、天山北坡、藏中南等区域性城市群相联动，在与"东部率先、中部崛起、西部大开发、东北振兴"的区域总体发展战略呼应的同时，助力京津冀协同发展、"长三角"一体化、粤港澳大湾区建设、长江经济带建设、黄河流域生态保护与高质量发展等新时代区域协调发展战略向纵深推进。

8.5.2　中国都市圈的发展

都市圈是城市化进入中高级阶段后的必然产物。2021 年 3 月，《中华人民共和国国民经济和社会发展第十四个五年规划和 2035 年远景目标纲要》发布，纲要指出："依托辐射带动能力较强的中心城市，提高 1 小时通勤圈协同发展水平，培育发展一批同城化程度高的现代化都市圈。"都市圈正从抽象概念进入到具体的空间规划与城市发展战略中。

科学划定都市圈地域范围是保证中心城市与周边区域共荣共生的关键。目前，国内外学界、政界对于都市圈的理解并不统一，但总体上都是从人口规模、通勤率等角度来考虑。表 8-10 梳理了部分国家关于都市圈的界定标准。

表 8-10 部分国家关于都市圈的界定标准

国家	界定标准
美国	美国对大都市统计区（MSA）的界定主要考虑通勤率指标，该指标能够反映大都市区内工作与生活场所之间的联系。此外，美国还利用人口密度、非劳动力比重等指标来判定大都市区的范围特征。
日本	日本主要从通勤率与人口规模的角度来界定都市圈的范围，即由 1 个以上的人口在 10 万以上（都市圈的中心城市人口规模在 100 万以上）的中心城市，以 1 日为周期，与能够接受中心城市功能服务的周边地区共同构成的实体区域。
英国	英国主要从通勤率与人口规模角度对都市圈范围进行界定，将核心城市从业人员多于 2 万人、区域总体人口规模多于 7 万人、核心城市与外围城市之间通勤率大于 15% 的区域界定为都市圈。

资料来源：参考梁军辉等："我国主要都市圈发展水平综合评价与差异化研究"，《2018中国城市规划年会论文集》。

中国政府在借鉴国外有益经验的同时，扎根国情，在 2019 年 2 月发布《关于培育发展现代化都市圈的指导意见》，将都市圈界定为围绕某一个中心城市（即超大或特大城市）、以 1 小时通勤圈为基本范围的城镇化形态。根据都市圈总人口数及中心城区人口数，我们可将都市圈划分为小都市圈、中都市圈、大都市圈、特大都市圈与超大都市圈五类，具体人口规模门槛如表 8-11 所示。

表 8-11 都市圈人口规模门槛值

都市圈规模	中心城区人口数	总人口数
小都市圈	200 万—300 万	大于 1000 万
中都市圈	300 万—500 万	大于 1500 万

都市圈规模	中心城区人口数	总人口数
大都市圈	500万—1000万	大于2000万
特大都市圈	1000万—2000万	大于3000万
超大都市圈	2000万以上	大于5000万

资料来源：参考国务院2014年发布的《关于调整城市规模划分标准的通知》类比划分。

随着中国主要的中心城市逐渐形成都市圈，中心城市对区域经济的引领作用也就让位于都市圈。按照1小时的通勤圈大致估算，当前中国大致形成了30个左右的都市圈，其具体对应的空间范围汇总在表8-12中。

表8-12 中国30个都市圈及其涉及的主要城市

级别	名称	涉及的主要城市	主体区域所属城市群	对应的主要区域战略
一级都市圈	北京都市圈	北京、廊坊、保定、张家口、承德	京津冀城市群	东部率先、京津冀协同发展
	上海都市圈	上海、苏州、无锡、常州、南通、泰州、嘉兴、湖州、绍兴、宁波、舟山	长三角城市群	东部率先、"长三角"一体化、长江经济带
	深港都市圈	深圳、香港、东莞、惠州、汕尾、河源、珠海、中山、江门	粤港澳城市群	东部率先、粤港澳大湾区
二级都市圈	天津都市圈	天津、廊坊、唐山、沧州	京津冀城市群	东部率先、京津冀协同发展

级别	名称	涉及的主要城市	主体区域所属城市群	对应的主要区域战略
二级都市圈	广州都市圈	广州、佛山、东莞、肇庆、清远、惠州、珠海、中山、江门、云浮	粤港澳城市群	东部率先、粤港澳大湾区
	重庆都市圈	渝中、大渡口、江北、沙坪坝、九龙坡、南岸、北碚、渝北、巴南、涪陵、长寿、江津、合川、永川、南川、綦江、大足、璧山、铜梁、潼南、荣昌	成渝城市群	西部大开发、长江经济带
	成都都市圈	成都、德阳、绵阳、遂宁、资阳、眉山、雅安、乐山、内江、自贡	成渝城市群	西部大开发、长江经济带
	武汉都市圈	武汉、孝感、黄冈、鄂州、黄石、咸宁、随州、仙桃、天门、潜江	长江中游城市群	中部崛起、长江经济带
	长沙都市圈	长沙、株洲、湘潭、益阳、岳阳、常德、娄底、衡阳、萍乡、宜春	长江中游城市群	中部崛起、长江经济带
	南京都市圈	南京、镇江、扬州、泰州、常州、滁州、马鞍山、芜湖、宣城	长三角城市群	东部率先、"长三角"一体化、长江经济带
	杭州都市圈	杭州、嘉兴、湖州、绍兴、宁波、金华	长三角城市群	东部率先、"长三角"一体化、长江经济带

级别	名称	涉及的主要城市	主体区域所属城市群	对应的主要区域战略
二级都市圈	郑州都市圈	郑州、开封、洛阳、焦作、新乡、鹤壁、许昌、平顶山、漯河、济源、晋城	中原城市群	中部崛起、黄河流域生态保护与高质量发展
	西安都市圈	西安、咸阳、渭南、铜川、商洛	关中平原城市群	西部大开发、黄河流域生态保护与高质量发展
	沈阳都市圈	沈阳、本溪、抚顺、辽阳、鞍山、铁岭、盘锦	辽中南城市群	东北振兴
三级都市圈	哈尔滨都市圈	哈尔滨、绥化	哈长城市群	东北振兴
	长春都市圈	长春、吉林、辽源、四平	哈长城市群	东北振兴
	大连都市圈	大连、营口	辽中南城市群	东北振兴
	石家庄都市圈	石家庄、衡水、邢台、定州	京津冀城市群	东部率先、京津冀协同发展
	青岛都市圈	青岛、潍坊	山东半岛城市群	东部率先、黄河流域生态保护与高质量发展
	济南都市圈	济南、泰安、淄博、聊城	山东半岛城市群	东部率先、黄河流域生态保护与高质量发展
	合肥都市圈	合肥、六安、淮南、芜湖	"长三角"城市群	东部率先、"长三角"一体化、长江经济带

级别	名称	涉及的主要城市	主体区域所属城市群	对应的主要区域战略
三级都市圈	南昌都市圈	南昌、抚州、新余	长江中游城市群	中部崛起、长江经济带
	昆明都市圈	昆明、玉溪、曲靖、楚雄	滇中城市群	西部大开发、长江经济带
	贵阳都市圈	贵阳、安顺	黔中城市群	西部大开发、长江经济带
	太原都市圈	太原、晋中、阳泉、沂州	山西中部城市群	中部崛起、黄河流域生态保护与高质量发展
	福州都市圈	福州、莆田、宁德	海峡西岸城市群	东部率先
	厦门都市圈	厦门、泉州、漳州	海峡西岸城市群	东部率先
	南宁都市圈	南宁、钦州、崇左	北部湾城市群	西部大开发
	乌鲁木齐都市圈	乌鲁木齐、昌吉、五家渠、吐鲁番	北山北坡城市群	西部大开发
	台北都市圈	台北、新北、桃园、基隆、新竹	台湾城市群	东部率先

资料来源：参考肖金成等："都市圈科学界定与现代化都市圈规划研究"，《经济纵横》2019 年第 11 期。

需要特别指出的是，1 小时的通勤圈是不断调整的，会随交通基础设施的不断完善而延展，因此都市圈的空间范围并非静态概念。

我们要坚持用动态发展的眼光培育发展都市圈，在畅通区域经济循环的基础上重塑中国经济地理格局。

8.5.3 完善城市群治理的途径

党的十九大报告首次将区域协调发展战略提升为统领性的区域发展战略，正是为了解决新时期中国发展"不平衡不充分"的社会主要矛盾。城市群和都市圈的发展作为区域经济发展的增长极，发挥着重要的带动作用。

为进一步提升区域协调发展的水平和质量，《中共中央 国务院关于建立更加有效的区域协调发展新机制的意见》指出："建立以中心城市引领城市群发展、城市群带动区域发展新模式，推动区域板块之间融合互动发展。以北京、天津为中心引领京津冀城市群发展，带动环渤海地区协同发展。以上海为中心引领'长三角'城市群发展，带动长江经济带发展。以香港、澳门、广州、深圳为中心引领粤港澳大湾区建设，带动珠江-西江经济带创新绿色发展。以重庆、成都、武汉、郑州、西安等为中心，引领成渝、长江中游、中原、关中平原等城市群发展，带动相关板块融合发展。""加强城市群内部城市间的紧密合作，推动城市间产业分工、基础设施、公共服务、环境治理、对外开放、改革创新等协调联动。"

第一，推进基础设施建设。高效快捷、稳定可靠的现代化基础设施体系是深化区域间合作的必要条件。基础设施互联互通作为城市群和都市圈建设的先导和突破口，应放在优先和关键位置上。基础设施的网络化能够发挥城市群内部自组织、自协调、自调整的能动性，加强城市群内部的经济联系与合作。交通方面，通过升级改造各级海陆空运输网络，改造繁忙干线、主要枢纽及客货站场，加强以机场、高铁站、公路客货站场为中心的综合交通枢纽建设，优化枢纽内部交通组织，完善区域外部运输系统，重点提升联通水平、运载能力和便捷程度。能源方面，重点推进跨省区油气长输管道建设，加快跨区域管道建设，加强支线管道建设，逐步推进能源通道建设，构建一体化环状能源管网。水利方面，优化水资源配置，提升水资源安全保障能力，形成共同保护和开发利用水资源的管理机制，加快区域水资源信息统一平台建设，推进水资源调度配置、水量水质监管、水土保持监管、防洪减灾监测调度、水文测报自动化和决策管理一体化。信息方面，统筹信息基础设施建设，大力推进"三网"融合和物联网应用，加快发展下一代互联网和移动通信网，加强通信网络、重要信息系统和数据资源保护，提高网络治理和信息安全保障水平，协同建设智慧城市。

第二，推进制度环境优化。制度环境作为软件，与基础设施的硬件相辅相成，共同推动城市群和都市圈竞争力的提升。城市群和都市圈建设是跨省级行政区的空间安排，这一顶层设计的深入实施，有助于推动体制机制改革创新，打破原有的地区封锁和利益藩篱，助推政府治理协调统一。政府治理的协调统一，有助于建立统筹国内国际市场的政策体系，深入推进行政审批与市场监管的"放管服"改革，营造透明、公平、自由的竞争环境。将有条件的城市打造为协同开放的窗口，发挥引领和带动作用，并将其作为制度创新的引擎，通过在窗口城市推进行政体制改革、贸易投资规则改进等方面的尝试，总结经验教训，以点带面，从而实现全域的深化改革与制度环境优化，提升城市群整体的竞争力和吸引力。

第三，统筹城市群和都市圈产业发展布局。通过统筹城市群和都市圈内部的产业发展布局，根据自然禀赋、发展水平、历史基础和社会基础明确功能定位，充分发挥各地比较优势，处理好局部与全局的关系，能够有效避免无序竞争带来的区域经济冲突，形成主体突出、分工合理、优势互补、互利共赢的产业集群和经济体系，有助于提高对于行政、资金、人力等各项资源的利用效率。产业布局的合理化，有助于提升城市群产业链的完整性，从而提升对于企业的吸引力，同时，能够大大增强抵抗外生冲击的能力，在当前日益复杂的经济形势中立于不败之地。

第四，着力提升城市群和都市圈创新能力。中国经济已由高速增长转向高质量增长，但创新要素的供给现阶段仍远不能满足需要，这就需要对创新要素进行有效整合。要进一步完善各类平台建设。在平台建设和发展的过程中，需要通过政府、市场和科研部门的合作，形成产学研分工良好、有效补充的合作关系，通过平台间、平台与企业间的合作，形成紧密、高效的创新网络，促进创新要素的进一步聚集。同时，需要调动社会力量参与的积极主动性，实现创新平台建设主体的多元化，发挥各个微观主体的比较优势，实现创新资源的共享和有效配置。要优化市场的信用环境，加强知识产权保护，依靠市场和政府双轮驱动，通过一系列的激励和惩戒措施，保护创新成果不受侵害，充分调动各主体参与创新的积极性，增强对于创新资源的吸引力，不断提升城市群创新能力。同时，加强创新成果转化项目的政策扶植力度，对重大科技项目等进行重点扶植，增强创新转化能力，使城市群葆有长期竞争力。

第五，促进城市群和都市圈全面对外开放。在城市群建设大的框架下，优化治理体制，强化城市群内核心城市和窗口城市同其他城市的经贸合作、设施联通和文化交流，提升自身的影响力和吸引力，从而带动自身乃至整个城市群和都市圈的发展。同时，要提倡地方城市的国际化发展方向。不能把国际化城市仅仅局限在北京、上海、广州、深圳，要建设有独特风格的地方性的国际城市，这是促进城市发展的重要途径。习近平总书记亲自参与的国际互联网大会会址放到乌镇，就是地方城市国际化的一个突出案例。中国东部沿海地区有很多中小城市的基础设施建设都已经十分完善，完全具备了参与国际经贸活动和文化活动的能力。应当鼓励中小城市承办国际性的文化节、体育赛事、经贸博览会以及政治会谈等活动，在提升国际知名度的同时，也带来丰厚的利润。

参考文献：

[1] 胡兆量.中国区域发展导论.北京：北京大学出版社，1999.

[2] 郭鸿懋，江曼琦等.城市空间经济.北京：经济科学出版社，2002.

[3] 王桂新.中国人口分布与区域经济发展.上海：华东师范大学出版社，1997.

[4]〔荷〕尼茨坎普.区域和城市经济学手册.北京：经济科学出版社，2002.

[5] 胡序威.区域与城市研究.北京：科学出版社，1998.

[6] 周一星.城市地理学.北京：商务印书馆，1995.

［7］刘景华.城市转型与英国的勃兴.北京：中国纺织出版社，1994.

［8］朱庆芳.世界大城市社会指标比较.北京：中国城市出版社，1997.

［9］刘传江.中国城市化的制度安排与创新.武汉：武汉大学出版社，1999.

［10］〔美〕约翰·利维.现代城市规划.北京：中国人民大学出版社，2003.

［11］陈甫军，陈爱民主编.中国城市化：实证分析与对策研究.厦门：厦门大学出版社，2002.

［12］张敦富主编.区域经济学原理.北京：中国轻工业出版社，1998.

［13］盛广耀.城市治理研究评述.城市问题，2012（10）.

［14］魏礼群.创新社会治理案例选（2014）.北京：社会科学文献出版社，2015.

［15］汪波.双 S 曲线视阈下中国城市群治理形态变迁：耦合与策略.上海行政学院学报，2015（06）.

［16］李娣.我国城市群治理创新研究.城市发展研究，2017（07）.

［17］米鹏举.国内城市群治理研究综述：文献述评与未来展望.理论与现代化，2018（02）.

［18］阳国亮，程皓，欧阳慧.国家中心城市建设能促进区域协同增长吗？财经科学，2018（05）：90-104.

第9章 社会基础产业规划

区域发展中的基础设施与服务业是区域经济发展的支撑系统，被称为社会基础产业，社会生产过程和生活过程都离不开这些社会基础产业。基础设施与服务业的发展水平对于区域经济的发展有着十分重要的影响。所以，区域规划当中的基础设施配置与服务业发展状况，是规划方案的重要环节。

9.1 社会基础产业的特点与规划的原则

基础设施与服务业是指规划区域保证经济社会活动正常进行所必需的公共服务系统，是各项产业规划和城市规划的基础，我们也将其称为社会基础产业。

9.1.1 社会基础产业概述

（1）社会基础产业的范围

社会基础产业包括用于保证区域经济运行的公共服务设施和公共服务业，其组成包括：

第一，区域交通、通信系统。由区域交通、通信体系和城市交通、通信体系构成，包括国家和区域的快速公路网、铁路运输网、内河航道网、航空设施，以及通信、网络等设施。

第二，区域公用设施系统。由能源、水资源、环境保护等系统构成，如农林水利建设工程，包括大江大河防洪水利工程、重点海堤加固工程、长江黄河中上游水土保持工程等。

第三，区域社会基础系统。由文化、科技、教育、医疗卫生、体育和社区服务等系统构成，如经济适用房建设、安居工程等。

（2）社会基础产业的特点

与其他产业的发展相比，社会基础产业在投资、生产、运营和消费上都有自己的特征：

第一，社会基础产业的规模大，耗费投资多。社会基础产业是区域经济正常运行的物质基础，大部分社会基础产业建设规模巨大，造价高昂，需要耗费巨额投资。例如，城市地铁造价7亿—8亿元/公里。长江三峡水利枢纽动态投资为2039亿元。南水北调工程东线340亿元，中线900亿元，西线更高达3000多亿元（计划）。

社会基础产业项目规模巨大，其工程建设一旦开始，便构成区域经济活动的重点，它的建成又将在很大程度上甚至是从根本上改变区域经济发展的条件，促进区域经济的发展，所以应当是区域规划的重要内容。

第二，社会基础产业经营的经济效益比较低。大部分社会基础产业作为公益事业，其服务价格大部分都比较低，甚至低于成本，社会基础产业入不敷出的现象普遍存在。如铁路目前的货物运输价格是0.1551元/吨公里，一些自营铁路最高是0.41元/吨公里，而铁路成本一般为0.23—0.29元/吨公里。农田灌溉、农村电信、城市煤气供应等都是投入大于产出。投资数额大，服务成本高，价格低，是社会基础产业运营效益差的重要原因。

另一方面，由于社会基础产业使用年限长，决定了其维修和保养具有特殊重要的意义，良好的维修与保养可以提高社会基础产业经营效益，延长使用寿命。但是，在大多数情况下，社会基础产业都缺乏及时的维修与保养，道路破坏、河道淤积、灌溉渠泄漏、电线不通等不良现象经常发生。维修和保养不力，通常致使社会基础产业使用过程中损耗增加，并容易提前报废。

社会基础产业建设规模巨大，耗资巨大，是一般的企业和个人的力量所不能及的，加之其部分设施的公益性，决定了政府在社会基础产业建设中应当居主导地位。因此绝大部分社会基础产业投资都来源于政府，政府财力的大小对区域社会基础产业建设影响很大。最近十几年来，社会基础产业建设的融资渠道在逐渐拓宽，比如利用 BOT 形式吸引外资，通过股份制进行市场融资，争取世界银行和国际银团贷款等等，在一些地方性的、小型的社会基础产业建设中，企业和个人的投资也越来越多。

第三，为了保证社会正常运行，必须保证满足社会对社会基础产业最低水平的保障性需求。社会基础产业是公益事业、准公益事业和市场性事业的混合体，保证最低数量和一定质量的服务具有战略意义，任何形式的中断和限制供给都会对社会稳定构成威胁。不难想象，主要干线交通中断、供排水系统遭受破坏、缺乏基本的医疗保障等等，会带来多么严重的社会混乱。

在社会对社会基础产业的最低需求与最大限度需求之间有一个

很大的市场空间，在西方国家，这部分市场仍然可以通过完备的社会基础产业网络供应。而在发展中国家，由于社会基础产业特别紧缺，则经常是由需求者小规模的生产来自我满足供应。最典型的案例是企业建设自备电厂、自备水厂，甚至是道路、码头等等。

（3）社会基础产业与区域经济发展的关系

社会基础产业建设与区域经济发展的相互关系主要表现在如下方面：

第一，社会基础产业超前于区域经济增长。社会基础产业在社会的每一个生产过程和生活过程中都发挥作用，是区域经济增长的必要前提条件。虽然社会基础产业建设不一定直接带动区域经济的增长，但没有社会基础产业的保障则必然很难有区域经济的增长和发展。因此，国际上通常用社会对社会基础产业需求的满足程度来衡量该社会的经济发展水平。实际上，社会基础产业服务的覆盖面确实是随着经济发展水平的提高而提高的。

社会基础产业存量的增加与经济增长呈明显的正相关同步增长关系。绝大部分社会基础产业属于服务部门，它的生产和消费在时间上和空间上同时发生，比如交通运输生产的过程同时也是消费的过程，其产品不能够发生区域性位移，不能够通过市场交换来满足需求。因此，社会基础产业"瓶颈"一旦产生，对区域经济发展的限制性更强。因此，重视对社会基础产业的投资，是国家经济发展的长期政策。而当社会基础产业成为经济发展的"瓶颈"时，对社会基础产业的投资对经济增长的促进作用更为明显。

第二，区域社会基础产业结构应当与区域经济发展水平相一致。

社会基础产业与区域经济发展的相互关系不仅取决于社会基础产业总量，还与社会基础产业结构密切相关，区域社会基础产业结构因区域经济发展水平的不同而不同。在欠发达国家，供水、灌溉和交通等最基本的社会基础产业十分重要；在中等发达国家，由于农业已经得到充分的发展，并且在经济中的比例较低，安全、洁净的饮用水也基本得到满足，因此灌溉、供水的需求增加缓慢，各种交通社会基础产业建设占重要地位；在经济发达国家，电力、电信等社会基础产业在存量和投资中所占比重更加重要。

从总体上看，20世纪80年代以来，中国社会基础产业的增长快于发达国家，人均GDP每增长1%，社会基础产业投资增长2.18%。从社会基础产业增长的结构看，公共产品或服务增长最快的是电信，其他依次是发电量、医生数和公路长度，最后是铁路营业里程、饮用水和农田灌溉面积。中国社会基础产业的增长结构已经具有发达国家的特征，电信的增长甚至比发达国家还要快得多。这是因为改革开放以后，中国的社会基础产业普遍短缺，其中越是现代化的社会基础产业越是短缺，电信首当其冲。因此，80年代以来电信业特别是互联网产业的迅速发展既是弥补传统体制下电信业极度短缺的结果，也是中国社会基础产业结构赶超发达国家的标志。另一方面，在发达国家已经得到充分满足，从而增长极少的社会公共设施或公共服务，如农田水利设施和医疗服务等，在中国仍然处于十分短缺之中，这正是中国社会基础产业在"十四五"期间仍然要加速发展的动力。同时，这也说明了中国社会基础产业建设面临任务的艰巨性：既要弥补传统的工业社会甚至是传统的农业社会需要发展的社会基础产业，又要实现与发达国家社会基础产业的对接，建设包括信息高速公路在内的最现代化的社会基础产业。

第三，投资于社会基础产业是政府刺激经济增长的有效措施。社会基础产业投资巨大，并且由于工程量大，需要耗费大量劳动力，能够以投资和劳动的投入拉动经济增长。特别是在经济低速增长期或衰退期，企业或个人投资减少，政府可以通过社会基础产业的建设与维修，增加公共支出，从而刺激经济增长，特别是依靠劳动密集型方式发展社会基础产业，是实现保持高就业的经济增长的有效政策工具。

由于社会基础产业涉及农用水利、交通、环境保护、文化教育、卫生等领域，因此要实现区域经济的可持续发展，就必须加大对社会基础产业的投资力度。

9.1.2 社会基础产业配置的基本原则

（1）可持续发展原则

地方政府应当坚持从人口、资源、环境与发展的相互关系出发，从经济、社会、区域、资源和环境相互协调以及可持续发展的总体战略要求出发，规划和实施具体的社会基础产业建设项目。在规划和建设水利、交通、能源、城市社会基础产业建设项目时，要把有利于促进区域和城乡之间协调发展等可持续性目标作为规划建设的重要目标。

在区域规划的方案设计当中，对能显著改善地区生态环境的项目、保护水资源和其他战略资源的项目、优化区域经济发展条件的项目，应当优先设计规划。要把缩小规划区域内的发达地区与欠发达地区的发展差距作为重要的约束条件，通过社会基础产业的配置，形成各区域公平发展的条件。

（2）生态环境优先的原则

社会基础产业建设项目必须充分考虑对区域生态环境的影响，以环境保护和生态建设为目标的社会基础产业建设项目，包括退耕还林、天然林保护、风沙治理等，政府应当在投资上给予适当倾斜。

例如，南水北调工程，就是贯彻"先节水后调水，先治污后通水，先环保后用水"的基本原则，中央政府部门制定了受水地区的节水、治污及环保等规划和措施，确定了相应的实施项目，作为整个工程建设的重要组成部分以及控制性工程。再如，青藏铁路，确定了把对高原生态环境的不利影响降到最低程度的建设原则，并在设计和施工中得到了具体的体现。青藏铁路的大部分线路是沿青藏公路走行，充分考虑了自然景观的保护，在湖泊、湿地等环境敏感地带线路尽量绕避或以桥穿越，尽最大可能使线路从可可西里、三江源两大保护区的边缘地带通过，并设置了33处供野生动物迁徙的专用通道等。

（3）适当超前原则

社会基础产业建设是一项繁重的任务，需要大量的投资，要有一个相当长的建设周期，而区域经济是每时每刻都在发展和变化的，所以规划必须要始终坚持社会基础产业建设与区域经济发展基本适应、适当超前的原则。这种基本适应，是指社会基础产业的规模与区域经济的规模基本适应，社会基础产业的技术水平与区域经济的技术水平基本相当，社会基础产业的投入不超出区域发展的能力，社会基础产业基本能够满足当地人民的消费需要。

但是，适当超前必须有一个"度"的概念，除考虑国防、民族团结与发展等因素建设的公益性项目外，高速公路、铁路、机场、能源设施、供排水、污染治理等设施，都需要考虑到当时当地区域经济发展的具体情况，要有所超前，又不浪费投资。区域规划的重要性就在于有一个长期的、合理的社会基础产业建设的规划，有建设的程序、建设的先后顺序和每一个区域的基本的建设规模。应当防止在没有突发事件的情况下，为某一个并不重要的思路突击性地进行基础设施项目建设。为此，区域规划必须获得法律上的约束效力。

（4）讲求效益原则

社会基础产业的建设也必须讲求效益。大部分社会基础产业作为公益事业，其服务价格大都比较低，如农田灌溉、农村电信、城市煤气供应等都是投入大于产出。社会基础产业投资大，服务成本高，价格低，是其运营效益差的重要原因。鉴于这种情况，将社会基础产业进行类型划分是十分必要的。公益型的社会基础产业，由中央或地区政府进行财政补贴，不参与效益的计算，而另外的市场型的社会基础产业，就必须抓效益、抓服务，保证健康有序地发展。对于介于两者之间的，要具体分析，视不同类型、不同规模而定。

9.1.3　社会基础产业发展要解决的矛盾

在社会基础产业发展中，要解决以下几个矛盾和问题：

（1）投入与产出的矛盾

如前所述，社会基础产业的投入巨大。比较著名的案例：宜万铁路全长 377 公里，总投资 225.7 亿元。前身是川汉铁路，1909 年由詹天佑主持开建，从宜昌往秭归修了 20 多公里就被迫停工。2003年重新修建，全线桥梁、隧道的总长度约 278 公里，有 34 座高风险的岩溶隧道，全球铁路独一无二，是中国铁路史上修建难度最大、公里造价最高、历时最长的山区铁路。宜万铁路宜昌至利川凉雾段设计时速为 200 公里 / 小时，凉雾至万州段设计时速 160 公里 / 小时。全线共建隧道 159 座、桥梁 253 座，桥隧占线路总长的 74%，造价每公里 6000 万元，为中国普速铁路之最。另外，2019 年建成的北京大兴国际机场，造价 799 亿元，旅客量预计每年 1 个亿。拥有面积达 70 万平方米的航站楼，拥有客机近机位 92 个。

巨大的投入是否能够换来成比例的产出？关键要看投入方向的正确与建成后的运营水平。当今世界，中国的基础设施运营水平，特别是道路交通运营水平是处在全球国家当中最高之列的，这就保证了基础设施运营的良好产出。当然，我们也面临物流成本过高的问题，这个问题一直是提高国民经济宏观效益的障碍。

（2）供给与需求的矛盾

由于基础设施建设的较长周期与社会对基础设施需求增长的时时变化，供给与需求的矛盾始终存在。例如，前面所讲的宜万铁路，2003 年开始建设，2010 年竣工，工期是八年。北京大兴国际机场 2014 年 12 月动工，2019 年 10 月竣工开始使用，经过了五年的时间。在建设期间，社会对交通运输的需求一直都在增加，需求的变化是一个连续的函数。解决供给与需求的矛盾，就要求社会基础产业的建设要有超前的规划，要建立在对经济社会发展的正确预测基础上，适时启动基础设施的建设项目。

重视局部与整体的供需矛盾，也是我们要求解的一个课题。交通、能源、通信等设施，大多是全国或大区域设计与建设的，但需求的增加一般是有局部性的，具体到某一个区域、某一个城市甚至小区。整体的满足与局部的不足、局部的过剩与整体的不足，都有可能存在。解决这个问题，关键是要有完备的区域规划，通过区域规划来调整整体与局部的关系，解决供需的矛盾。

（3）长效与短期的矛盾

基础设施建设的长效性是十分明显的，一条铁路线或者一条公路线，其寿命都是几十年、上百年，而我们看到，中国的大运河已经存在 1000 多年，有些铁路线也已经超过 100 年。建设这样长期的基础设施，有时很难让全部短期需求得到满足。

解决长效与短期需求的关系，就需要我们规划建设综合性的社会基础设施网络。例如，高速公路解决的是长期与大数量的需求，地方公路解决的是一般出行问题，乡村公路解决特定地区的短期需求增长的问题。我们的经济发展需要这样不同的基础设施之间的良好配合，而实现这种配合的最好机制是区域规划。

9.2　基础设施的规划与建设

社会基础产业中的基础设施包含的领域很广泛，我们在这里只分析其中两个最重要的方面——能源和交通。

9.2.1　能源产业发展规划

（1）能源产业发展趋势

在区域规划中考虑能源产业的发展，必须考虑区域的能源结构。其中煤炭、石油、天然气和水电及其他电力是主要的部分。从中国目前的能源结构来看，煤炭的比重下降，油气比重迅速上升，电力的重要性不断提高。中国目前是石油净进口国，2017 年中国石油进口 49141 万吨，占当年石油消费的 84% 左右。水电是中国的优势能源，西部是中国水力资源最丰富的地区；中部是中国煤炭资源最丰富的地区；东部则是中国电力工业最发达的地区。

区域能源产业分析包括两个互相联系的方面：

第一，区域能源现状。区域能源现状包括区域能源开发现状和区域能源供应现状两个方面。能源开发现状，包括地区的煤炭、石油、天然气、水电、核能和其他新能源（海洋能、太阳能、地热能、风能等）的构成情况、开发能力、开发规模和技术水平等。区域能源供应现状，包括地区的煤炭、成品油、电力等能源的供应是否能够满足需要，如果能够满足本地的需要，有多少外运的能力；如果不能满足需要，有多少需要从区外运入，供应的来源地在什么地方等。

第二，区域能源需求前景。对区域能源的需求前景，基本的方针是：适当超前发展，保护环境，合理布局，优化结构和规模。有条件的地区，应当逐步将以煤炭为主的能源结构，向以油、电、气为主的能源结构过渡。需要进行电源规划，确定是以本地发电为主还是以国家调节为主，是主要发展火电，还是主要发展水电。还需要关注农村地区的能源问题，提出解决农村地区能源问题的基本思路。

（2）中国能源发展面临的形势

中国经过改革开放40多年的建设，能源生产和消费都发生了很大的变化。

第一，能源产量迅速增加。2017年中国能源生产总量达到32.6亿吨标准煤，原煤35.2亿吨，原油1.92亿吨，天然气1464.9亿立方米，发电量64562亿千瓦小时。中国的能源生产总量已经居世界第一位，其中煤炭居第一位，水电、风电、光伏发电装机规模和核电在建规模也均居世界第一。

第二，能源消费结构不断优化。2017年中国能源消费总量达到41.6亿吨标准煤，其中原煤占65.2%，比2000年的71.5%下降了6.3个百分点，原油占20.2%，比2000年的22.9%下降了2.7个百分点，天然气占7.5%，比2000年的2.3%上升了5.2个百分点，水电占3.5%，比2000年的1.9%上升了1.6个百分点。新能源、优质能源、洁净能源的使用比重有很大的提高，能源的利用效率也有很大提高。

第三，能源发展进入创新驱动的新阶段。千万吨煤炭综采、智能无人采煤工作面、三次采油和复杂区块油气开发、单机80万千瓦水轮机组、百万千瓦超超临界燃煤机组、特高压输电等技术装备保持世界领先水平。自主创新取得重大进展，三代核电"华龙一号"、四代安全特征高温气冷堆示范工程开工建设，深水油气钻探、页岩气开采取得突破，海上风电、低风速风电进入商业化运营，大规模储能、石墨烯材料等关键技术正在孕育突破。[①]

第四，节能工作成效显著。"十二五"时期，万元国内生产总值的能耗下降了18.4%，二氧化碳排放强度下降了20%以上，超额完成规划目标。现役煤电机组脱硝比例达到92%，单位千瓦时供电煤炭下降18克标准煤，煤电机组超低排放和节能改造工程全面启动。

中国的能源建设取得了很大的成绩，但仍然存在许多问题。如传统能源产能结构性过剩问题：煤炭产能过剩，供求关系严重失衡；另外，与发达国家相比，中国的万元国内生产总值的能耗还是过高。

（3）能源发展的政策取向

能源问题是一个全国性的问题，区域能源问题的解决，必须考虑国家的能源形势和能源发展战略。未来一段时间内能源发展的政策取向是：[②]

能源战略。包括：a.更加注重发展质量，调整存量、做优增量，积极化解过剩产能。对于存在产能过剩和潜在过剩的传统能源行业，原则上不安排新增项目；对于新能源开发行业，新建大型基地或项目应提前落实市场空间。b.更加注重结构调整，加快双重更替，推进能源绿色低碳发展。着力降低煤炭消费比重，加快散煤综合治理，加快天然气价格改革，降低利用成本，适度加大水电、核电开工规

---

① 《能源发展"十三五"规划》。
② 《能源发展"十三五"规划》。

模，稳步推进风电、太阳能等可再生能源发展。c. 更加注重系统优化，创新发展模式，积极构建智慧能源系统。加快优质调峰电源建设，显著提高电力系统调峰和消纳可再生能源能力。强化电力和天然气需求侧管理，显著提升用户响应能力。大力推广热、电、冷、气一体化集成供能，加快推进"互联网+"智慧能源建设。d. 更加注重市场规律，强化市场自主调节，积极变革能源供需模式。处理好能源就地平衡与跨区供应的关系，坚持集中开发与分散利用并举，高度重视分布式能源发展。e. 更加注重经济效益，遵循产业发展规律，增强能源及相关产业竞争力。逐步降低风电、光伏发电价格水平和补贴标准，合理引导市场预期，通过竞争促进技术进步和产业升级。f. 更加注重机制创新，充分发挥价格调节作用，促进市场公平竞争。放开电力、天然气竞争性环节价格，推动实施有利于提升清洁低碳能源竞争力的市场交易制度和绿色财税机制。

主要目标。a. 能源消费总量。能源消费总量控制在 50 亿吨标准煤以内，煤炭消费总量控制在 41 亿吨以内。全社会用电量预期为 6.8 万亿—7.2 万亿千瓦时。b. 能源安全保障。能源自给率保持在 80% 以上，提高能源清洁替代水平。c. 能源供应能力。保持能源供应稳步增长，国内一次能源生产量约 40 亿吨标准煤，其中煤炭 39 亿吨，原油 2 亿吨，天然气 2200 亿立方米，非化石能源 7.5 亿吨标准煤，发电装机 20 亿千瓦左右。d. 能源消费结构。非化石能源消费比重提高到 15% 以上，天然气消费比重力争达到 10%，煤炭消费比重降低到 58% 以下。发电用煤占煤炭消费比重提高到 55% 以上。e. 能源系统效率。单位国内生产总值能耗比 2015 年下降 15%，煤电平均供电煤耗下降到每千瓦时 310 克标准煤以下，电网线损率控制在 6.5% 以内。f. 能源环保低碳。单位国内生产总值二氧化碳排放比 2015 年下降 18%。

（4）能源发展规模预测

区域能源规划主要是规划未来的区域能源消费与生产的规模，对规模的预测首先要考虑需求，要根据地区经济发展对各类能源的需求情况，确定区域能源产业的规模。

中国进入经济发展新常态后，经济增速有所放缓，经济结构和产业向低能耗、清洁化、高附加值转型，对能源消费需求量增速放缓。预计 2030 年中国煤炭的需求占比有望下降到 50% 左右。2020—2030 年中国石油供需基本以 1%—2% 的速度增长，石油需求占比稳中有降。2020—2030 年中国天然气供需增长率降到 5% 左右。2030 年中国天然气需求占能源需求总量比重将达到 12%。2030年油气比为 1：0.7 左右。总的来说，石油占比下降，天然气占比上升，油气比趋于合理，是未来油气能源结构变化的大趋势。在可再生能源中，非水现代可再生能源需求将大幅增长。2025 年和 2030 年，中国可再生能源需求继续分别提高到 6 亿吨标准煤和 8 亿吨标准煤左右。水能在可再生能源需求中的占比将由 2013 年的 68% 左右降至 2030 年的 50% 以下。预计到 2030 年，非化石能源占比将由 2015 年的 12% 上升到 21%。其中，核能 5.0%，水能 10.0%。[1]

从主要发达国家的经验来看，当人均 GDP 达到 2 万—3 万美元

---

① 北京理工大学能源与环境政策研究中心：《"十三五"及 2030 年能源经济展望》。

时，人均用能达到峰值，随后人均用能随着人均 GDP 的增长整体呈现平稳甚至下降趋势。随着中国经济结构优化，中国一次能源需求增速将逐步放缓，以此推算，中国一次能源需求预计于 2035—2040 年期间进入峰值平台期，一次能源需求结构将加快优化，呈现非化石、煤炭、油气三足鼎立态势。当前中国第二产业万元产值能耗是第三产业的 3.4 倍，第三产业占 GDP 的比重每提升一个百分点，将降低能源需求 1800 万吨标准煤。随着中国工业向中高端水平迈进，服务业比重持续提升，城镇化稳步推进，能源需求重心将逐步向生活侧转移，终端用能将在 2035 年前后达到峰值，工业用能将在 2025 年前后达到峰值，交通用能将在 2035 年后进入峰值平台期，终端用能结构将继续维持电代煤、气代煤的趋势。

随着单位 GDP 石油消费强度的持续下降，中国石油需求将于 2030 年前后达到峰值，为 7.05 亿吨，此后逐步回落，2050 年预计为 5.9 亿吨，其中交通用油占比将有所下降，但仍保持在 50% 以上，是石油需求的主导部门。受可获得性大幅提升、环境污染治理、天然气与可再生能源融合发展等推动，中国天然气需求将保持增长态势，预期 2035 年和 2050 年天然气需求量将分别达到 6100 亿立方米和 6900 亿立方米。未来天然气将在融合可再生能源调峰、分布式能源体系、冷热电气综合能源系统中扮演重要作用，在电力部门的需求总体将保持稳定增长。目前中国煤炭需求已经进入峰值平台期，2025 年后随着工业用能及电煤需求达峰，煤炭需求量将逐步下降，发电及煤化工将是中国煤炭规模化、清洁化利用的主要方向。终端部门电气化水平预计于 2035 年提升到 32%，2050 年提升到 38.4%，相应电力需求将于 2035 年达到 10.6 万亿千瓦时，2050 年达到 12.2 万亿千瓦时。工业在相当长时期仍将是电力需求第一大户，智能时代的到来，将使得建筑用电量最大，贡献全社会用电量的 56%。[1]

对于区域来说，其对能源的消费可以通过两个途径解决：自己生产和区外调入。只要在规划中对地区需要的总规模预测准确，就可以将其分为两个预案来实施：区内能源生产规划，重点是对本区域的能源生产能力和生产规模进行评判，制订年度生产计划；区外能源调入规划，分为国家能源的区域平衡和能源的市场性调配。把这两个部分综合在一起，就可以解决区域的能源消费问题。

（5）碳达峰与碳中和

在中国实现社会主义现代化的过程中，影响能源产业发展的另一个重大的因素，就是中国政府关于碳达峰与碳中和的承诺。

2020 年 9 月 22 日，国家主席习近平在第七十五届联合国大会一般性辩论上发表重要讲话，提出中国力争碳排放于 2030 年前达到峰值[2]，努力争取 2060 年前实现碳中和[3]（简称"双碳"）。习近平主席代表中国向世界做出了庄严的减排承诺。实现"双碳"目标是生态文明建设的重要内容，将推动经济社会发展全面绿色转型，是一

---

[1] 中石油经研院：《2050 年世界与中国能源展望（2019 版）》。

[2] "碳达峰"是指一个地区或团体在一段时间内，直接或间接产生的二氧化碳排放量达到峰值，之后进入平台期并在一定范围内波动，然后进入平稳下降阶段的过程。

[3] "碳中和"是指一个地区或团体在一段时间内，直接或间接产生的二氧化碳排放总量，通过植树造林等形式进行全部抵消，实现二氧化碳的"零排放"。

场广泛而深刻的经济社会系统性变革。①绿色发展是中国未来实现高质量发展的关键所在。碳达峰、碳中和既是中国向世界的一个庄严承诺，也是高质量发展的内在要求。为了有序推进碳达峰、碳中和，中国政府进行了周密安排。

表 9-1 列出了中国政府实现"双碳"目标的计划。

表 9-1　中国政府关于"双碳"目标的计划

2025 年	"十四五"规划： （1）严控煤电项目； （2）严控煤炭消费增长； （3）石油消费达峰。
2030 年	2030 年前碳排放达峰： （1）非化石能源占比 25%； （2）风光发电装机容量达到 12 亿千瓦； （3）碳排放强度与 2005 年相比，降低 65% 以上； （4）森林蓄积量比 2005 年增加 60 亿立方米。
2035 年	美丽中国目标基本实现，基本实现社会主义现代化： （1）碳排放量比 2030 年下降； （2）2035 年前天然气消费达峰； （3）能源消费量达峰。
2060 年	实现碳中和远景目标： （1）实现温室气体中和与二氧化碳净零排放； （2）基于自然的解决方案。

第一，碳排放量居全球首位，实现"双碳"目标任务艰巨。

中国是世界上最大的能源生产国和消费国，也是世界最大的碳

---

① 中国政府网：http://www.gov.cn/xinwen/2021-03/15/content_5593154.htm。

排放国，占世界能源碳排放总量的28.8%左右，[①] 对全球碳达峰与碳中和具有关键作用。中国明确提出力争于2030年前实现碳达峰、2060年前实现碳中和。

2019年，中国、美国、印度、俄罗斯、日本等二氧化碳排放量排名前五位国家的碳排放全球占比高达58.3%。中国二氧化碳排放量101.7亿吨，位居全球首位。2019年中国的二氧化碳排放量，已经接近排名第2至第5位的美国、印度、俄罗斯、日本四个国家的总和。目前中国仍处于经济快速发展的阶段，伴随着经济规模的增加，碳排放量也在增长，与西方发达国家相比而言，实现"双碳"目标面临诸多困难。表9-2列出了发达国家中碳排放量控制较好的国家，从该表可知，这些国家碳排放量增幅较小，有的国家已经出现了碳达峰的时点。

表9-2　碳排放控制成绩较好的发达国家（2012—2019年）　　单位：亿吨

国家	2012年	2013年	2014年	2015年	2016年	2017年	2018年	2019年
法国	3.36	3.35	3.01	3.07	3.12	3.18	3.07	2.99
德国	7.73	7.98	7.51	7.56	7.7	7.61	7.31	6.84
英国	5.12	5	4.58	4.4	4.16	4.04	3.97	3.87
加拿大	5.26	5.44	5.53	5.46	5.38	5.49	5.66	5.56
韩国	6.15	6.19	6.15	6.24	6.3	6.45	6.62	6.39
日本	12.96	12.83	12.49	12.1	11.93	11.87	11.64	11.23

资料来源：《BP能源统计年鉴》（2012—2019）。

[①]　国务院新闻办公室：《强化应对气候变化行动——中国国家自主贡献》，2015年11月。

表 9-3 是世界上主要国家碳中和的承诺时间，主要发达国家除美国外承诺在 2050 年达到碳中和，中国承诺 2060 年达到碳中和，只比主要发达国家碳中和的时间晚 10 年。

表 9-3　主要国家碳中和承诺时间表

国家	英国	日本	加拿大	韩国	欧盟	中国	美国	印度
碳中和时间	2050 年	2050 年	2050 年	2050 年	2050 年	2060 年	未承诺	未承诺

第二，中国传统能源消费以煤炭为主，实现"双碳目标"面临困难。

中国长期以来都是以煤炭为主的能源结构，工业生产中大量地消耗煤炭和石油等不可再生能源。如图 9-1 所示，中国的能源消费持续创新高。2020 年，中国能源生产折合标煤 40.8 亿吨，能源消费折合标煤 49.8 亿吨，二氧化碳排放约 103 亿吨。另一方面，中国能源消费结构中，煤炭占能源消费的比重在 2008 年达到 72.5% 的峰值以后，煤炭占能源消费的比重持续下降，到 2019 年煤炭消费占能源消费的比重降至 57.7%。但是与发达国家比较，中国能源结构中煤炭消费比例仍然偏高。

表 9-4 是世界主要国家的能源消费结构，对比可以发现，世界主要国家的煤炭占能源消费的比重不超过 20%，中国煤炭消费占能源消费的比重则达到 57.7%。能源结构的不合理是导致中国碳排放体量巨大的重要原因之一。

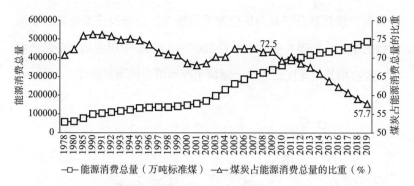

图 9-1　中国能源消费及煤炭占能源消费总量的比重（1997—2019 年）

资料来源：《中国能源统计年鉴》（1998—2020）。

表 9-4　2019 年世界主要国家能源结构比较（%）

能源结构	法国	德国	加拿大	日本	韩国	日本	中国
煤炭	2.8	17.5	3.3	3.9	27.8	26.3	57.7
石油	32.5	35.6	39.6	31.6	42.8	40.3	19.7
天然气	16.2	24.3	36.2	30.5	16.2	20.8	7.8
新能源和 可再生能源	48.5	22.6	20.9	34.0	13.2	12.6	14.9

资料来源：《BP 能源统计年鉴》（2019）。

　　"十四五"时期，中国生态文明建设进入了以降碳为重点战略方向、促进经济社会发展绿色转型的关键时期。必须逐步转变以煤炭为主的能源消费结构，积极发展新能源产业。

　　第三，经济发展对能源的依赖下降。

　　能源是经济发展的必要品，经济的发展需要能源支撑。中国经济结构持续转型升级和向绿色发展的转变，使得经济增速高于能源消费的增速。如图 9-2 所示，自 2008 年以后，中国主动调整经济结构，经济增长的速度已经快于能源生产和消费的增长速度。

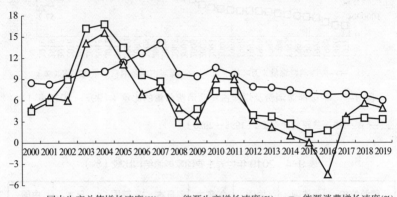

图 9-2　中国能源生产、消费与国内生产总值增速比较（2000—2019 年）

资料来源：《中国能源统计年鉴》（2000—2020）。

　　表 9-5 列出了中国近年来的能源使用效率，可以看到万元 GDP 能源消费和煤炭消费量都呈下降的趋势，说明中国对能源的使用效率在持续提升。

　　第四，碳排放市场加速形成。

　　碳排放成为可以自由化交易的商品最早是在 2005 年，《京都议定书》规定发达国家购买碳减排量来履行减排义务。清洁发展机制即是《京都议定书》规定的跨界进行温室气体减排三种机制之一，发达国家通过向发展中国家提供资金和技术帮助发展中国家实现可持续发展，同时发达国家通过从发展中国家购买"可核证的排放削减量"（CER）以履行《京都议定书》规定的减排义务。

表9-5　万元GDP能耗[①]

年份	万元国内生产总值能源消费量 （吨标准煤/万元）	万元国内生产总值煤炭消费量 （吨/万元）
2010	0.88	0.85
2011	0.86	0.86
2012	0.83	0.85
2013	0.79	0.81
2014	0.76	0.73
2015	0.72	0.66
2015	0.63	0.58
2016	0.6	0.53
2017	0.58	0.5
2018	0.56	0.47

资料来源：根据《中国统计年鉴》（2010—2020）数据计算。

全国碳排放权交易市场是利用市场机制控制和减少温室气体排放，实现碳达峰、碳中和与国家自主贡献目标的重要政策工具。2011年10月，北京、天津、上海、重庆、广东、湖北、深圳七省市启动了碳排放权交易地方试点工作。截至2020年12月31日，试点碳市场配额现货累计成交4.45亿吨，成交额104.31亿元人民

---

① 根据统计需要，2010—2015年国内生产总值按2010年可比价格计算，2015—2018年国内生产总值按2015年可比价格计算。

币。[①]2021 年 7 月 16 日，全国碳排放权交易市场开市，标志着全国统一的碳排放交易市场正在形成，预计未来我国碳排放市场交易规模将持续高速增长。

综上，我们进行能源产业规划时，必须充分考虑碳达峰与碳中和的具体时间表，并根据本地区的具体情况来制定规划。

9.2.2 交通运输产业发展规划

交通运输是区域社会基础产业中最重要的组成部分之一，是区域各项产业发展的基础条件，是区域投资环境的主要构成主体，也是区域规划不可或缺的重要内容。

（1）影响区域交通运输规划的主要因素

经过多年的建设，中国运输线路长度成倍增长。2018 年年末，中国各种运输线路总长度已达 1360 多万公里。其中，铁路营业里程 13.2 万公里，内河通航里程 12.7 万公里，公路里程 484.7 万公里，民用航空航线里程 838 万公里，输油输气管道 12.2 万公里。各区域的交通设施也都有了很大的发展，在区域经济发展中起着越来越大的作用。

影响区域交通运输规划的因素主要有：

第一，区域经济发展水平。对交通运输的需求，随着区域经济发展规模的扩大而上升。运输业的总体规模与 GDP 是一种正相关的关系。

---

① 中国新闻网：https://www.163.com/dy/article/GEVMAJG50514R9KD.html。

表 9-6 是中国交通运输量与国民经济的关系的分析:

表 9-6　中国 GDP 与货物周转量的关系

年份	1990	1995	2000	2005	2010	2015	2016	2017	2018
GDP（亿元）	18873	61340	100280	187319	413030	689052	744127	820754	900310
货物周转量（亿吨公里）	26208	35909	44321	80258	141837	178356	186629	197373	204686

资料来源:《中国统计年鉴》(1991—2019)。

从表中可以看到,1990 年中国的 GDP 为 1.89 万亿元,2000 年为 10.03 万亿元,2010 年达到 41.3 万亿元,2018 年达到 90.03 万亿元;相应的货物周转量从 2.62 万亿吨公里,增加到 4.43、14.18、20.47 万亿吨公里。28 年间 GDP 增长了 46.7 倍(按当年价计算),货物周转量增加了 6.81 倍,正相关的关系十分明显。因此,对于区域规划来说,在规划期之内,如何正确地确定产业发展需要的基础设施的建设数量,是规划中应当十分注重的内容。

但是,我们也看到,随着经济发展水平的提高,单位产值的运输量呈现下降的趋势,这一点通过表 9-7 可以更清楚地反映出来。

表 9-7　中国每万元 GDP 产生的货物周转量

年份	1990	1995	2000	2005	2010	2015	2016	2017	2018
数量（吨公里）	13887	5854	4420	4285	3434	2588	2508	2405	2274

资料来源:根据《中国统计年鉴》计算。

中国每万元GDP产生的货物周转量，1990年为13887吨公里，到2018年已经下降到2274吨公里，这其中当然有物价指数的影响，但另一方面也说明了中国经济发展质量的提高：单位产值的吨公里数在下降。我们制定的区域规划，也要充分注意到这个情况。

第二，区域产业结构。区域产业结构与运输量的大小有直接的关系，原因是不同产业单位产值产生的运输量是有很大差别的。以重化工业、矿业为主的区域，交通运输业的配置也应当有较大的规模，反之以轻工业为主体的地区，交通运输业的配置可以保持相对小些的规模；对于以旅游等第三产业为主体产业的地区，客运设施应当有较大的发展，也要求有很高的水准。伴随产业结构服务化水平的上升，第三产业比重提高，货物周转量下降，旅客周转量上升。

第三，区域的人口数量、密度和迁徙情况。人口数量多，必然要求有较大的运输规模，随着经济发展水平的提高，对客运的要求尤其会增加很快；人口密度要求运输设施的密度与之相对应；而人口的迁徙情况，决定了对高峰期的运输能力的要求，如中国春节期间人口流出地区交通量增加很多，就是一个很好的说明。

第四，区域的面积、地形等情况。面积大而人口少，需要的人均运输能力就要高些；面积小而人口多，需要的人均运输能力就要低些。山区、高原、丘陵运输网一般分布稀，平原区、大江大河的三角洲地区运输网都很密集。规划要充分考虑到这些自然因素的影响。

第五，地区的投资能力。地区的投资能力是发展交通运输业的必要条件。量力而行，是进行经济建设的起码准绳。当然，地区的投资能力是由多方面构成的：当地政府的财政能力、中央政府对该地区的投资状况、地方民间资本投资交通的能力、引进外部资金的情况、银行贷款的能力以及地区发展交通运输设施的有关政策等。

（2）交通运输规划的基本原则与主要目标

制定交通运输规划，必须明确基本原则与主要目标。

基本原则。交通运输规划要遵循基本原则。中国在"十三五"期间的基本原则是：[①]

a. 衔接协调、便捷高效。加强区域城乡交通运输一体化发展，增强交通公共服务能力，积极引导新生产消费流通方式和新业态新模式发展，扩大交通多样化有效供给，全面提升服务质量效率。

b. 适度超前、开放融合。完善功能布局，强化薄弱环节，确保运输能力适度超前；坚持建设、运营、维护并重，推进交通与产业融合；积极推进与周边国家互联互通。

c. 创新驱动、安全绿色。全面推广应用现代信息技术，以智能化带动交通运输现代化；全面提高交通运输的安全性和可靠性；建立绿色发展长效机制，建设美丽交通走廊。

主要目标。基本思路是充分发挥各种运输方式的优势，"十三五"规划预计，到 2020 年，基本建成安全、便捷、高效、绿色的现代综合交通运输体系，部分地区和领域率先基本实现交通运输现代化。高速铁路覆盖 80% 以上的城区常住人口 100 万以上的城市，铁路、高速公路、民航运输机场基本覆盖城区常住人口 20 万以上的

---

① 《"十三五"现代综合交通运输体系发展规划》。

城市，内河高等级航道网基本建成，沿海港口万吨级及以上泊位数稳步增加，具备条件的建制村通硬化路，城市轨道交通运营里程比2015年增长近一倍，油气主干管网快速发展，综合交通网总里程达到540万公里左右。

（3）主要运输方式规划

公路。公路运输在中国各地区都占有重要的地位，2018年它担负了76.2%的客运量和27.1%的旅客周转量，担负了77.8%的货运量和34.8%的货运周转量。2018年年底，全国公路里程达485万公里，公路密度达到50.5公里/百平方公里，主要城市之间的公路交通条件显著改善，公路总里程增长迅猛，路网通达性显著提高。同时，县、乡公路里程快速增长，质量也有很大提高。2018年年底，农村公路里程达到404万公里，通硬化路乡镇和建制村分别达到99.6%和99.5%。公路路网四通八达，改革开放以来高速公路建设成效显著。1988年，中国第一条高速公路沪嘉高速公路（18.5公里）建成通车。此后，又相继建成全长375公里的沈大高速公路和143公里的京津塘高速公路。到2018年年底，全国高速公路通车里程已达14.3万公里，总里程居世界第一位。中国公路建设已取得巨大成就。公路交通的快速发展，有效缓解了中国交通运输的紧张状况，显著提升了国家的综合国力和竞争力。但是，现有的公路规划与建设仍面临一些问题：一是覆盖范围不够全面，部分县没有国道连接，一些城市未能与国家高速公路相连接；二是运输能力不足，部分国家高速公路通道运能紧张、拥堵严重；三是网络效率不高，普通国道路线不连续、不完整，公路与其他运输方式之间衔接协调不够。[①]从行政区划分布看，由于经济发展和人口分布的不平衡，公路发展在各地区之间存在着较大差距。总的来看，东部地区公路密度较大，高等级公路的比例也较高，明显高于全国平均水平，更高于中、西部地区水平。

对一个区域来讲，公路一直是其交通设施建设的重点。近年来各地区经济的高速发展，导致对公路运输的需求增长很快，公路建设得到各级政府的重视。在统一规划的基础上，公路基础设施建设的速度不断加快，质量水平也不断提高。高速公路及其他高等级公路的迅速发展，改变了中国各地区公路的欠发达面貌；公路建设筹资渠道也从单一走向多元化，逐步扭转了公路建设资金短缺的状况。

公路规划的重点是：

首先，本区域与外区域的连接线。目前的区域发展已经不是一个单个区域的事情，而是区域之间协调的结果。把本区域与外面有效地联系起来，是公路交通规划的首要任务；这种线路最好是高速公路。

其次，本区域内部大中城市之间的主干道。大中城市是区域的经济中心，它们之间的联系往往能够对区域经济发展起到决定性的作用。这种主干道可以是高速公路，也可以是高等级的公路，规划的原则是以不造成某些城市的经济衰退为前提。

再次，构建区域的公路交通网络。通过建设更多的低等级公路，

---

① 《国家公路网规划（2013—2030 年）》。

将区域内部全部联系起来，使经济资源能够在区域内有效地流动，方便所有居民的出行和参与经济生活。

最后，公路建设要重视与其他交通运输方式的联系和协调。无论铁路、航空还是水运，都需要通过公路进行相互之间的联系，要在区域规划中专门给予重视。

铁路。铁路是国民经济大动脉、关键基础设施和重大民生工程，是综合交通运输体系的骨干和主要交通方式之一，在国民经济发展中具有重要地位和作用。为适应经济发展新常态，铁路建设仍然是中国下个时期交通运输发展的重点。

2018年年底，中国铁路营业里程达13.1万公里，其中，高速铁路营业里程达2.9万公里（到2020年年底，这一数字已达3.79万公里，居世界第一），全国铁路路网密度136.9公里／万平方公里。中西部地区铁路加快建设，路网覆盖扩大，东部地区路网优化提升，跨区域通道基本形成，高速铁路逐步成网，城际铁路起步发展，路网规模不断扩大，保障能力明显增强。为适应市场需求变化，铁路在生产布局和运输产品结构上做了重大调整，使铁路运输生产布局和资源配置得到优化；同时，为了适应运输市场需求，以大面积提速为龙头，在旅客运输上推出了快速列车、夕发朝至列车、朝发夕至列车、城际列车、旅游列车，在货物运输上推出了大宗货物直达列车、快运货车等一系列优质服务措施，在开拓运输市场、扩大市场份额方面发挥了重要的作用。总体上看，中国当前铁路运输能力基本能够适应社会经济发展需要，但与发达国家相比，仍然存在一些不足：一是路网布局不完善，区域布局不均衡，中西部地区路网覆盖仍需进一步扩大;二是运行效率有待提高,重点区域之间、主要城市群之间快速通道通而不畅;三是网络层次不够清晰,现代物流、综合枢纽、多式联运等配套设施和铁路集疏运体系以及各种交通运输方式衔接有待加强。[1]

铁路规划不是一个区域能够解决的。对于规划区域来讲,一方面要充分利用现有的运输能力,另一方面要向国家有关部门提出本地区急需建设的铁路线路规划。国家的规划目标是:到2025年,铁路网规模达到17.5万公里左右,高速铁路达到3.8万公里左右(2020年已经实现目标),网络覆盖进一步扩大,路网结构更加优化,骨干作用更加显著。到2030年,基本实现内外互联互通、区际多路通畅、省会高铁连通、地市快速通达、县域基本覆盖。[2]

航空。航空运输是中国改革开放以来增长最快的交通运输方式,民用航空线路里程由1980年的19.5万公里增长到2018年的837.98万公里,截至2018年年底有民用飞机6134架、民用航空线4945条、民用机场233个,平均每4.1万平方公里有一个机场。与世界大国相比,中国的机场数量并不多:美国现有机场13513个,平均每693平方公里有一个机场;加拿大1467个机场,平均每6800平方公里有一个机场;印度346个机场,平均每8600平方公里一个机场。随着中国经济的发展以及区际经济联系的增加,航空运输还有很大的发展空间。2018年年底,民航全行业在册飞机3639架,定期航

---

[1] 《中长期铁路规划(2016—2030)》。

[2] 《中长期铁路规划(2016—2030)》。

班航线 4945 条，国内航线 4096 条，定期航班国内通航城市 230 个，民航运输机场旅客吞吐量 12.65 亿人次，货邮吞吐量 1674 万吨。目前中国民航业仍处于成长期，同民航发达国家相比仍存在诸多差距，未来仍有较大成长空间。

航空运输规划也是一个全局性的问题，对区域来讲，关键是机场的建设与布局问题。要根据区域经济发展的基本情况和当地人民的生活水平、出行习惯等，视需要规划和建设机场。一般讲，一个地区一级的区域应当有一个机场，每个大城市都应当有自己的机场，特大城市和超大城市应当有两个以上的机场。中国民用机场数量少，一些小城市尚未通航，根据规划，未来将打造国际枢纽机场，建设京津冀、"长三角"、"珠三角"世界级机场群，加快建设哈尔滨、深圳、昆明、成都、重庆、西安、乌鲁木齐等国际航空枢纽。[①] 各区域在规划时应当关注机场的建设。

内河航运。中国人口众多，各江河流域是人口高度聚集的地区，内河航运对某些地区的区域经济发展十分重要。中国目前内河航运里程为 12.71 万公里。由于中国的土地资源、森林资源开发强度大，造成大面积水土流失，河流泥沙含量大，河床淤积严重，河道不断受到破坏。同时，由于生态环境破坏严重，各大江河流域范围内水源涵养能力大大下降，许多河流年径流量绝对减少，有些河流甚至发生季节性断流，通航里程减少。

规划要确保各地区在进行江河水利工程建设和跨江河桥梁的建

---

① 《"十三五"现代综合交通运输体系发展规划》。

设时，不能影响内河航运。在水利工程建设中不要建设碍航闸坝，人为地造成江河断航。要对港口接卸能力和疏运能力进行规划，根据目前的能力进行预测，预算投资，并且多方面吸引投资进行建设。内河船舶的购置也是规划的重要组成部分，应当放开让民营企业参与到内河航运企业中来。政府应当像修公路那样来改善内河的航道通航条件，使水运优势得到有效发挥，这部分资金应当由政府来投入。

总之，中国的交通运输业正处于一个新的发展时期。中国交通运输业的飞速发展，必将为实现国民经济现代化和人民生活达到小康水平创造十分有利的条件。各区域的交通运输业的发展，要把握机遇，彻底改变长期以来交通运输业发展的欠发达状况和被动局面，力争在总体上基本适应区域经济和地区社会发展的需要。所以，区域规划中的交通运输规划，就是要对规划区域未来若干年的交通运输设施的建设做一个详细的安排，这个安排是区域规划中的重要组成部分。

无论能源还是交通规划，都要有专业部门制定专业的发展规划。在进行区域规划时，要注意与这些部门的沟通，及时获取它们最新的规划和思路，并将其中的精华部分纳入到区域规划中来。

9.3 社会服务产业规划

在社会基础产业规划中，社会服务产业与基础设施产业对区域经济发展具有同等重要的地位。对社会服务产业的规划也是区域规划的重要组成部分。

9.3.1 城市基础设施规划

城市基础设施建设，要坚持高起点规划、高标准设计、高质量建设、高效能管理，重点抓好城市道路交通、污水垃圾处理、园林绿化和供水排水等基础设施的建设，努力实现城市功能布局科学合理、基础设施配套完善、城市道路交通便捷、市容市貌特色鲜明、建筑文化品位较高、整体景观现代繁荣的城市基础设施体系。

城市道路交通网络。建设城市快速环路和过境路，逐步形成合理、便捷、通畅的城市道路交通网络。国外的城市道路交通规划已经十分成熟，其基本流程如图 9-3 所示。

区域规划中要特别重视中心城市的道路交通建设，使中心城市的道路交通能够适应城市人口增加和经济发展的需要。在城市道路面积方面，应当逐步达到国际普遍的比重（占城市建成区面积的20%左右）；在交通设施和交通工具的发展上，要注重综合交通能力的建设，有条件的大城市，应当大力发展轨道交通，重点发展公共交通。根据"十三五"规划，城区常住人口 500 万以上的城市公共交通出行分担率达 60% 左右，城区常住人口 100 万人以上的城市公共交通站点 500 米覆盖率达到 100%。[①]

---

① 《城市公共交通"十三五"发展纲要》。

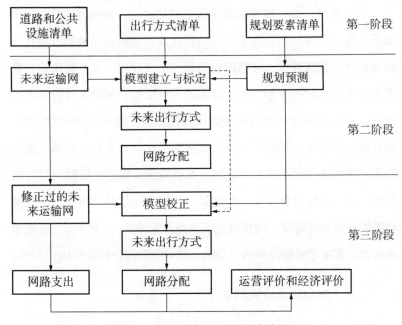

图 9-3　城市道路交通规划基本流程图

城市供水和污水处理设施。规划中的城市供水范围应当逐步扩大到整个规划区域，同时要大幅度提高区域内建制镇的供水普及率及用水人口普及率。强化城市排水和污水处理设施的建设，要规划、建设完善的排水系统。提高污水处理率，切实解决城市的污染源问题。"十三五"规划中规划全国设市城市公共供水普及率达到 95% 以上，县城 90% 以上；[①] 新增城市污水处理能力 5022 万立方米 / 日，全国的城市污水处理率达到 95%。[②]

---

① 《全国城市市政基础设施规划建设"十三五"规划》。

② 《"十三五"全国城镇污水处理及再生利用设施建设规划》。

信息基础设施。推进国民经济信息化进程，在领域信息化、区域信息化、政府信息化以及企业信息化方面取得全面进展。深化行政机关网络系统建设，分期进行信息化小区建设。以发展电话和数据业务为主，坚持高起点、新技术的发展原则，加快光纤传输网的建设，加大城区光纤接入网建设进度，加快实现通信网的数字化、综合化、宽带化、智能化和个人化进程；优化专业网的结构，提高专业网络技术层次，扩大专业网的覆盖范围，促进电信网向信息网过渡。提高互联网普及率，构建新一代国家通信基础设施，有效推动宽带网络提速降费，构建现代互联网产业体系。"十三五"规划中规划固定宽带家庭普及率达到 70%，移动宽带用户普及率达到 85%。

9.3.2　防灾抗灾设施规划

防洪工程。注重城区防洪和重点乡镇防洪堤岸工程、水文监测网络及洪水预警预报系统建设，其中，城市防洪标准为 30—50 年一遇的水灾，县城防洪标准为 20 年一遇的水灾。防洪工程的建设要从三个方面出发：工程性措施，包括河堤、海堤工程，分洪、分潮工程，洪水多发地区城市建筑物的加固工程等；科学技术性措施，包括区域内各级洪水灾害的监测系统、预报系统，提高分析预测水平；行政性措施，包括建立区域内各级防灾指挥系统、紧急救援系统、社会救济系统和灾后重建的领导组织系统。

蓄水工程。抓好现有水利工程巩固、配套、提高，有计划地兴建一批蓄水调洪、灌溉、发电综合利用工程，提高防灾抗灾能力。通过规划，建设对区域发展影响很大的水库，重点治理一批中低产田，重点建设节水灌溉工程，实施节水灌溉。要实施综合配套的灌溉技术，改善生产条件，提高综合生产能力。

水土保持工程。重点实施规划区域的水土保持工程，采用封山育林、护林防火、森林病虫害防治和生物多样性保护等措施，减少水土流失，保护生态环境。要分片进行水土保持的规划，根据规划区域内不同片区的土壤和排水条件，制定相应的水土保持措施，包括：土壤改良措施，如平整土地、改土增肥、发展绿肥以及生物和工程措施等；农业技术措施，如引进新技术、新种子，发展植保机械等；营造防护林措施，如营造防渠林、防风林、防沙林和道路林等。

灾害性天气预警系统。进一步完善综合大气探测手段，优化气象信息通信网络，增强对气象资源的分析处理能力，健全完善气象综合服务体系。重点建设新一代天气雷达资料接收系统、气象卫星通信系统和地面气象有线通信主干网、农业气象综合服务系统、雷电灾害防御和管理系统等现代化的灾害性天气预警体系。

疫情、病虫害防治设施。继续完善建设农作物、禽畜、森林等生物灾害预警预报县级监测站等网络体系，进行病虫害、疫情综合防治与监测，使重大病虫害、疫情得到及时监测、预报和防治。

随着经济社会的发展和城市化的推进，疫情防治成为区域规划中防灾抗灾的重中之重。2003 年的"非典"，2020 年的"新型冠状肺炎"，都对区域与城市防治疫情的能力提出了严峻的挑战。

城市防震减灾体系。进一步完善地震监测手段，增强对地震信息的分析处理能力，重点实施"地形变化观测网"和"震害预测"，提高地震监测预报水平和防震减灾能力。提高对城市火灾、水灾和突发性流行疾病的预防能力，包括设施建设、防护器材准备、领导机构设置和应急预案的准备等。

9.3.3 科技教育文化体育设施规划

（1）科技教育文化体育设施规划的主要内容

科学技术研究和推广设施。区域规划中要确立科技发展的目标，明确发展的任务，包括本地科技发展的现状、水平和在全国的地位，准备解决的主要技术问题，科技体制改革和科技人员的队伍建设等。具体的措施有：加强区域的科教结合示范基地建设，完善区域内各级技术服务网络；进一步强化工业科技工作，围绕结构调整与产业升级，加强对引进技术的消化、吸收，抓好基础产业、主导产业的技术创新；发展高新技术产业，大力采用电子信息技术、现代生物技术、新材料技术、节能降耗技术改造传统产业，提高区域经济的整体技术和装备水平；强化基础理论研究，在抓好技术开发的同时，把基础研究提到一个新的高度来认识，并加大资金投入；管理技术和社会科学方面，要建立完善的信息、决策、反馈等管理系统，加强社会科学的研究，引导社会向现代化的方向前进。

教育设施。以提高国民素质为根本，以培养学生的创新精神和实践能力为重点，加快幼儿教育、中小学教育、职业教育、成人教育、高等教育等各类教育设施的建设。在努力完善基础教育的同时，要积极建设高等院校，积极创造条件创办本科院校。发展多层次、多形式的职业教育和成人教育，加强新增劳动者的岗前培训和在职人员的多样化教育。完善中小学布局，加快薄弱学校改造，改善义务教育阶段整体办学条件。加快广播电视、自学考试和教育有线电视等的建设，形成社会化、开放式的教育网络，满足多层次、多形式的教育需求。

文化广播电视设施。以地域文化为龙头，各门类文化共同发展，以城带乡，城乡并进。大力发展文化产业，培育、完善文化消费市场。加强文化、广电基础设施建设，包括艺术馆、文化馆、图书馆、博物馆、乡镇文化站的建设，建立并完善市县两级广播电视中心及大容量信息通信控制中心，加强广电装备配置，推动采编播设备向固态化、数字化过渡，改造市县有线电视网络，实现专业频道播出和网络技术的自动化，建成连接市、县、乡及村的宽带网络。

文物古迹的保护是文化设施规划的重要组成部分。中国许多地方都有丰富的古代文化遗存，是区域文化底蕴的代表，是发展旅游业的宝贵资源，应当制定专门的保护规划，并筹集资金修缮和维护。

卫生服务设施。加快卫生改革与发展步伐，完善医疗卫生服务体系，优化资源配置，提高服务质量，切实保障人民健康水平提高。加强市县医院、中医院、乡（镇）卫生院及预防保健机构标准化、规范化建设，加快医技人才培养。

体育设施。以群众体育为基础，以竞技体育为重点，加速体育社会化、产业化发展进程。体育是一个很大的产业，经济越是发达，体育产业发展空间就越大。要加强体育设施建设，推动区域内各城市的体育场馆改造，使区域内各城市体育场馆建设达到先进的水平并形成一定规模。

（2）文化遗产保护与利用

文化遗产承载着历史的精神记忆，区域规划要十分重视文化遗产的保护。任意地拆除区域城市内的文化遗产，不利于维系历史文化原貌。根据中国关于城市文化遗产的分类，其主要包括物质文化遗产和非物质文化遗产。其中，物质文化遗产又可分为可移动文物和不可移动文物。

不可移动文物主要包括历史文化名城、名镇、名村以及历史文化街区。北京、西安、洛阳这些大城市都是典型的历史文化名城，此外平遥等一些小城市也是历史文化名城；成都的宽窄巷子、青岛的八大关等，都是典型的历史文化街区。中国的文物保护单位是有级别划分的，包括全国重点文物保护单位，比如北京的天坛与地坛，再往下就是省级文保单位、市级文保单位和县级文保单位。中国一些高校始建于民国时期，比较有代表性的包括位于开封的河南大学老校区，整个校区都被认定为历史建筑，既不能拆除，也不能重建，但可以修缮。

可移动文物的级别是不一样的，包括珍贵文物和一般文物，其中珍贵文物又可以分为一级、二级和三级，包括瓷器、书画、文献手稿、图书资料等等。其中，最高级的一级文物是不允许出国展览的，如果要在国内展出，必须要办理特殊的手续，并且要由国家文物局批准。一级文物原则上不能对外展出，更不能在市场上交易。

不同于物质文化遗产，非物质文化遗产的保护就更加困难。比如昆曲，虽然是国家级非物质文化遗产，但是现在，很多年轻人都已经听不懂昆曲，更不会唱昆曲，昆曲的传承面临诸多困难。

区域规划中文化遗产保护要坚持原真性原则。原真性原则是指要原封不动地保护文化遗产，坚持对原形制、原结构、原材料、原工艺进行保护维修。文化遗产是城市历史的见证与记忆，坚持原真性原则能够较好地传承文化遗产所承载的精神，构建城市特色。以长城保护为例，中国在 2006 年出台了《长城保护条例》，促使各地区遵守原真性原则进行维修保护，较好地保留了长城原有风貌。然而在实践中，该原则经常难以贯彻执行。例如北京永定门就是在其原址上修建而成的，并不是保留下来的真迹，不符合原真性原则。再如圆明园，1860 年英法联军火烧圆明园，但其实对圆明园的毁坏并不是彻底的，一些房屋框架仍然存在，石雕等艺术品并未被烧毁，然而由于资金紧缺并未进行及时修缮，加上清朝灭亡之后圆明园对外开放，使得院内大量文物被搬运出去，最终造成圆明园的彻底破坏。如果能够及时按照原真性原则筹集资金并出台相关规定，那么圆明园能保存下来的古迹将会更多。

区域规划中文化遗产保护规划的基本方法。一是保护规划的制定过程中，要非常强调社会公众的参与。有一个非常典型的例子是上海新天地历史文化街区。目前新天地广场是上海最吸引人与留得住人的一个文化休闲好去处。吸引人的是它那独特的上海老式石库门弄堂的海派文化风韵，留得住人的是它那内容丰富、风味独特、品位高雅、格调时尚的中外餐厅、茶坊、咖啡座、艺术展廊与专卖店；而两者是相辅相成的。二是正确处理保护、改造与开发的关系。以新天地广场北里为例，在这个面积不到 2 公顷的土地上原先建有15 个纵横交错的里弄，密布着约 3 万平方米的危房旧屋。其中最早的建于 1911 年，最迟的建于 1933 年。它们大多互不相通，有的有能直达马路的弄堂口，有的则要借道其他里弄才能进去。因此在规划上首先要读懂它们之间的脉络关系，要在密密麻麻的旧屋中"掏空"出一些能供群众活动与呼吸的空间；在"掏空"的同时还要注意把一切能为广场增色的，具有石库门里弄文化特征的建筑与部件保留下来加以利用。这样才能使之获得活泼再生的生命力。

参考文献：

［1］王延忠等.基础设施与制造业发展关系研究.北京：中国社会科学出版社，2002.

［2］刘秉镰主编.城市交通经济分析.北京：中国经济出版社，1997.

［3］韩彪.交通经济论.北京：经济管理出版社，2000.

［4］宋旭光.可持续发展测度方法的系统分析.大连：东北财经大学出版社，2003.

［5］黄中祥，马寿峰.一体化交通需求管理方法.系统工程，2002（2）.

［6］孙志刚.城市功能论.北京：经济管理出版社，1998.

［7］张春霞，彭东华.京津冀现代化交通网络系统建设与河北省县域经济发展关系研究.廊坊师范学院学报（自然科学版），2014（14）.

［8］张复明.城市职能、定位理论与区域城镇化战略研究.北京：经济科学出版社，2012.

［9］胡安俊，孙久文.提升中国能源效率的产业空间重点.中国能源，2018（40）.

［10］何骏.探索中国生产性服务业的发展之路.经济学动态，2009（2）.

［11］金凤君著.基础设施与经济社会空间组织.北京：科学出版社，2012.

第10章 国土开发、土地利用与生态环境保护

在区域经济规划中，国土开发、土地利用和生态环境保护是重要的组成部分，是区域经济规划的重要内容。

10.1 国土开发

国土开发是以国土资源开发为核心，加快产业发展，促进交通通信等基础设施建设的空间经济活动。

10.1.1 国土开发的作用和意义

在区域经济规划当中，国土开发的作用和意义主要表现为：

（1）综合开发利用国土资源，是区域经济发展的主要途径之一

中国基本的资源态势，是地大物博、人均资源量少，所以对每一个规划的发展区域来说，综合利用资源都显得十分重要。受地质因素的影响，中国许多矿产都是综合矿、伴生矿，且矿产资源的地域组合较佳。对矿产资源的开发，我们应持一种综合的观点。特别是那些资源组合好、地理位置又比较优越的地区，应在多种国土资源开发的基础上形成多部门的工业基地。

对于规划区域来讲，以国土资源开发为基础形成产业部门是许多地区，特别是欠发达地区经济发展的重要启动形式和重要途径。当一个区域走上经济发展的道路之时，地方政府首先想到的就是如何开发本地的资源，这是一条最简捷、最容易的发展途径。走这条路，有以下几点应当注意：

第一，合理利用资源是开发的首要原则。许多资源都是非再生资源，应十分珍惜。任何乱采、乱挖矿山的现象，都应当禁止。国土资源开发部门必须杜绝只采富矿不采贫矿、采厚矿弃薄矿、采大矿嫌小矿的不合理现象，充分利用一切可利用的矿产资源，做到物尽其用。要防止出现加工和使用某些矿产过程中优质劣用、大材小用、小材不用的浪费现象。

第二，有效保护资源是关系可持续发展的大事，必须切实执行。开发与保护，是一对矛盾。我们的资源是有限的，开发一点就少一点，而我们人类的生命是子孙延续的，无穷尽。如果在短短一代人的时间内就把国土资源开发殆尽，我们的后代就无以为继。在开发中妥善保护，从而避免造成对资源的人为破坏，是十分重要的。为了真正做到保护资源，必须制定资源保护的各项法规，并坚决贯彻执行。对采用不合理的采矿技术，违反正常的开采程序，造成资源浪费的，要追究责任。

第三，适时转变发展道路，是国土资源开发的最后结果。国土资源开发是手段不是目的。发展区域经济的途径很多，国土资源开发不是唯一的途径，只是最快和最简单的途径。国土资源开发可以积累一定的资金，也可以使当地人民的生活水平得到一定的提高。

然而从区域经济规划的角度来分析，任何一个地方都不应该永远走国土资源开发这一条路，而应当在资金积累到一定程度、具有一定的产业发展基础后，适时转变发展道路，向加工业和其他非国土资源开发型的产业转移。

（2）加强交通等基础设施建设，是国土资源开发成功的保证

首先，国土资源开发必然要产生大量的运输，因此交通建设必须先行。有些地方矿产资源非常丰富，但受地形、地质等条件的制约而不能开发；相反，有些地方矿石的品位并不高，但因地理位置好，交通发达，却能提早得到开发。例如，北京门头沟区的煤矿，资源量少，矿床的条件也不好，但却很早就得到开发，原因是离北京近而交通方便；再如，按照国际惯例，含铁30%以上的铁矿才有开发价值，但河北的冀东铁矿含铁在30%以下，却早已经进入工业开发，原因也是那里交通方便，而我国的铁矿资源又相对贫乏。因此，如果规划地区选择国土资源开发为先导产业来优先发展，一定要交通先行。

其次，与国土资源开发相配套的其他基础设施建设也要跟上。包括供电、供水、煤气、排污、安全保障、空气净化、环境美化和一些生活设施，要与生产性设施同时开工建设。过去那种"先生产、后生活"的时代已经过去，我们需要艰苦奋斗的精神，不需要"苦行僧"的做法。国土资源开发的各项建设要配套，要协调。

再次，国土资源开发产业的产品，远距离运输要支付大量的费用，这样，加工工业的发展便不可忽视。它一方面可强化基础设施的利用，提高其利用率；另一方面则可以通过节省运费而降低产品

的生产成本，取得聚集经济效益。在能源基地发展高耗能工业，在矿产国土资源开发区发展加工工业，形成地域生产综合体，而地域生产综合体对带动更大区域的经济发展具有强大的促进作用。

（3）选择正确的开发方式，做好国土资源开发区的全面规划

国土资源开发的投资一般都比较大，经济实力较弱的待开发地区应当量力而行。中央政府应从全国的经济发展出发，对一些重点资源进行重点投资开发。国土资源开发的投资必须是多渠道和多途径的。选择正确的投资开发方式，对国土资源开发的成功很重要。例如，可以采取地区联合的方式，为西部地区吸收到东部地区的投资，而后返还东部地区一部分产品；再如，中央、地方、企业和个人的合股开发也是一种较好的形式，它可以充分调动闲散资金，使它们发挥作用；吸引外资也不啻是一条重要途径，但前提是要有良好的投资环境。

国土资源开发往往是大面积、大范围的开发行动，对整个区域的影响很大。国土资源开发中产生的废水、废气、废渣，如果处理不好，有可能破坏生态系统的平衡和发展，造成环境危害。保证国土资源开发顺利进行，要求我们在开发前做好开发区的规划，包括产业发展、基础设施建设和区域的社会发展等，这就是区域国土资源开发规划。

10.1.2 区域资源特征分析

区域的国土资源开发是对一个特定区域的资源进行综合评估，制定开发规划。区域资源特征分析包括以下几个方面：

（1）开发区域的位置

作为规划的起点，我们首先要明确开发区域的位置，即区域的经济地理位置，包括地理坐标、相临地域、区域范围、行政区划和气候、水文等自然条件。例如，晋陕蒙能源基地规划涉及山西的 16 个县（市），土地总面积 9 万平方公里，人口约 400 万。区内以能源为主的矿产资源丰富，经济相对落后，16 个县（市）中除 5 个为省级贫困县外，其余全部为国家级贫困县。

（2）资源条件

资源条件主要指规划区域准备开发的资源情况，以及与其配套的其他资源的状况。对于资源条件的分析，在实际的开发规划中，要搞清楚一个地区准确的资源储量，需要进行详细的调查和分析。例如，在某区域的开发规划中，首先要搞清楚的是其能源的丰富程度。该区域煤炭已探明保有储量 2505 亿吨，占全国总保有储量的 1/4。天然气累计探明储量 4000 多亿立方米，为中国目前已探明的陆上大气田之一。该地天然气资源的远景蕴藏量为 86000 亿立方米。铝土矿已探明储量 1.4 亿吨，远景超过 5 亿吨。铝土矿的含量较高（57% 左右），平均铝硅比为 7∶1 左右。芒硝储量 67.8 亿吨，属特大型矿床。高岭土预测资源量 8 亿吨，白度高达 90.6%。盐矿初步探明储量 3292 万吨，预测储量 6000 万吨。此外，还有石灰石、黄铁矿、膨润土等化工用资源和非金属矿产资源。

（3）规划区域在全国的地位分析

根据自身的资源条件和国家经济发展的需要，评估本地区在全国劳动地域分工中的地位和作用。这个工作与区域定位是具有同样意义的同类工作，只是在这里仅仅涉及规划区域准备开发的资源在全国或大区中的地位。例如，在某地区的开发规划中，规划区域的开发以能源为主体，其能源开发在全国的地位是：a. 优质动力煤供应基地。中国为煤炭生产大国，一次能源生产量和消费量中，煤炭均占 60% 以上。由于南方煤炭资源日见枯竭，而该地区多为优质动力煤，因此可以预计本区必然承担全国的动力供应的重大任务。b. 天然气供应基地。世界一次能源消费构成中天然气约占 1/5，中国不足 3%，所以加强天然气的勘探开采，改善能源消费结构，是中国能源的重要战略之一。该地探明天然气储量超过 900 亿立方米，可建产能在 30 亿立方米以上，承担着向北京、西安等城市供气的任务。c. 电力供应基地。开发区有煤，近水，用地无困难，邻近用电重负荷区，所以在输煤的同时，有条件建成电力基地。d. 铝工业基地。铝金属在日常生活中的作用仅次于钢铁，是中国优先发展的有色金属。区内有丰富的铝土矿，在形成电力基地的基础上，应发展铝工业，使之成为中国的铝加工基地。e. 化工基地。区内煤炭、天然气、盐、硫磺等资源丰富，以此为原料发展化工，也是本区在全国劳动地域分工中所承担的重要任务。

10.1.3 区域产业发展分析

产业发展规划是区域国土资源开发规划的中心，规划的要点是发展什么产业、如何发展、如何布局等。

（1）产业发展现状

产业发展规划的制定，先要对规划区域目前的产业发展状况做一个分析和评价，分析的内容包括产业结构、工业结构、产品结构等，找出存在的主要问题。在有些农牧区，可能过去几乎没有什么工业基础，仅有简单的粮食加工和手工业，则应当分析其工业发展的条件，或者存在的主要问题、主要的制约因素等，包括离中心城市的距离、交通通畅或闭塞的程度、国家工业投资的情况等，尤其要分析近期工业发展的状况，看到与全国的差距。

例如，在某区域的规划中，产业发展现状和问题是：

第一，资源型工业占主导地位，轻重结构不合理。以当地资源为基础的资源型工业企业数量和产值均占90%以上，纺织、化工、煤炭食品、建材、地毯等为区内的主要工业，产值占工业总产值的92.1%，轻重工业比例不合理。

第二，企业规模小，资金积累能力差。现有的955家工业企业中，大型企业只有4家（均为纺织工业）、中型企业1家，其余全为小型企业，平均每家企业的固定资产原值仅74万元，不足全国平均值的1/5；资源型工业基本是低利产业，效益更差，煤炭企业资金利润率较低，化肥企业严重亏损。

（2）产业发展预测

根据规划区域的经济、资源、环境状况，对规划区域主要的资源产业的发展进行预测。包括发展趋势预测和发展规模预测。具体方法可以是模型预测，也可以是趋势分析等。

在某区域的开发规划中，发展趋势的估计是：开发区资源丰富，能够建成中国中西部过渡带上的一个能源、原材料工业发达的重工业基地。对具体发展规模的预测是：

煤炭工业。开发区煤炭开发规模将达 1 亿吨左右，初步建成具有全国意义的煤炭输出基地，到 2015 年区域煤炭产量达到 5.2 亿吨，到 2030 年预计将达到 11.06 亿吨，成为全国屈指可数的大型煤炭基地。

电力工业。火电基地远期装机容量可达 5870 万—6350 万千瓦。近期，结合黄河干流梯级水站的建设，开发区水电建设总规模大约在 600 万—700 万千瓦之间。

天然气工业。开发规模约为 30 立方米。以天然气开发为依托，将积极发展以甲醇、化肥为主导产品的天然气工业，主要包括甲醇 33 万吨、尿素 62.2 万吨等。

铝工业。铝工业基地的建设规模是铝土矿 60 万吨、氧化铝 20 万吨、电解铝 9 万吨、铝材 5 万吨。规划产量是氧化铝 9 万吨、电解铝 5 万吨。

（3）主要工业部门发展

主要工业部门的发展规划是国土资源开发规划的中心环节，一般是根据区域的优势资源来确定发展的重点工业部门。

例如，在某区域的开发规划中，主要工业部门的发展规划是：

煤炭工业。开发区发展能源工业的基本原则：优质煤输出，劣质煤就地转化，国土资源开发与就地转化同步规划建设，使其得到合理的利用。该基地以优质动力煤为主，精煤市场面向国内和国外的用户；而其大规模开发，同时会产生数量可观的劣质煤，这类资源应当就地转化，变输电相结合，使该区的煤炭资源得到充分的利用。

电力工业。开发区规划开发电力基地的原则：以水定电，以煤、运输及负荷的需要量促电，综合考虑区域电力开发条件、资金筹措能力、未来发展远景等因素，进行电力开发规划。区内的电源布局应与水源的开发统筹规划。煤电转化基地基本形成，成为向华北甚至东北地区输出电力的基地。

天然气工业。天然气工业应以外输民用为主，以作为原料利用和就地转化为辅。该气田天然气主要成分是甲烷，含量96%左右，是很好的民用燃料。但气层埋藏深，井口伴生气成分较为复杂，作为原料利用缺乏竞争力。因此，其产能规划和建设规模主要依赖于区外居民用气需求。

化学工业。天然气化工要建成天然气化工的甲醇生产线，建设生产合成氨、尿素的榆林化肥厂。盐、碱化工以盐的深加工为主，继续开发新产品。加紧进行芒硝液相开发的试验，做好特大芒硝矿的大规模开发及加工的准备工作。煤化工的潜在优势也应得到发挥，建设大型煤化工基地。

轻纺工业。着重技术改造，提高企业素质，以内涵扩大再生产为主，与农牧业原料供应协调好。食品工业重点发展白酒、卷烟、饮料及果品、畜产品、土特产品的加工业。维持现有产量，提高质量。沿黄河地区要发挥苹果、葡萄、枣、梨等资源优势，发展具有地方特色的饮料、罐头、果脯等。农区和农牧区注意肉食食品、奶制品的开发。皮革、皮毛加工今后以改造现有企业为主，上规模、上效益。毛纺织工业目前为支柱产业，产值占轻工业的60%，目前的主要问题是新产品开发能力弱，原料性产品比重大，深加工不足。

毛纺工业不宜再上新项目，应在原有基础上，组织工业集团公司，形成群体优势，增强市场竞争力，并与农牧业发展相协调，解决好原料供应问题。今后除保持毛线和羊绒衫优势外，要发展以细毛为原料的精纺产品，重视山羊毛、驼绒、驼毛等资源的开发利用和综合利用。

建材工业。由于区内资金投入强度加大，建材产品需求旺盛，建材市场发展良好。水泥应是发展的重点，同时积极发展陶瓷、高岭土、膨润土等新型非金属材料及砖瓦灰砂等。水泥工业实行改造和新建相结合，近期以改、扩建为主。

（4）经济中心的培育与城镇体系建设

区域国土资源开发要与区域的城镇体系建设结合起来，建设区域的经济中心和工业中心。

经济中心和工业中心建设。一般来讲，经济中心的选择往往倾向于现有的中心城市，或虽然目前规模还不是很大，但未来很有发展前途的城市。如果在规划区域有一个很有实力的大城市，问题就很好解决；如果若干城市都差别不大，就需要论证和对比。

城镇体系建设。国土资源开发的目的是发展开发区域的经济，提高规划区域的城市化水平是一个必须要做的工作。如果一个区域把城镇的发展与工业的开发结合起来，由工业带城市和城镇，走工业兴市的道路。为此，必须规划不同等级、不同职能的工业中心，并规划这些中心在未来发展成为不同级别的区域性城市。应当把国土资源开发规划与城镇体系规划结合起来，由工业发展的规模和类型去规划城镇发展的规模和职能。

另外，还要在区域开发时注重交通与通信基础设施的建设。基础设施的先行是区域开发的基本原则。在区域开发时，关键是要做好地区基础设施建设与区域开发的资源、产业、环境的配套，要让基础设施的建设以区域开发的需要为目标。

10.1.4 政策建议

国土资源开发的政策体系建设，要有针对性。我们不能把一般化的原则作为某一个具体开发区域的政策建议。

（1）建立国土资源开发区管理机构，以利统筹规划资源

为使开发区的资源能够更好地为国家和地方的经济建设服务，需要建立一个具有权威性的机构。该机构为政企分开的经济技术实体，享有法人权益，可以打破来自各个方面的体制分割，对开发区以能源为主的国土资源开发和地区的经济发展履行最高级的统一规划和组织实施的职权。有了这样的机构，就能对区内的煤炭、电力、天然气、铁路运输、水源地和地方的经济发展以及环境整治等进行统筹规划，合理安排，分步实施，达到资源利用合理、环境治理有序、确保能源基地建设顺利进行、权衡协调利益分配和促进地方经济快速发展的目的。

（2）协调利益关系，调动多方积极性

区域开发只有在利益协调的前提下调动各方的积极性才能顺利进行，特别是在产业发展和城市建设中，"利益关联而分配相对均衡"的原则，应该成为处理资源赋存区、开拓者和消费区（即资源接受区）三者关系的指导思想。开发区（即资源赋存区）的特点是

资源富聚，生态脆弱，贫穷落后。不论国家或地方各级政府，在制定该地区经济发展规划时，均应以开发当地的资源、改善和恢复环境、加快地区经济发展为目的。

（3）改善和恢复开发区的环境，应有法可依、有章可循

区域开发对环境的影响很大，而矿区建设和生产都要破坏表土和植被，排放固体废弃物，露天开矿更是如此。为把开发区因开发资源和发展工业带来的环境问题减少到最低限度，应当率先制定开发区环境保护整治规划和可遵循的规章制度，做到有法可依，有章可循；对生态环境特别脆弱的开发区来说，尤其应将它摆到特别突出的位置来对待。

（4）理顺和疏通资金渠道，促进地方经济发展

国家需要通过理顺政策和疏通资金渠道为地方筹措急需的建设投资。例如，为矿区建设配套服务的农副产品地规划和筹措启动资金，为矿区和企业的配套服务建设项目（包括医院、学校、商店、公园等基础设施）筹措资金，与矿区配套的地方煤矿投资应与大矿一起，按总体设计一并列入投资筹措渠道。

10.2 土地利用

区域经济规划中的土地利用规划，是对区域内所有土地的综合性利用规划，比城镇的限制性土地规划要宽泛和丰富。

10.2.1 区域土地利用的作用及意义

土地是人类获取主要生活资料和物质财富的根本源泉，同时也是构成人类社会生产关系的重要客体。人类利用土地的特性，通过劳动与土地的结合来获得自身生存和发展的物质财富，所以说土地利用的过程就是人类以土地为劳动对象或手段，对特定土地投入劳动力和资本以期满足自身某种需要的过程。

对某一个区域来说，一定时期内的土地数量是相对固定的，而对土地的利用则是一个随着区域社会经济发展而不断变化的动态过程；所以在区域经济发展过程中，土地在供需总量上的矛盾及在利用结构上的矛盾是在所难免的，这就要求我们依据本区土地的自然地理特点，适应本区的社会经济条件及发展用地需求，以土地的合理利用为核心，以最佳综合效益为目标，在时间上和空间上对区域内土地资源的开发、利用、整治和保护做出具体的部署和安排。这便是土地利用规划。它是人们为了改变并控制土地利用的方向，优化土地利用的结构和布局，提高土地的生产力，根据社会发展要求和当地自然、经济、社会等条件，对一定区域内的土地利用进行空间上的优化组合并在时间上予以实现的统筹安排。

在区域经济规划中，土地利用规划占有重要的地位。在宏观上，区域的土地利用规划要求科学确定区内各项用地规划和比例，使有限的土地资源尽可能满足国民经济协调、稳定发展的要求；在微观上则要使土地的生产力得到充分的发挥，使土地得到更加科学、有效与合理的利用。可见，土地利用规划在缓解区域内的人口、资源、环境同区域经济发展之间的矛盾，以及调整生产力布局、优化产业结构、强化城乡土地统一管理、保护土地等方面都具有重要的作用。它对区内各部门、各产业的用地量进行合理分配，并在空间上予以具体落实，保证了各产业之间的协调发展。所以说，土地利用规划同区域经济规划的其他方面在数量和空间规划的维度上相互联系、互为补充，是区域经济各项规划在空间上的统筹安排和具体实现。

现阶段中国的土地利用规划可以分为总体规划、专项规划和详细规划。其中的土地利用总体规划是土地利用规划体系的"龙头"，它是根据当地的自然和社会经济条件以及国民经济发展的要求，协调土地的总供给和总需求、制定土地利用目标、调整并确定土地利用结构和用地布局的一种宏观战略措施。它主要解决的是跨部门、跨行业的土地利用问题，其实质是对有限的土地资源在国民经济部门间进行合理的时空配置，核心是合理确定和调整土地利用的结构和布局。而专项规划则是针对土地利用中的某一专项问题进行的规划，详细规划则是对国民经济各项具体用地进行详细安排的一种微观规划。本书对区域土地利用规划的讨论偏重于宏观上的分析，因而着重从总体规划的层面上展开。

10.2.2　土地利用规划的目标与任务

（1）确定土地利用的目标

总目标：在保护生态环境的前提下，保持耕地总量的动态平衡，土地利用方式由粗放型向集约型转变，土地利用结构与布局明显改善，土地产出率和综合利用效益有比较明显的提高，为国民经济持续、快速、健康的发展提供土地保障。

具体目标包括四个方面：一是农用地特别是耕地得到有效保护和综合整治；二是在保障重点建设项目和基础设施建设用地的前提下，建设用地总量得到有效控制；三是土地整理全面展开，土地开发利用适度合理；四是土地生态环境有比较明显的改善。

（2）区域土地利用规划的主要任务

区域土地利用规划的主要任务是根据社会经济发展计划、国土规划和区域规划的要求，结合区域内的自然生态和社会经济具体条件，寻求符合区域特点和土地资源利用效益最大化要求的土地利用优化体系。

具体而言有如下几方面任务：

第一，查清事实，明确问题。土地利用规划的首要任务是把握社会经济发展的态势，查清土地利用现状，评价土地的适宜性和限制性，分析后备土地国土资源开发的潜力，进而对全区土地供需状况进行科学预测和综合平衡。通过以上调查分析，明确土地利用规划所要解决的问题。

第二，土地利用结构优化。结构决定功能，土地利用结构是土地利用系统的核心内容，其实质是国民经济各部门土地面积的数量比例关系，而对土地利用结构优化的核心就是在资源约束条件下寻求土地利用结构的最优化。土地利用结构的调整应在区域发展战略规划的指导下，以区域的社会、经济与生态条件为依据，在国民经济各部门、各行业间合理分配土地资源，实现地区间人口、资源、环境的协调平衡，并作为土地利用空间布局的基础和依据。

第三，土地利用宏观布局。因为不同空间的内涵特定要素之间存在着明显的差异性，所以要求对土地利用进行宏观布局。以土地利用结构优化方案为依据，确定在何时、何地和由何种部门使用土地的数量及其分布状况，并结合土地质量和环境条件进行区位选择，最终将各类用地落实在土地之上。

第四，土地利用控制指标。依据土地利用目标、基本方针以及上级下达的控制性指标，并结合当地实际情况拟定土地利用控制指标；同时还要逐级分解规划所确定的各类用地控制指标，重点确定城镇用地规模控制指标，落实重点建设项目和基本农田等重要用地的区域布局。土地利用控制指标具有强制性、可操作性与可达性，是调整土地利用结构和布局的主要依据，主要包括基本农田保护面积、耕地保有量、建设用地占用耕地数量、土地开发整理补充耕地数量、退耕还林面积等。

第五，提出实施规划的政策措施。研究目标与政策及措施之间的关系，分析采取何种政策、措施能更有效地实现特定的目标和方案，从而制定行之有效的政策和措施。土地利用规划是监督各部门土地利用的重要依据，规划一经批准便具有法律效力，任何机构和个人都必须严格执行，不得随意变更规划方案，各项用地审批必须依据规划。所以应依据土地利用规划，对各部门土地保护、利用、开发等情况进行监督调查，以保证土地的合理、有效利用。

10.2.3 土地利用的核心规划内容

（1）土地利用现状分析

土地利用现状分析是制定土地利用方针和编制土地利用规划不可缺少的依据，是土地利用规划的基础和起点；它是在对区域土地利用现状进行了全面调查的基础上开展的，通过对区域土地资源的数量、质量、结构与布局、利用程度、利用效果等的分析，明确区域土地资源的整体优势和劣势，发现土地利用中的问题，进而指明区域土地利用的方向和重点，为制定科学合理的土地利用规划提供依据。

土地利用现状分析包括以下几方面的内容：一是土地资源数量与结构分析。首先要弄清已经利用的各类土地和尚未利用的土地数量及其比重，其次要掌握各类不同自然状况下的土地数量。而土地资源结构是区域土地资源的数量、质量及类型组合的空间结构，对土地资源结构的分析应包括土地资源单项分析和综合分析两方面。二是土地利用结构和布局分析。包括各类用地的面积和结构，并通过横向的比较分析区域用地结构形成的条件及区域布局，采用的指标通常有：各类用地的比重及人均面积，各地貌类型区内的各类用地比重，各坡度级、各海拔高度范围的耕地的比重，各类用地区位指数（本区某地类面积占全区土地总面积比重／全国某地类面积占全国土地总面积比重）等。三是土地利用动态变化分析。在对区域土地资源状况、土地利用结构与布局进行充分了解的基础上，再同历史数据进行对比分析，以分析土地利用变化的规律及原因，并指出规划期内的变化趋势。四是土地利用开发程度分析。通常是采用定量的单项分析指标，与上一级区域（或全国）的相应指标进行横向比较，评价区域土地开发利用程度的高低。常用的分析指标有：土地垦殖率、土地利用率、农地用地率、建设用地率、土地复垦率、森林覆盖率、建筑密度、城市用地容积率、单位产值占地率等。五是土地利用效益分析。分为经济效益评价、社会效益评价及生态效益评价三方面，各自采用的指标有：土地产出率、土地利用产投比、单位土地盈利率；人均各业用地面积、人均各类农产品拥有量、人均绿地面积、城镇化水平；水土流失面积指数、土地沙化面积指数、森林覆盖率等。通过以上三方面多个指标的计算和对比，合理确定各个指标的评价系数及权重，最后对区域土地利用效益做出综合评价。

在进行区域土地利用现状分析的过程中，应该注意不能仅停留于对事实的罗列，而要进行科学的分析评价。同时要注意分析的客观性、全面性及综合性：不能将分析仅限于某一个方面、某一个角度，而是要考虑经济、社会、生态整体优化的综合效益；不能仅从某一领域进行分析，而是要进行广义的研究分析，统筹考察农业、城镇、工矿、交通、水利等各方面用地情况；更不能从局部利益出发，而是要综合考虑各地区、各部门的实际情况和用地需求，从提高全区土地利用系统整体效益的高度进行全面、深入、系统的研究分析。

（2）土地利用潜力分析

对土地利用潜力的分析是预测各项用地规模、进行土地利用规划分区的重要依据，它主要包括三个方面的分析：一是土地利用结构与布局调整的潜力分析。主要是研究全区的用地通过结构优化从而提高效益的潜力，在分析过程中，通常采用土宜法或是综合法，对区域土地利用现状结构与各类用地分布情况进行研究分析，通过综合分析找出本区土地利用现状结构所存在的问题，并评价这些问题得到解决的可能性，同时要对结构调整之后的土地利用潜力进行预测。二是后备土地资源利用潜力分析。后备土地资源是指未利用土地中可以开发和利用的土地、工矿废弃地和零星闲散地等。在对后备土地资源利用潜力进行分析的过程中，通常采用土宜法，即对未利用土地进行适宜性评价，确定其适宜性、等级和主要限制因子，然后测算全区通过扩大土地利用范围而增加土地生产力的潜力。需要说明的是，后备土地资源数量只能反映土地的自然供给能力，并不意味着所有的土地资源都要进行开发，而是要根据区域社会经济条件及其发展的需要，对后备土地资源的开发做出适当、有序、科学的安排。三是土地资源再开发潜力分析。土地资源再开发是指通过改造和增加投入，提高已开发土地的土地利用效率，最大限度地发挥出土地的生产能力。在对土地资源再开发潜力进行分析的过程中，可以以高产地块作为再开发所要达到的目标，由此估算出土地再开发的潜力（所谓高产地块推算法）；也可以在土地适宜性评价的基础上，分析可再开发的土地在克服其相关限制性因素后有可能达到的适宜性等级，并估算出土地适应性等级提高所带来的产出增加的潜力（所谓土宜法）；当然，也可以采用较为简便的半定量的综合分析法。通过以上各种方法的综合应用，全面评价区域土地资源再开发的潜力，为土地供给预测分析和土地利用结构和布局规划提供重要依据。

（3）土地需求量预测

土地需求量预测可以分为农业用地需求量预测和建设用地需求量预测两部分，而在对土地需求量进行预测之前，首先要对影响土地需求量的各种相关因素进行分析预测。

第一，农业用地需求预测。农业用地是土地利用的核心，农业生产用地预测包括耕地预测、园地林地牧草地及水产预测、生态保护用地预测。

第二，耕地需求预测。区域土地利用安排首先要满足农业用地，重点是耕地需求。应在保证各类农产品需求量（包括当地基本需求量及国家订购任务和调出调入量）、合理预测规划期末各类农产品单产量的基础上对全区耕地需求量进行预测。

第三，建设用地需求预测。建设用地需求量按利用类型可分为城乡居民点用地、工业用地、矿山用地、交通运输用地、水利用地及风景旅游用地等方面的用地需求。建设用地需求预测的常用方法有部门预测法、定额指标控制法、经济技术指标法及回归分析法等。城乡居民点用地预测常用定额控制法，因为该预测通常采用人口定额作为指标，故而根据规划期增加的人口数量和人均用地量来预测规划期间新增的居民的占地面积；而对居民点以外的建设用地常可采用经济技术指标法，它是根据某项建设用地的经济技术指标确定建筑面积，再按一定比例折算土地占有量。

（4）土地利用结构调整

土地利用结构是指国民经济各部门占地的比重及其相互关系的总和，是各种用地按照一定的构成方式的集合。土地利用结构的调整与优化是土地利用规划的主要内容，是在土地面积投入一定的条件下确保获得土地供需平衡的结构效应的有力措施。在进行区域土地利用结构优化的过程中，首先要确定土地利用调整指标，包括规划期末各类用地的规模及规划期内各类用地与未利用土地的增减变化的调整指标两方面，这是确定规划期末土地利用结构的基础。

土地利用结构调整的目的是为了实现国民经济各部门之间合理分配土地资源和土地利用效率的最大化，在实施结构调整的过程中应遵循以下原则：a. 优先安排农业用地，农业用地内部优先安排耕地，切实保护耕地，实现耕地总量的动态平衡。其他用地确需扩大的，应充分利用非耕地。b. 非农业用地内部优先安排基础设施、基础工业等重点建设项目用地。c. 建设用地确需扩大的，应首先考虑劣地，尽可能减少对耕地和林地的占用。d. 各类用地的扩大应以内涵挖潜为主，通过提高土地使用效率来解决用地需求的扩大，严格控制用地规模。e. 统筹兼顾原则。各类用地的安排必须服从整体利益的最大化，统筹兼顾各行业各部门的用地需求，使之各得其所。f. 效益统一原则。遵循土地利用的客观规律，坚持经济、社会、生态三方面效益的统一，使土地资源实现可持续利用。

土地利用结构调整的工作步骤是：

a. 核定各类用地数量。

b. 用地数量综合平衡。

c. 用地布局综合平衡。

d. 未能落实的部门用地需求的协调。

e. 拟定土地利用结构调整方案。

f. 方案的选定。

（5）土地利用分区

土地利用分区是土地利用规划的基本方法，也是编制土地利用结构与布局方案的主要内容之一。它是指依据土地的自然、社会经济条件的差异规律以及土地类型同土地利用方向的相对一致性，把土地利用划分为不同的基本单元或用地类型。它包括土地利用地域分区和土地利用用途分区两个层面，前者通常是省级及以上规划进行的分区，而后者则通常是较低一级规划进行的分区。地域分区即划分土地利用地域，是根据全区各子区域土地利用中存在问题的共性，在尽可能保持行政界线完整性的前提下，将开发区分成若干个地域，用以指导下一级规划用地布局和结构调整，属于较高层次的规划。而用途分区是指按照土地的基本用途和土地保护、利用、开发措施的不同所做出的类型分区，又称为土地利用控制分区，是进行土地利用类型空间布局的一种方法和手段。目前在中国，采用用途分区与土地利用指标相结合的规划模式，是编制土地利用规划的基本方法。

土地利用分区的工作程序是：a. 准备工作。主要是拟定规划方案，并收集整理相关资料和图件。b. 拟定分区技术指标。分区技术指标是指划分用途的具体标准，是分区的直接依据。包括各个土地用途区对土地数量、质量和区位的基本要求。c. 分区划线。即具体划定各用地区的界限，一般采用图纸叠加与分区指标相结合的方法。

在具体分区划线的过程中，应注意以下几点：一是分区划线中，应首先将用途不变的用地划出（如大部分耕地和林地），若面积不够，可根据需要和评价，从适宜的土地中补充。二是切实贯彻保护农地的方针，具有多宜性的规划地，要优先规划入农业保护区和一般农业用地区，然后考虑划入林业、牧业乃至建设用地。建设性用地尽可能利用农用质量较差的地段作为发展用地，以有效保护农田。三是用地区和利用现状之间矛盾特别突出的，为谨慎处理并实现逐步调整，通常可以将该区暂归为重叠区处理。四是用地区按照土地基本用途划分的，区内允许有非基本用途的用地继续存在。五是划线要便于实地落实，便于管理和监督。

10.3 生态环境保护

在区域经济规划中，生态环境保护是不可或缺的。原因是区域发展与生态环境保护存在着密切的关系。经济发展中可能产生的对生态环境的破坏，只能通过制定规划并执行规划来避免。

10.3.1 生态环境保护的重要性

环境是人类赖以生存和发展的物质基础。然而，人类社会的发展史也是一部环境破坏史。伴随着人类的产生和发展，环境也在不断地因为人类的破坏而改变恶化：原始社会的刀耕火种就是以破坏自然植被和生态平衡为代价；住房和船只的发明成为大规模破坏森林的开端；随着人口的增加，大规模的开荒种粮对环境的破坏也非常严重；尤其是工业化社会开始以来，随着人口的剧增、经济规模的膨胀，以及城市化进程的不断加快，环境污染和生态破坏越来越严重，使人类面临着资源枯竭与生存条件恶化的危机。环境与人口、资源、发展成为当今世界公认的经济发展四大问题。世界各国的政府、科学家都在寻求一种合理的发展战略——既能使经济持续稳定地发展，又能保护环境。近年来，美国、英国、法国、德国、日本等发达国家都先后进行了这方面的探索与研究。其突出而显著的特点是，不但注意治理环境的污染与破坏，而且特别注意预防环境的污染与破坏。

随着经济与社会的发展，中国的环境问题也越来越突出，成为经济进一步发展的制约因素。受"人定胜天"思想的影响，在过去的几十年里，中国对生态环境的破坏非常严重，主要表现在：北大荒的开发以及大规模的围湖造田对湿地的破坏，乱砍滥伐、过度放牧对森林植被的破坏，以及在不适宜耕种的地区种植农作物造成的对地表的破坏。随着中国进入工业化社会，环境污染越来越严重：大量燃煤燃油造成的空气污染，大量工业废水的排放和各种农药化肥的使用造成的水污染和土壤污染，大量工业废渣和建筑垃圾的随意放置造成的空气、水、土壤的综合污染，机动车、机器等造成的噪声污染……中国的经济水平还不够发达，然而环境污染水平已经达到甚至超过发达国家，如不采取有效措施，必将会造成严重的后果。

自 20 世纪 80 年代初中国开展生态环境保护工作以来，国内学者也给生态环境保护下过多个定义。如："生态环境保护是国民经济和社会发展规划的组成部分。这种规划是对一定时期内环境保护目标和措施所做出的规定，其目的是在发展的同时保护环境，维护生态平衡。"又如："生态环境保护是协调区域经济发展和环境保护之间关系的一种活动。具体来说，生态环境保护是以人类环境系统为研究对象，应用自然科学和社会科学的研究成果，对环境系统进行优化设计的一种科学理论。是实现环境系统的最佳管理、控制环境污染、改善和提高人类生活环境质量、促进经济发展，即实现经济效益、环境效益和社会效益的统一的一个重要手段。""生态环境保护是对一个城市、一个地区或一个流域的区域环境进行调查、质量评价，并预测因经济发展所引起的变化，根据生态原则提出以调整工业部门结构以及安排生产布局为主要内容的保护、改造和塑造环境的战略布置。"等等。

生态环境保护从实质上讲就是有计划地合理安排和调整人类的社会经济活动，防止环境污染和生态破坏，并对已有的污染进行治理，以确保国民经济和社会持续、稳定的发展。

生态环境保护是在区域规划与国土规划的基础上产生的，是20世纪60年代中后期环境问题日益引起人们的重视，以及70年代后基础研究取得重大进展，从而从整体上解决环境问题得到重视的产物。由于发达国家工业化发展较早，环境问题最先在发达国家表现出来，所以开展生态环境保护比较早的国家基本上都是发达国家，比如美、日、苏联和欧洲的一些发达国家。发展中国家一方面在当时污染相对比较轻，其环保意识没有形成，另一方面缺少资金，无法实施生态环境保护，所以发展中国家开展生态环境保护相对较晚。然而，随着发展中国家工业化进程不断加快，再加上发展中国家为了追求经济总量在项目选择上常常把环境问题放在次要地位，以牺牲环境为代价的经济发展策略使发展中国家的环境问题也越来越突出，甚至已经超过了发达国家，在世界人民和国际组织的压力下，发展中国家也已经意识到问题的严重性，生态环境保护工作逐步在发展中国家开展起来。

中国的生态环境保护工作起步也相对较晚，20 世纪 80 年代初才在一些大城市如北京、天津、济南等正式开展了生态环境保护研究，这一时期的生态环境保护，实质上是污染治理规划。1984 年，中国正式将生态环境保护纳入城市总体规划体系，要求所有总体规划中必须包括生态环境保护的内容。1989 年 12 月颁布的《中华人民共和国环境保护法》明确规定，"县级以上人民政府环境保护执行主管部门，应当会同有关部门对管辖范围内的环境状况进行调查和评价，拟订生态环境保护，经有关部门综合平衡后，报同级人民政府批准实施"。从此之后，中国的生态环境保护工作才普遍展开。但是由于当时的理论水平比较低，尚未形成成熟的技术规范，再加上缺乏专业的生态环境保护人员，中国的生态环境保护在发展中也出现了不少问题。最主要的问题就是生态环境保护缺乏可行性和可操作性。这一方面是由于缺乏经验、盲目采用国外的一些规划方法造成的，另一方面是由于没有制定实施规划的具体措施，并且规划因缺乏权威性而被随意更改造成的。随着中国生态环境保护理论的发展和经验的积累，规划的方法、模型经过不断改进逐渐适应中国的具体国情，中国的生态环境保护开始逐步走向正规化。今后，应当在规划的法律化方面加以严格控制，严格按照规划方案去做，真正落实生态环境保护，切实保护生态环境，保护居民利益。

10.3.2　区域环境保护规划的基本原理与工作程序

（1）基本原理

人类活动可以带来一定的经济效益、社会效益，但是如果处理不当就会影响环境、破坏生态平衡。水土流失、草原衰退、土壤沙漠化、酸雨、湖泊的富营养化等都是环境破坏的直接例证。对破坏了的环境进行必要的治理，以恢复生态系统的良性循环，或者在任何一个经济社会活动中预先设定一些阻止或减少环境污染物排放的措施，就可以带来一定的环境效益和社会效益，但这常常是以牺牲部分经济效益为代价的。因此，经济－环境形成了一个矛盾的统一体：要获得高额的经济效益，必然以破坏环境为代价；要获得舒适、优美的环境，必然要牺牲部分经济效益，甚至投入大量的资金。然而，从另一个角度讲，好的环境不仅可以提高人民的健康水平，减少因污染而引起的疾病等经济损失，还可以带来社会效益和经济效益，比如优美的环境可以促进旅游业的发展带来直接的经济效益。生态环境保护的基本出发点就是在经济－环境这个矛盾的统一体中找到一个结合点，在这个结合点上经济效益在允许的环境损失之内达到最大化，或者说在允许的经济条件下达到环境效益的最优化。

（2）任务和内容

生态环境保护规划的根本任务是通过研究制定区域的环境保护

规划，科学地指导一个地区的环境保护工作，解决国民经济发展和环境保护之间的矛盾，做到经济效益、社会效益和环境效益的统一，使区域的社会、经济得到持续、稳定的发展。根据国内外生态环境保护研究的经验和生态环境保护的根本任务，生态环境保护研究的主要内容应该是根据目前区域的资源、环境特点以及未来经济发展趋势，预测环境变化趋势，并提出解决措施，制定相应的环境保护策略，力求保护环境、保持生态平衡。

生态环境保护规划的内容框架是：

第一，宏观层次上制定可持续发展的环保战略。依据持续发展思想，提出持续发展的环保战略目标、战略措施，为社会、经济、资源、环境发展做出宏观决策，确保它们协调发展。

环境预测研究。根据各类经济区的经济发展规划，对社会经济结构、发展规模、水平、质量等做前景预测，建立各种模型，预测区域经济发展对环境的影响及其变化趋势。

环境承载力分析，找出制约因子、制约程度。环境承载力是指某一时间、某种环境状态下，某一区域环境对人类社会经济活动支持能力的阈值。具体包括大气、水、土壤环境的承载力，包括自然资源供给类指标、社会条件支持类指标、污染承受力类指标。环境承载指数 = 人类发展活动 / 环境承载力。

可持续发展环境指标体系研究。在研究区域环境特点及环境质量现状的基础上，选择能够反映环境特征的环境要素和指标，包括环境质量、资源利用与保护、生态系统整合性等。指标可以分为两类：一类是环境污染指标，另一类是环境保护指标。根据区域环境功能以及区域未来技术经济发展状况，确定具体的区域环境未来目标。

第二，提出开发利用、保护管理环境资源的途径。包括进行社会经济发展环境影响分析，提出经济发展与环境建设协调的中观控制方案，制定生态系统开发、利用、保护方案，制定污染源总量控制方案及区域总量控制方案。

第三，制定环境综合整治方案。在充分研究目前区域环境状况并科学预测未来经济发展对区域环境影响的基础上，制定详细的环境整治方案，包括各类污染物的控制途径及方案、废弃物资源化方案等。

10.3.3 生态环境保护的原则

（1）生态环境保护要符合区域经济规划的总体要求

区域性生态环境保护规划必须根据国民经济发展的总体要求，结合本地资源和环境条件，对本地的产业，特别是主导产业和一些污染严重的工业企业进行结构调整和合理的布局。国民经济规划是在充分考虑环境影响的前提下制定的，生态环境保护又是在国民经济发展规划的基础上产生的，在制定国民经济发展规划的同时就要制定相应的生态环境保护规划。社会经济发展与环境是相互依存、相互对立的统一体，两者既相互制约又相互促进。只有充分考虑环境因素的制约条件，才会更合理地规划国民经济的发展规模与结构，才能逐步恢复和协调生态系统的动态平衡，保护生态环境质量，保护人们的生存环境，才能做到经济效益、社会效益和环境效益的统一协调发展。

（2）生态环境保护要符合生态规律和经济发展规律

发展规律是我们做任何事情都要考虑的一个方面，实践证明：我们做任何事情都不能违背事物发展规律。充分认识和掌握事物的发展规律有利于我们行为的合理化，有利于纠正我们的短视思想，做到短期利益和长远利益相结合。生态环境和社会经济都有自身的发展规律，认识并掌握其规律，正确处理局部利益与整体利益、短期利益与长远利益的关系，按照规律制定相应的规划，才能够使规划更合理、更科学。

（3）生态环境保护要符合以人为本的可持续发展原则

以人为本是"公众参与"的理论延伸，就是以人的各种需求为尺度，在规划的过程中充分体现人们的需要和要求。可持续发展是指这种发展既能满足当代人的需求，又不损害后代人满足其需求的能力，从而使人类可以代代相传。生态环境保护的最终目的就是保护人类的生存条件，使社会、经济得到可持续发展，因而以人为本的可持续发展原则是生态环境保护的一个根本性原则。

（4）生态环境保护要符合整体性和系统性原则

生态环境保护规划一般是由各个地区分散制定，在制定的过程中具有独立性。但是，就生态环境保护本身而言，应当符合整体性和系统性原则，应当把目光放得更长远、更宽广，不仅仅从本地区利益出发，更应当注重整个区域以至整个国家和全世界的利益。在进行经济规划时，通常要把污染性工业布置在下风下水，生活居住区布置在上风上水。其实，从一个地区的角度和从整个区域角度来看，结果是不一样的。比如说，有一条河流穿过一个地区，如果这个地区将大量的污染工业都布置在河流下游，污染的将是从此地区以下的整个流域，处于下游的地区的生态环境将受到严重污染。对于下游地区而言，如果它的生活居住区布置在上游方向，我们可以想象，它所受到的影响会有多大。生态环境保护的对象是一个综合体，用系统论方法进行生态环境保护有更强的实用性，只有把生态环境保护研究对象作为一个子系统，与更高层次大系统建立广泛联系和协调关系，即用系统的观点对子系统进行调控，才能达到保护和改善环境质量的目的。所以，制定生态环境保护规划时一定要充分考虑整个区域的情况，要符合整体性和系统性原则。

（5）生态环境保护要符合环境容量原则

环境容量是指环境单元所允许容纳的污染物的最大数量，即环境对污染物的承受能力，它既包括环境本身的自净能力，也包括环境保护设施对污染物的处理能力。环境容量的大小与环境单元本身的组成、结构及功能有关，区域的自然资源和环境条件不同，其环境容量也就不同。在制定生态环境保护规划时必须先测算区域环境容量，在此基础上来确定经济规模和产业结构，使工业或其他产业生产过程中所排放的污染物总量控制在环境容量之内，以期通过环境本身的自净能力来维持生态平衡。

（6）生态环境保护要符合可行性原则

任何规划都必须符合可行性原则，否则将是一纸空文、毫无用处。在规划前期，要在调查分析的基础上测算环境容量，综合考虑区域的性质、功能、环境特征、居民的实际要求和当前的经济技术水平，根据环境容量确定具体的环境控制目标。制定目标时既要保证满足人民一定的环境要求，又要考虑实际可行性，数据的得出不能拍脑门，而应当有合理科学的依据。目标制定后还要制定切实可行的实施方案，把每一步计划都详细清楚地列出，只有这样才能按部就班地依次执行各种计划，逐步接近预定目标，保证生态环境保护的可行性。

为了全面、合理地评价区域环境的现状，科学地预测未来经济发展对环境的影响，对区域环境做出科学的规划，使区域社会、经济、环境协调发展，一套科学的、能够反映区域环境质量状况和社会经济发展状况的指标体系是非常必要的。

10.3.4 生态环境保护的主要任务

生态环境保护的工作程序和各阶段的主要任务可以用下面的工作流程图来表示（见图 10-1）。

生态环境保护各阶段的主要任务是：

现状调查与评价阶段。这是制定生态环境保护的基础阶段，这个阶段的主要任务是明确规划目标，建立合理的指标体系，通过详细的调查摸底了解区域的资源环境特点，全面了解区域环境质量状况，给区域环境质量做出合理评价。从指标体系角度考虑，主要是针对社会经济指标和自然生态指标进行调查研究，弄清楚目前区域的经济社会发展状况、环境污染状况以及区域的环境容量，并通过建立模型定量分析找出目前影响环境的主要因素。

环境质量预测阶段。这一阶段的主要工作是根据目前的社会、经济发展状况和发展速度，预测未来的发展趋势，并建立相应的社

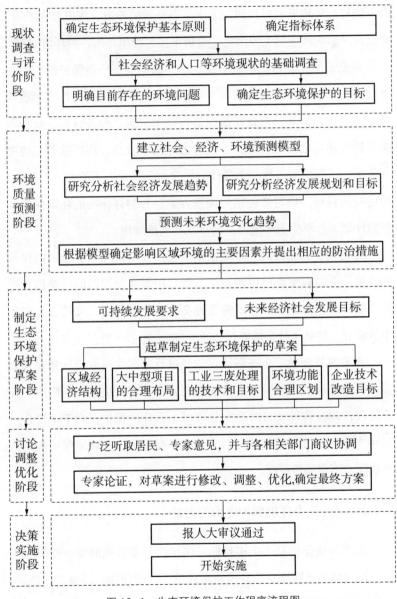

图 10-1 生态环境保护工作程序流程图

会－经济－环境模型以预测对未来生态环境的影响，找出潜在矛盾，确定未来影响环境的主要因素，分析未来可能出现的各种环境问题。

制定生态环境保护草案阶段。这是制定生态环境保护的一个关键阶段，主要工作是根据前两个阶段的研究成果，找出环境问题并制定综合防治措施，对这些措施进行技术分析、经济分析、社会影响分析、环境效益分析等，综合考虑经济、社会、环境效益，协调其关系，根据模型寻找一个最佳的结合点，确定未来的经济、社会、环境发展目标，确定产业结构调整方案，并制订详细的环境保护和整治计划，起草生态环境保护的草案和实施细则。

讨论调整优化阶段。草案制定后要广泛听取专家和居民的建议和意见，并与有关部门协调商议，然后根据各个部门的反馈信息进行调整，使生态环境保护既符合社会、经济的需要，又符合人们的生活需要，使整个社会能够可持续发展。

决策实施阶段。生态环境保护经过反复多次听取意见和建议而多次调整修改后，要采用立法的形式通过，进入决策实施阶段。在此阶段，建设各种项目时要充分考虑生态环境保护，对于不符合生态环境保护要求的项目坚决不予批准。要保证生态环境保护规划的权威性，不得随意更改。

10.3.5　生态环境保护评价的方法

生态环境保护是一个多目标、多层次、多系统的综合性研究工作，包括环境现状调查、环境质量评价、环境预测、环境目标确定、功能区划等多个环节，需要运用多种方法与技术进行研究。

（1）环境现状调查方法

已有资料的收集、整理。二手资料在所有科研中都是非常重要的一种资料来源。为了避免一些没必要的重复工作，可以充分开发、挖掘和利用已有的资料。获得资料后，要进行分类整理加工。

现场调查法。现场调查可以弥补二手资料的某些不足。制定生态环境保护规划时很多情况下要进行现场调查，尤其是为获取一些时间性比较强的指标和一些二手资料无法取得的指标时，主要是那些反映污染现状的指标，比如目前的污染物排放量、污染物浓度等。

（2）环境质量评价方法

环境污染程度取决于环境容量（特别是环境的自净能力），以及污染物的类型和浓度。环境质量评价的方法很多，以定量评价为主。常用的做法是以单一污染物的污染程度指数 P_i 为基础，然后利用各种数学方法对 P_i 进行处理，最后得到综合指数。下面是几种有代表性的环境质量评价方法：

第一，污染程度指数法。a. 单一污染物环境污染程度指数：单一污染物对环境的危害取决于其浓度、毒性，以及在保证环境污染程度不超过允许限度的条件下环境所能承受的污染物最大数量，即污染物的评价标准。

$$P_i = C_i / C_s \qquad (10.1)$$

式中，P_i 表示污染物的环境污染程度指数，C_i 表示污染物在环境中的浓度，C_s 表示污染物的评价标准。

评价标准一般采用国家规定的标准为依据，比如中国颁布的大气环境质量标准、工业三废排放试行标准、地面水环境质量标准、渔业水质标准、农田灌溉用水的水质标准（试行）、生活饮用水卫生标准、城市区域环境噪声标准等。

b.多种污染物环境污染程度指数：

$$P_j = K_1P_1 + K_2P_2 + \ldots + K_nP_n = \sum_{i=1}^{n} K_iP_i \qquad (10.2)$$

式中，P_j 表示一种污染物下 j 介质环境污染程度指数，j 为水、大气、土壤等介质；P_i 表示第 i 种污染物的环境污染程度指数；K_i 表示第 i 种污染物的权重。

c.综合环境污染程度指数：

$$E = Q_1P_1 + Q_2P_2 + \ldots + Q_mP_m = \sum_{j=1}^{m} Q_jP_j \qquad (10.3)$$

式中，E 表示综合环境污染程度指数，Q_j 表示第 j 种介质环境污染的权重，P_j 表示第 j 种介质环境污染程度指数。

第二，均权指数法。上面这种方法采用的是加权指数，在实际工作中权重不容易确定，因此有时也采用均权指数的方法。均权指数法就是将上面公式中的权重去掉，加总后再平均的一种方法。公式如下：

$$P_j = \frac{1}{n}\sum_{i=1}^{n} P_i \qquad (10.4)$$

第三，内梅罗指数及其修正指数法。

内梅罗指数：$QI = \sqrt{\dfrac{P_{\max}^2 + \overline{P}^2}{2}} \qquad (10.5)$

内梅罗修正指数：$QI = \sqrt{P_{\max}\,\overline{P}} \qquad (10.6)$

或 $QI = k\sqrt{\overline{P}^2 + (P_{\max} - \overline{P})^2 \Big/ 14^2}$ （10.7）

此指数除了考虑了期望值$\overline{P}$外，还有意地突出了最大分指数的影响，是对前两类指数掩盖较重污染物的影响的一个改进。但是，当有多种污染物浓度均较高时，要么会掩盖次大分指数的影响，要么会过分夸大最大分指数的影响。

第四，半集均方差模式法。

$$QI = \sqrt{\sum_{i=1}^{m} (P'_i - \overline{P})^2 \Big/ \overline{P}}$$ （10.8）

式中，P'_i表示大于P_i中位数的分指数，m表示大于中位数半集的分指数个数。此指数除了突出最大分指数的影响外，对于大于中位数的其他分指数也予以突出，但突出中位数以上的分指数的影响本身及突出方式都带有明显的主观性。

另外还有许多环境质量评价的方法，比如统计模式法、向量模式法、水质标准级别法、模糊评价法、模糊综合指数法、污染损失率法等，由于篇幅的限制，在此不再赘述。

参考文献：

[1] 孙海鸣主编. 2003 中国区域经济发展报告. 上海：上海财经大学出版社，2003.

[2] 王广成，阎旭骞. 矿产资源管理理论与方法. 北京：经济科学出版社，2002.

[3] 姚建华，王礼茂主编. 重点国土资源开发与区域经济发展. 北京：中国科

学技术出版社，1996.

［4］陆大道等. 2002 中国区域发展报告. 北京：商务印书馆，2003.

［5］严金明. 中国土地利用规划. 北京：经济管理出版社，2001.

［6］唐云梯，刘人和主编. 环境管理概论. 北京：中国环境科学出版社，
　　1992.

［7］朱发庆. 环境规划. 武汉：武汉大学出版社，1995.

［8］王华东等. 环境规划方法及实例. 北京：化学工业出版社，1988.

［9］戴天兴. 城市环境生态学. 北京：中国建材工业出版社，2002.

［10］〔美〕西蒙兹. 大地景观——环境规划指南. 北京：中国建筑工业出版社，
　　1990.

［11］王树功. 可持续发展与生态环境保护. 环境与开发，1997 年第 12 卷第
　　2 期.

第11章 区域规划的政策体系

政策体系是实施区域规划的具体手段，在区域规划的方案中进行政策设计，是规划必不可少的程序。

11.1 区域政策的空间选择

11.1.1 区域政策的空间类型

区域规划的对象是一定的区域空间。区域空间的性质对区域规划有重大的影响。从当前的规划实践看，区域政策的空间类型可以分为以下两类：

"空间中性"

"空间中性"政策最重要的理论假设是空间均衡的存在性，即完全竞争的劳动力和土地市场，以及生产要素的完全流动性。由于聚集经济可以通过地方化和城市化两种主要的外部性机制带来生产成本、交易成本和行政成本的节约和相应效率的提高，因此人口和企业会往城市或高效率的地区集中，从而提高发展效率。2009年的世界银行发展报告进一步强调了以区域平等为基础的"空间中性"政策制定思路。提倡"空间中性"方法的学者认为，促进聚集同时鼓励人口流动不仅可以让个体在更宜居的地区生活，还可以提高个体收入、生产率、知识水平以及总体增长。即不管人口的居住地在哪里，都可以改善居民生活并且保证机会公平。"空间中性"政策的最终结果是人均财富的地理分布更加均匀以及欠发达地区的发展趋同。因此，发展干预应该是"空间中性"的而且鼓励要素往其能发挥最高生产率的地区（主要是城市）流动，这才是改善居民生活促进总体经济增长的最佳方式。为了达到在全部地区通用的目的，针对制度发展的政策工具必须是设计上"空间中性"的。通过增加向核心地区的移民、提高核心和边缘企业的市场接近程度、消除制度性差异以及提高跨区域可达性，可以加强聚集和增长。同时，当居民决定留在欠发达地区享受均等化的基本公共服务，即当不同地区的制度性发展状况（例如教育、医疗和社会保障制度以及土地和劳动的规制等）不存在明显差异，而且欠发达地区通过交通联系与聚集的核心地区有效互联时，可以认为经济实现了一体化，即达到了发展目标。因此"空间中性"的干预应该使政策尽量覆盖最大的范围，达到促进经济核心区域的聚集效应的目标。

"基于地区"

相对而言，"基于地区"政策往往直接针对欠发达地区开发。由于现实中空间均衡假设往往不能成立，或者达到空间均衡需要的时间很长，因此现实中存在空间错配（假设市场失败的主要原因是低收入的弱势群体往往位于欠发达地区，而工作机会却在发达地区，同时制度约束、个体特征以及高生活成本等因素限制了弱势群体迁往发达地区的理论），导致"空间中性"政策不仅不能解决欠发达地区的发展问题，而且经济整体的福利也会受到损害。从这个角度看，城市和区域系统的全部地区都能实现增长，而非只有城市体系等级顶端的城市，因此经济总体能够通过发展不同规模和密度的地区而达到其总产出前沿。而地方背景（包括地方特有的文化、制度等因素）和地理之间的互动对发展至关重要，因此发展政策的制定需要以这种互动为基础，直接考虑地区的特殊性。"基于地区"的观点认为，建立在流动性基础上和针对部门的政策虽然不考虑区域背景，但是对经济的空间格局有重要的影响。

11.1.2　区域政策的空间性质

空间性质是区域政策最突出的理论特征之一，也是区域政策区别于一般的宏观经济政策的关键所在。建立在西方经济学理论基础上的宏观经济政策将国民经济看作抽象空间的一个质点，并不考虑真实世界中经济的空间布局问题。然而，空间性质是经济活动的本质属性，经济生产的空间层次、空间尺度以及空间依赖和异质性问题是任何国家在制定经济政策时都无法回避的现实问题。

第一，区域政策的层次性和空间尺度。区域政策必须考虑空间层次性和空间尺度的影响。迄今为止，中国已经形成了区域发展总体战略、主体功能区战略和众多改革试验区、国家级区域规划等一系列空间尺度划分，将区域政策的空间层次进行了初步的界定。不同空间层次和空间尺度的区域具有不同的区域内聚性、区际差异性，这将对政策的实施效果产生显著的影响。

区域政策在空间层次性和空间尺度的把握上容易产生两个偏差。首先，空间层次界定过于宽泛、尺度过大导致政策的普惠性问题突出。比如，在四大板块的划分之下，很多区域性的政策如"西部大开发""振兴东北老工业基地"等举措的空间重点不突出，遍地开花，造成了区域政策的普惠性倾向，但实施效果却不明显。其次，对空间层次的把握过低、尺度过小造成各地政策"碎片化"和随意性问题。众多国家级区域规划和综合配套改革试验区的设立一方面明确了区域政策的空间重点，另一方面也容易造成各地政策碎片化、随意化的问题。这种情况不但无法形成区域政策的区际协调的局面，而且容易造成对国家区域政策体系的冲击。因此，把握区域政策的合适层次、形成科学有序的空间尺度体系对于保障政策实施效果具有重要意义。

第二，区域政策的空间依赖性和空间异质性。空间依赖性是指区域经济与周围区域存在显著的相互影响和相互依赖，这种影响可以是正向的，也可以是负向的。空间依赖性最突出的表现就是产业集群的出现以及城市群、经济带的形成。区域政策的实施效果受空间依赖性的显著影响，因此在制定区域政策时必须考虑不同政策在空间上的相互作用对政策效果的强化或者抵消作用，根据空间依赖的方向和范围确定政策范围和手段。由于空间依赖性是经济活动在空间上自发形成的，因此该范围与行政区划往往不一致。而中国的区域政策实践是以行政区为空间单位进行政策干预，各政区之间缺乏相应的组织协调制度，因此区域政策的实施中空间依赖关系往往被行政边界人为割裂，造成效率的损失，这一过程伴随着剧烈的区域矛盾和区域冲突。建立完善的区域协调机制，对于依托区域政策的空间依赖性实现整体经济效益的提高至关重要。

空间异质性是指经济活动和结构关系在不同区域有不同表现。区域政策必须考虑到经济版图的空间分异，从空间异质性出发制定差异化的举措，因地制宜地进行区域发展调控和引导。忽视空间异质性将导致政策"一刀切"的问题，影响区域政策的针对性和实施效果。从空间异质性出发，区域政策应当进一步突出分类指导、差异化发展的要求，在保证整体政策协调配合的基础上分区域实施因地制宜的发展政策。

第三，区域政策的相对开放性。区域政策的相对开放性来自区际关系的竞合性。一方面，国家各区域都服从中央政府的统一领导，区际的协调配合符合区域的整体利益。另一方面，各个区域都是独立的利益主体，区域之间存在的竞争关系又使各区域行动无法完全一致。因此，区域政策既不像单区域的宏观政策一样完全开放，享有共同市场、共同要素和共同利益；也不像国际贸易政策一样实行较严格的封闭和保护，通过关税、配额等手段保护本地市场。区域政策具有相对开放性，并且这种开放的程度会随着经济的发展逐渐增强。

中国的区域政策走过一段弯路。改革开放之后，中央为激发地方的发展活力实行大规模"放权"，赋予地方主体地位。随之而来的是各地的盲目建设和地方保护主义。为了能够在与其他地区的竞争中占据优势，各地纷纷展开原料大战、市场大战，甚至以邻为壑、恶性竞争。尽管近年来地方保护问题逐渐消弭，但区域之间分工合作、优势互补的态势依然不明显。区域政策如何把握相对开放性的程度和发展方向，促进区域之间的关系更多转到优势互补、合作双赢上来，是一个值得研究的重要课题。

11.1.3　区域政策中的政府干预

作为国家政策的一种类型，区域政策首先具有干预性，即区域政策是政府对经济版图的公共干预。作为社会主义市场经济体制的转型国家，政府的宏观调控和干预解释了"中国奇迹"的一大部分。中国区域政策的干预性具有自身的特点。

首先，中国区域政策是以缩小差距和打造增长极为目标进行的局部干预。与苏联等当年的计划经济国家相比，中国的区域政策干预的是地区而不是全部国土，也不承担全部的开发责任，中国的干预是对重点地区的局部干预。与西方国家相比，中国的干预不但关注萧条、欠发达和膨胀的"问题地区"的开发，而且关注具有发展优势的"潜力地区"的崛起。这是由中国作为发展中国家面临参与激烈的国际竞争压力的国情决定的。西方国家有良好的经济基础和竞争力，因此它们的区域政策更多地强调弥补"市场失灵"、减少区际差异和空间不平等，它们对发展的强调是着眼于区域协调基础上的资源优化配置。而中国社会主义市场经济的体制特征和发展中国家的国情特征决定区域政策必须放眼参与国际竞争和增长极的培育，对优势地区、潜力地区的崛起给予更大的支持。

其次，中国区域政策是"多元主体、上下协调"的公共干预。区域政策在组织上是"来自上面"的政策（张可云，2005），天然具有"自上而下"的特征以体现国家意志。同时区域政策的制定和实施又不能脱离地方的配合：既要发挥地方政府的主动性为政策的制定提供参考，又要调动地方政府、企业和社会组织等多元主体的积极性来保障区域政策的贯彻落实。它一方面需要协调整体与局部的关系，既服从整体利益，又调动局部的活力；另一方面需要协调多利益主体之间的区际关系，破除地方保护，促进合作共赢。"多元主体、上下协调"的组织特征是区域政策发挥干预效应的重要保证。

11.2　区域规划中的政策体系

科学而合理的政策体系应该由一系列相互联系、综合协调的单项政策共同组成，是地方政府制定的落实区域规划的具体措施。它应当有别于宏观的政策体系，区别点在于它的具体化和可操作性。

11.2.1　政策体系设计的必要性

从区域规划的角度制定的政策体系，基本目标可以归纳为三个方面：运用政府力量保证发展战略实施，高效配置资源保证产业健康发展，协调各种关系解决区域冲突。即使我们规划的区域，经济增长最快，资源的空间配置最优，区域间收入、福利、增长等方面的差别缩小，也需要政策的支撑。

落实区域规划的各项具体规划，实现区域经济的均衡发展，在依靠市场作用的基础上，还需要有强有力的政府政策支持，即由政府借助行政、经济诸杠杆来进行区域调控。为什么在区域规划的方案中必须有政策体系的设计？主要理由是：

（1）规范区域经济运行方面的必要性

区域规划实质上是区域经济在一个相当长的时间内的运行方案，运行的机制包括政府和市场两个方面。区域资源的配置、商品和劳务的成本或效用以及经济发展成果的分配，都在这两类机制的作用下运行。从空间角度看，在生产或分配上存在密切的前、后向联系或在布局上有着相似指向性的产业布局于某个拥有特定优势的区域会形成聚集经济效应，企业总是倾向于在这种地方聚集，而市场作用使这种聚集的趋势越来越明显。

我们在区域规划中设计的政策体系，就是要规范这些运行，使其在运行的方式、方法、范围、强度等方面，与规划的要求相吻合，以保证区域经济运行的平稳、健康。

（2）解决区域经济发展中面临问题方面的必要性

区域经济在发展和运行过程当中不可能是平稳、单调的，由于各种经济规律和趋势的作用，每时每刻都有新问题产生。如何解决区域经济的问题？很显然，政策体系力图提出解决问题的一些基本原则和范式。区域经济的发展与运行问题包括：

第一，由于农业在产业结构中的比重降低，农村劳动力向城镇迁移所引发的各类问题，包括可能出现的农业停滞的问题、农民收入增长缓慢的问题、农村土地问题、农村社会发展问题、进城农民的社会保障问题、就业问题、被城市社会边缘化的问题，以及公平获得社会的发展成果问题等。

第二，由于制造业技术进步使第二产业发展更加具有了高科技的特点，产业结构的剧烈变动所引发的各类问题，包括资源和原材料生产地区的衰退问题，企业改制之后工人的社会地位问题，工人的生产安全问题、社会保险和救济问题、医疗问题等。

第三，由于经济发展和收入水平的提高，服务业的比重上升，人口向城市聚集所引发的各类问题，包括社会成员的收入分配不公平问题、城市住房问题、城市环境问题、城市交通问题、突发性安全问题、城乡差距问题等。

（3）协调区域经济关系方面的必要性

每一个规划区域都存在中心和外围的区域划分，本身都有协调发展的问题。由于产业经济活动的空间非平衡分布，实施促进产业增长的政策，必然要求相应的区域之间的协调。市场对区域经济的调节作用，主要是通过竞争机制来解决区域资源配置的效率问题，但是，一旦某些地区由于初始的优势而比别的地区超前发展，那么由于既得优势和聚集经济，这些地区会因市场的作用而加速增长。

所以，要协调区域之间的发展关系，就必须发挥政府的作用，而政府的作用手段，最后都归结到政策上。我们进行区域规划，就是要制定出这些政策，通过地区的立法机构将这些政策手段交给政府。

11.2.2 政策体系的作用

政策体系主要在以下几个方面起作用：

（1）调节资源配置

区域经济发展的资源是有限的，而且各地区资源的分布极为不平衡。政府对资源的配置是表现其对资源的所有权，市场对资源的配置则使资源利用达到最大效益。政策体系的作用是使这两种配置结合起来，达到最优化。包括：

第一，调节区域资源结合的形式。区域产业发展的资源组合，亦即劳动力、资金、技术、原材料等的组合情况，只有通过市场，才能达到合理的平衡。市场作为看不见的手，可以自动协调各种要素的供求关系，增强各类要素的弹性，并通过价格变化，调整各类要素的供求量，调整替代关系，通过区际贸易，弥补本区域某种要素的不足。但是，市场在许多情况下具有盲目性，政府需要在规划中设计若干政策，以克服市场的盲目性，使资源配置更符合绝大多数人的利益。

第二，调节区域资源配置的数量比例。区域资源配置的数量，在一定区域的一定时间内，受到区域市场发育状况的限制。投资数量的多少，与区域内能够提供的资金数量有关，而区域内的投资量，又受到区域储蓄率的制约，区域储蓄率最直接的影响因素是当地居民的人均收入。所以，区域内投资量是一定的，扩大投资的办法，是通过资金市场吸纳区外的投资。一个区域能够容纳劳动力的多少，与当地的投资情况有关，与当地的其他生产资料的供应亦有关。如果一个地区不能容纳过多的劳动力就业，解决劳动力就业的办法，就只有允许其自由流动，加入区外的劳动力市场中去寻求出路。政策体系的作用在于引导投资和人力资源流向最需要的地区或国家急需发展的地区，形成公平发展的态势。

第三，调节资源开发的空间顺序。资源在空间上的分布是不均衡的，自然资源的开发有一个空间顺序问题，社会经济资源的开发也同样有一个空间顺序问题。从区域经济发展的政策上去理顺空间开发的顺序，对区域经济的发展意义十分重大，在很多时候能够决定区域发展的快慢。例如，国家西部大开发的政策使得在西部的投资明显增加，西部的发展速度加快；而国家制定的东北振兴政策，又必将使国家发展的重点转向东北地区。

（2）加快区域经济运行中的要素流动

政策体系对区域经济发展的作用，表现为对区域要素流动的推动作用。政策体系的实施，在于改变过去那种生产要素静止不动的状况，使之流动起来，通过流动，各区域输出多余的要素，输入缺少的要素，使区域经济发展获得新的活力。具体包括：

第一，劳动力的区际流动。由于劳动力的迁移性流动受到种种条件的限制，目前中国劳动力区际流动的主体，主要是以迁移性的劳工流动和部分迁移性的人才移动为主体。例如，中国的农民工流动，基本是从西部、北部流向东部、南部，农村劳动大量流向城市。一般来讲，劳动力流出的地区，人均国内生产总值远远低于流入地区，而总人口、经济活动人口却相当多，职工人数较少，有向外流出的条件。劳动力流入地区，则由于其人均国内生产总值较高，职工人数占经济活动人口的比重大，新增加的劳动力大量由外地民工来补充。

区域规划要充分考虑劳动力区域间流动的作用，制定相应的政策，保证劳动力在规划区域的正常流动。如果规划区域是注入地区，劳动力流动解决了新增劳动力的来源问题，特别是第三产业发展的劳动力来源问题，所以要用政策来保证流入劳动力的权益；如果规划区域是流出地区，劳动力流出解决了一部分农村剩余劳动力的就业问题，同时又为当地发展积累了一部分资金，所以要通过政策鼓励劳动力向外区的流动，通过政策解决流动中产生的问题，通过规范劳动力市场，加强管理。

第二，资本的区际流动。资本作为生产要素在各区域间的流动，基本上有三种类型：a.直接投资。经济主体跨区域投资兴办企业。b.融资。通过金融机构将其他区域的资金引入本区域。c.区际贸易。商品或服务的款项在区际间往来。由于各地区经济发展速度的加快，区域间的资金流动呈多样化趋势。政策体系的作用，在于规范和引导资金的区际流动，特别是引导资金流入那些资源丰富、资金缺乏的地区，以创造新的发展活力。

区域规划的政策体系，要设计相应的政策措施来解决资金流动的管理和政策性优惠问题，最常见的问题是税收优惠问题、土地价格优惠问题、能源供应价格优惠问题和人力资源的使用优惠问题等。在政策上适当向规划区域的欠发达地区倾斜，是解决欠发达地区筹资困难问题的必要手段，也体现出政府对资本市场的方向、区域分布的政策调节力度。

第三，技术的区际流动。技术的区际流动包括技术人员的区际流动，技术设备、产品、信息的区际交换。技术人员的流动，往往与经济发展水平、生活环境、收入预期等有很直接的关系。技术人员的区际流动典型的例子是中国的长江三角洲地区。苏南乡镇企业发展很多技术人员来自于上海。最初是乡镇企业招聘一些"星期日工程师"，让上海企业中的技术人员利用休息时间为乡镇企业服务，并获取一定的报酬；然后是招聘一些离退休的技术人员，为他们准备很好的生活条件，使之能发挥余热；现在，则发展到以优厚的待遇招聘现职的技术人员、大中专毕业生等，以及通过企业间的合作，由上海的企业向该地区的乡镇企业派出技术人员。这种技术人员的流动范围也在扩大，从过去仅限于苏南发展到苏北、浙江、安徽等地。在北京、天津及其他大城市周围，也有类似的情况，只是规模要小些。技术设备、产品、信息的区际交换，往往与区际的投资和商品贸易有直接的关系，同期流动。在一些中心城市，技术产品交易会、拍卖会和博览会等都在一定程度上促进了技术的区际转移。

区域规划中对技术流动的鼓励政策，关键是创造一个使技术和人员合理流动的环境，同时在规划中有一个详尽的谋划：规划地区的哪些产业、哪些部门需要哪些技术和哪类技术人员，然后是通过什么途径、到哪里去吸引技术和人员。

（3）调整区域经济结构，促进社会发展

第一，促进地区产业结构的调整。通过制定政策体系来促进地区产业结构的调整，以达到产业结构的合理化，是区域规划的中心内容，也是政府指导经济发展的重要职能。区域产业结构受区域市场规模、区域要素供给的双重制约。产业结构的调整，关键是要发展有创新能力的新的产业部门。如果继续保持目前的产业结构而不加以改变，大多数区域要想保证继续快速发展就有很大问题。所以，改变产业结构，实现产业结构的高级化，是刻不容缓的任务。高新技术产业、汽车工业、机械工业、电机电气工业、化学工业等技术、资金含量高的产业部门，哪些是应当发展的重点，在区域规划中一般都已经解决，政策体系的作用在于保证规划的实施能够顺利进行。

第二，促进区域经济合作。区域经济合作对区域经济发展的影响越来越明显。可以说，发展外向型的区域经济，扩大区域经济合作，是促进区域经济快速增长的重要因素。要利用区内和区外两种资源，开发两个市场，充分利用本地的比较优势，有效利用其他区域发展经济的长处，取长补短，共同发展，获得双赢的结果。各地区应把本地的区域经济合作纳入政府的工作安排，制定出一个长期的区域经济合作的政策体系。其中，思想上对区域经济合作的认识十分重要，只有克服地方保护主义，才能保证区域合作的顺利进行。

第三，加快区域的社会发展和文化、教育、科技的振兴。加快区域的社会发展和文化、教育、科技的振兴，是发展经济目的，也是制定区域规划的目的。但这些内容经常容易被忽视，所以要设计一套政策，保证和督促政府重视社会的发展。文化教育和科技发展的前提，是增加投入。在保证中央政府投入的同时，地方政府的投入也应相应增加，同时鼓励企业增加投入。各级政府的投入，主要应用于改善条件、增加设备以及改善生活环境。企业的投入侧重于对教育、科研经费的补充。加强对文教设施的投入，不可能全靠政府，社会办高等教育是发展的方向。政府应通过各种措施，使企业将大量资金投入到教育部门来。这一切都有赖于政策体系的合理安排。

科学技术对社会发展的作用更直接、更明显。培养出一大批优秀的科技人才，用先进的技术手段装备企业，是一个地区永远立于不败之地的必要保证。尽管各地区的条件不同，但都应当在政策体系中明确以发展科学技术为方向，瞄准国际先进水平，让本地区的产品在高技术领域里进行国际竞争，根据本地的情况，建立合理的技术结构，并在自己具有优势的技术领域内参与国际经济合作。

11.2.3 政策体系的构成

区域规划中的政策体系是由一系列促进地区发展的具体经济政策所组成的，并在区域发展中起着不同的作用。目前应用较多的主要有：

（1）区域财政政策

区域财政政策的目标。财政政策是区域经济发展总量调节的重要手段，也是配合产业政策和投资政策、促进区域产业合理分工和区域经济协调有序发展的重要手段。

区域财政政策具有三个目标：

一是区域经济发展的效率目标。保证区域经济的有效增长，是区域经济发展的首要目的。区域经济当中，生产的根本目的是满足人民的根本需要，无效的增长不可能达到这个目的。区域经济有效增长的第一要素是资本的充足，国家和地区的财政政策是达到效率目标的基本保证。

二是区际公平目标。保证社会经济资源的合理配置和区域间经济发展水平、收入差距不要拉得过大，保证区域间的公平分配，是区域财政政策的重要目标。区域公平与代际公平一样，是可持续发展的重要组成部分，是要靠区域财政政策中的资金支持来达到目的的。

三是区域经济发展的稳定性目标。促使区域经济的稳定、协调，避免出现波动，无疑是保证区域经济向前发展的重要目标。区域经济发展与宏观经济发展一样，发展本身的可逆性是存在的，多年发展积累的财富有可能在短期内消失殆尽。源源不断的资本供应，可以保证这种情况不会发生。

区域财政政策的基本内容。区域财政政策的关键是规范区域财政支出的使用方向、比例和时间等，通常包括两个方面：

一是地区税收。从财政收入来看，关税、消费税等属于中央固定收入，营业税、房地产税、个人所得税归地方，企业所得税、资源税、增值税归中央和地方共享。地方的收入直接成为地区经济和管理的资金来源，增加地方的收入是地方政府长期追求的一个重要目标。中央的收入经过二次分配，有一部分返回地方，成为地区重点项目建设的主要资金来源之一。

二是财政分配。中央政府投入是保证地区生产经营活动正常进行和社会经济环境正常建设的重要因素，主要用于全国性和地方性的能源、原材料等基础工业，交通、邮电通信等基础设施，农业、教育、科技等基础产业的建设，包括地区企业的技术改造，高技术开发和基础设施建设，能源、原材料基础工业重点开发等。

（2）转移支付政策

转移支付政策是解决由于中央和地方之间的纵向不平衡和各地区之间的横向不平衡而造成的某些区域、某些产业和某些人口的发展落后，是国家为了实现区域间各项社会经济事业的协调发展而采取的一套政策体系。转移支付是政府把以税收形式筹集上来的一部分财政资金转移到社会福利和财政补贴等费用的支付上。对地方政府来讲，同样有一个转移支付的问题。施行转移支付，包括三方面的内容：

一是缩小地区差距方面的转移支付。按各地区人均 GDP 水平排序，有区别地分配中央财政援助额，同时考虑少数民族等方面的因素，以便缩小地区差距。例如，中国对西藏自治区、内蒙古自治区等少数民族自治地区，革命老区，边疆地区，西部贫困地区等给予的财政上的补贴、援助，都是为了达到这个目的。

二是基本公共服务设施建设方面的转移支付。转移支付的目的是使贫困地区能够达到全国性基本公共服务水准，即全国基本公共服务标准均等化，这一标准是全国公共服务和公共投资的最低标准。中央政府及其相关部门只负责援助那些低于全国最低标准的地区，而不负责已高于全国最低标准的地区，使中央有限的财政资源最大限度地发挥其所承担的在全社会范围内的公平分配的职能。

三是扶贫方面的转移支付。在区域经济发展当中，贫困人口问题始终困扰着地方政府。中央政府帮助地方政府解决贫困人口问题，主要依靠转移支付的政策体系。在市场经济转型过程中，中央政府对欠发达地区的援助，其目的是促进和帮助这些地方政府实现中央的经济发展目标和社会发展目标，转移支付资金一般用于人力资源开发和解决贫困人口的基本生产和生活问题。扶贫的转移支付由无条件援助转变为有条件援助，是市场经济条件下转移支付的新形式。

（3）区域产业发展政策

产业政策是以区域经济各产业为对象，通过对各产业的保护、扶植、调整和完善，直接或间接参与产业或企业的生产经济活动。区域规划中的产业政策的意义，不仅在于调整资源配置结构，更在于保证规划中的产业发展方案的落实，加快结构合理化与高级化。为使规划产业健康发展，需要提出针对性强的政策措施，作为实现规划的基本保证。因此，为达到推动规划的产业领域发展的目的，应建议地方制定该区域优先发展的行业名单和限制发展的行业名单，并制定近期选定的重点扶持领域。

产业政策包括三个方面的内容：

第一，产业结构政策。产业结构政策指政府调节资源在产业间的配置和调整产业关联性的政策，涉及结构协调和结构进化两个方面。结构协调指的是各产业之间能够相互协调配合，产业规模比例协调，上下游产业链条紧密配合，各产业技术相互协调，从而形成较强的区域经济韧性，较好地适应外部环境的变化。结构进化指的是产业结构的高级化，即产业结构升级。对于经济发展较快的区域，必然形成发达地区与欠发达地区的产业发展上的差别。即发达地区生产高附加值的产品，欠发达地区生产初级产品、低附加值产品，在区域分工中处于不利地位。因此，欠发达地区必须实施强有力的产业政策，使地区的产业结构逐步趋近于发达地区的产业结构，并具有自己的特色和优势。欠发达地区在培育本地区支柱产业的过程中，可以实施多种政策措施，包括加大政府财政资金的支持，对于技术开发、技术引进进展较好的企业提供各种补贴和奖励；提供低息贷款；支持企业的收购、兼并等。此外，行业结构、产品结构、技术结构转换是产业规划的中心环节。结构转换能力是一个国家或地区通过确定必要的行业政策和经济机制适时适宜地推动其行业结构、产品结构以及技术结构向适应该行业主流发展趋势和市场要求方向发展的能力，较强的转换能力可以促进区域产业结构的合理化，促进区域国民经济的健康持续发展。

第二，产业组织政策。产业组织政策指调控一个产业内的资源配置结构的政策，它解决规模经济与竞争资产的矛盾。产业组织政策主要针对的是"产业内"的结构问题，也就是说，产业内的企业间如何分配生产要素。在激烈的市场竞争的压力下，企业必然会扩大规模、降低成本和采用先进技术，同时，劣势企业会被淘汰，生产要素加速向优势企业集中。集中是竞争的必然结果，它有利于形成规模经济效益，但过度集中则会形成垄断，垄断则会破坏公平竞争的条件，干扰资源的有效、合理配置，使经济丧失竞争效益，这便是规模经济和竞争效益的两难抉择。在制定产业组织政策时，应倾向于发展规模经济，即政府支持支柱产业的重点企业扩大合理的生产规模，以获得规模经济效益。但倾斜应当适宜，以不破坏企业竞争活力为下限。

第三，产业布局政策。产业布局政策指调节生产要素在地理空间上的配置的政策。生产要素在空间上的聚集会形成地方化经济，但取得聚集规模效益的同时，会引起区域差异的拉大。在产业建设上，应坚持基础结构优先的方针，因地制宜，发挥地区比较优势，建立适合国情的合理、高效的产业布局模式。在空间布局上，统筹规划，突出重点，坚持点轴开发与协调发展相结合，非农业布局与城镇体系建设相结合，促进地区间的合理分工和城乡的相互支持，从打通对外通道，改善交通、流通入手，把发挥地区比较优势与开拓国内国外两个市场结合起来，逐步建立外向型经济，带动资源开发、基础建设和产业发展。

第四，产业技术政策。要充分利用区内外的技术资源，加速技术成果产业化，推动规划产业的技术进步。瞄准国际先进水平，资助区内外的科研机构解决规划产业发展中的关键性、共性、基础性的重大技术问题，为规划产业的发展提供技术支持。为此，地方政府应设立专项基金，鼓励、资助企业增加研发投入，进行技术改造，鼓励企业引进国内外的先进技术，鼓励跨国公司对规划产业投资。

对于享有自主知识产权、在国内外有较强的竞争力、具备一定生产规模和市场占有率的重点龙头企业，地方政府应提供各方面的扶持，优先为其新项目安排政策性贷款，为企业申请省和国家的各种优惠政策和支持，优先安排债券发行和股票上市；还应鼓励开拓国际市场，开展国际合作和交流，进行跨地区和跨国兼并等，力争确保若干重点企业具有一定的国际竞争力。

（4）区域投资政策

地区在进行产业投资时，应优先发展主导产业，使之有效地承担起全国地域分工任务，并增加其带动地区经济发展的辐射力；要配套发展关联性产业，特别是主导产业的前后向关联产业。

投资环境建设。一般来说，经济发达地区的投资硬环境优于经济不发达地区，如果经济发达地区投资软环境也优于经济不发达地区，那么其总体投资环境将大大优于经济不发达地区。投资环境当中，硬环境主要指交通运输业、通信业、金融业等行业，它们是区域内、区域间经济联系的手段，这些行业一般具有外部经济性和规模经济的特点，一次性投资大，应由政府投资或融资、集资建设。软环境包括区域发展战略研究，完善的法律、法规，制订市场规则，维护市场秩序，保障生产者和消费者权益等方面。所以，要在较短的时间内解决地区经济发展不均衡的问题，应尽可能使经济不发达地区的投资软环境优于经济发达地区。

投资产业选择。区域规划中的产业规划已经规划了优先发展的产业，投资政策的任务是延长产品链条，提高支柱产业的产业素质，保持、巩固其已有的支柱作用，积极发展基础性产业特别是其中的"瓶颈"产业，克服其对地区经济的制约作用，扶持潜在主导产业，使原有主导产业的主导作用因条件的变化而削弱以后，新的主导产业可以及时接替上来，保证区域经济系统正常的新陈代谢。

引资优惠政策。地区为吸引外部的投资，一般都要制定相应的优惠政策，其中税收、土地和能源供应是三个主要的方面。作为规划的政策体系，关键要强调政策的规范性、实用性和实施效果。优惠政策不能没有限制，不能违反国家和区域的相关法律政策，不能给当地造成环境和社会问题，不能违背当地人民的根本利益。同时，也要注意引资的效果，不能不计成本，也不能没有选择。

（5）区域创新政策

有一些产业领域的创新，如电子技术、能源、运输等，将会极大地促进区域的经济发展，所以应积极促进这些领域的创新活动。通过政策手段鼓励和引导创新，要求规划中的政策体系必须具体而可行。

区域创新政策的主要内容包括：

第一，政府对地区研究与开发项目的资助政策。例如，从 20 世纪 80 年代以来欧美各工业国的区域经济发展情况来看，对研究与开发项目给予直接的资助，是各国政府普遍采取的手段，只不过侧重点不同而已。虽然各国的研发经费近年来在一国财政支出中的比例不尽相同，但都呈现上升的趋势。此外，还包括政府拨款给公共研究开发部门，通过建立政府研究所、实验室来资助大学研究等，这些都使创新活动普遍化。

第二，政府对创新产品的采购政策。政府购买创新产品促进区域创新的原因，可归结为两个方面。首先，政府部门的需求构成了一个大市场。政府既可以为本身购买，也可以采取合适的手段，要求能源、交通等部门采用某些产品。这种市场的保证自然有利于创新产品的问世。其次，政府部门的购买起着需求拉动的作用。对欠发达地区，由于其生产的产品竞争力有待提高，通过政府购买可以保证其一部分市场。在产业发展的早期阶段，这种拉动尤为重要，特别是欠发达地区发展 CAD、半导体、集成电路等领域，政府购买所起的推动作用要比政府对欠发达地区的研发直接资助所起的推动作用大得多。

第三，政府对创新产业的直接投资政策。每一个地区都可以将创新产业作为优先发展的对象，制定这些领域的具体发展战略、方案，并对其进行直接投资。也有政府参加与地方企业的合作性投资；由于许多创新产业的风险高、资金需求多、涉及技术领域多，政府与企业的合作性投资已成为一个趋势。这种合作能够减少双方的风险并减轻资金压力。

11.3 区域开发政策

区域资源与产业发展规划是区域规划的中心内容，针对资源开发和产业发展而制定的各项政策，其政策的效应十分明显。

11.3.1 区域开发的政策体系

（1）资源开发中的政策运用

区域规划中的资源优势。一个完整的区域规划，对区域的资源优势都应当有全面的论证。区域的土地、能源、矿产等自然资源是区域经济发展的重要物质基础。从传统形式上看，工业接近原料地和消费地，就近取得所需的原料和燃料，这是自然资源对产业影响的最直接体现。但随着科技的进步，自然资源对工业布局的约束越来越小，布局的自由度加大，自然资源对它的影响更多地以间接的形式表现出来。工业企业在远离原料、燃料产地的市场区域或交通枢纽进行布局，使工业生产和自然资源在空间上脱节。从理论上讲，这种关联程度的减弱主要来源于两个方面：其一，交通运输业的发展，使运输速度更快，运输成本更低。其二，产业结构的高级化，使某些产品中自然资源的含量微不足道，而智力资源的含量却大幅度增加。但是，这并不意味着资源对人类的重要性在减弱，而是恰恰相反。由于人口的增加、生产总规模的不断扩大，人类所消耗的自然资源的总量与日俱增，而资源存量又十分有限，使许多种类的资源面临枯竭。因此，产业的合理布局应充分体现出资源的合理利用和合理配置。

资源优势的区域比较。有些资源在某个特定的区域范围之内有明显的优势，但在全国或较大的区域内可能就不一定是优势资源，在此基础上形成的产业的产品在全国不一定有竞争力，若将这类资源当作优势资源进行大规模开发，有可能带来巨大的经济损失。例如，四川与海南都可以种植甘蔗，如果认为四川有优势而看不到国内比四川有优势的地方还有很多，就可能做出错误的决定。同样，即便是建立在社会经济资源基础上的产业，如果没有比较，也可能带来损失。所以，我们在区域规划中所认识的资源优势应当是经过比较的，没有比较不能确立是否具有资源优势。

资源优势转化为产业优势。区域规划要解决的区域经济发展的关键问题之一是引导区域经济从资源优势到产业优势的转化。地方政府在确定本区域的主导产业时，从优势资源出发是不可避免的。但优势资源转化为优势产业，除了资源本身的条件，还需要资本的投入、劳动的投入和市场的开拓。所以，产业优势应当是资源优势与其他优势的结合所产生的综合优势。例如，西部地区有许多名优特产，一些地方常将其作为主导产业来加以扶持、培育。但是，特色产业不能代表优势产业，希望通过发展一两种特色产业就把地方经济带起来，是有很大困难的。如果仅就农业来讲，发展特色产业是有很大作用的，一旦交通条件改善、商品经济发展起来之后，产品可以凭借其特有的性质，实现对市场的占领，这主要包括那些依托当地特殊地理环境生产的特色产品。但是对工业来讲，特色产业就是矿业和原材料产业，仅仅发展这两类产业不能带动西部的全面发展，也不能达到振兴西部的目的。真正的产业优势应当是产业在市场上的竞争优势。

（2）资源开发的政策建议

如何在区域规划中规范资源开发？具有一般性的政策建议应当包括：

第一，按照地区产业功能结构的要求进行资源开发。我们在区域规划中规划的产业发展，应根据可能和需要，按产业结构的要求，全面合理地在规划区域中进行。但是，产业的门类很多，一个地区的条件又十分有限，只能选择少数适合当地条件的产业发展。在这些产业当中，有主导产业，也有辅助产业和为地方经济及生活提供服务的产业，如交通、通信等，称为自给性产业或地方性产业。上述产业构成一个地区的产业功能结构体系。资源开发应当从产业功能结构的要求出发去进行，在产业结构中，需要开发什么样的资源就开发什么，与产业发展方向无关的资源就不去开发。这里主要指那些辅助性的资源，因为主导性的资源是发展主导产业的基础，必须跟随经济的发展去进行成规模的开发。

第二，采取产业滚动的开发模式。由于中国多数地区经济基础还相对薄弱，资金是制约大多数地区经济发展的主要因素之一。为迅速提高本区域自我发展能力，应当首先发展投资少、见效快的产业，加快原始积累，为引进外部资金和技术打下基础。采取产业滚动开发模式的关键是如何进行产业的启动：要因地制宜，量力而行，建立优化的产业发展顺序。没有必要所有区域的经济发展都瞄准大矿山，发展大企业。投资大，技术有一定水平，解决就业少，是经济发展而就业问题严重的根源之一。应当重视小矿山、小型资源的开发，发展地方性的工业部门。要重视农产品加工业的发展。该部门资金需求量较少，多属劳动密集型产业，产品质量一般适合目前的消费水平，风险较小。外向型原材料产业，应当建立在稳固的资源基础和市场之上。外向型原材料产业的发展，需要有资金、技术、管理和运输条件做保证，而市场基本上在规划区域之外。这类产业的发展一般见效也很快，但市场的风险大，产业的档次较低，对产业结构的调整作用有限，因此应谨慎选择这类产业作为启动产业。

第三，顺应市场变动对资源开发的影响。中国全国统一的大市场的建立，使社会商品供求关系呈现出一种有规律性的运动，这就要求区域资源的开发必须与市场的供求状况相吻合。由于市场是不断变化的，竞争性产业应当有适应市场的能力。以农业开发项目为例，存在供给不能随市场需求变化及时调整的情况。20 世纪 80 年代，沿太行山地区大面积种植红果树，但由于市场逐渐饱和，90 年代，大量土地开始改种苹果，此后随着苹果产量极度过剩，一些地区又开始砍伐苹果树。其实，工业开发项目也不例外，西部好几个地区的镁冶炼生产大量过剩，在国际市场上互相压低价格，恶性竞争不断。所以，在区域规划中规划的资源开发，要有对市场的适应性，规模要适当，不应当过分强调专业化，特色产业的发展一定要适度。

第四，注意生态环境对资源开发的制约。资源开发必然会带来环境的破坏，我们能够做到的仅仅是将这种破坏减少到最低的程度。

中国有相当一部地区生态脆弱，一旦破坏无法恢复。生态脆弱的基本特点是：生态环境的稳定性差；生态环境所依赖的水资源极度缺乏；生态环境的恢复性功能差。所以，资源开发应当以环境的允许程度为转移，而不是盲目地追求开采数量的增加。

11.3.2 吸引外商投资的政策

中国每年吸引的外商投资位居世界各国前列。吸引外商投资的关键是地方性的区域经济政策要好。制定吸引外商投资的政策，应当考虑以下几个问题：

各个地区在产业发展上和区位条件上都存在显著差异，要所有地区在吸引外资方面都有很快的增长并不现实，每个地区都应根据具体的产业条件和区位条件，主动选择不同技术水平的外国投资企业。中国各地区吸引的外资差别很大。2002年，各地区外商直接投资的实际投资额如表11-1所示。

表 11-1   2002 年外商直接投资的实际投资额地区分布

地区	东部	中部	西部	其中西南	其中西北
数量（亿美元）	456.75	51.85	13.76	8.67	5.09
比重（%）	87.5	9.9	2.6	1.7	0.9

资料来源：根据 2003 年《中国统计摘要》计算。

整个西部 2002 年吸引的外资只有 13.76 亿美元，占全国吸引外资总额的 2.6%，比重之小，是很难想象的。而 1999 年该数字为 11.4 亿美元，占 2.9%；2000 年为 12.4 亿美元，占 3%；2001 年为 14.31

亿美元，占3.3%。吸引外资的多少，与地区的投资环境息息相关，与区域的引资政策关系紧密。

到2018年，情况发生了较大的变化。仍然按照"三大地带"划分的外商投资情况见表11-2。

表11-2 2018年外商直接投资的实际投资额地区分布

地方名称	数量（家）	比重（%）	实际使用外资金额（亿美元）	比重（%）
总计	60560	100	1383.1	100
东部地区	56524	93.3	1153.7	83.4
中部地区	2126	3.5	98.0	7.1
西部地区	1883	3.1	97.9	7.1
有关部门	27	0.0	33.4	2.4

资料来源：《中国外资统计公报2019》。

如表11-2所示，从2002年到2018年，中国吸引外资的总量增长很快，但各区域的比重却有不同的变化。西部地区从2.6%增加到7.1%，中部地区从9.9%下降到7.1%，东部地区从87.5%下降到83.4%。

吸引外资的条件包括以下几个方面：

第一，规划地区第二产业和第三产业的发达程度。中国有许多地区目前尚处于工业化中期的发展阶段，加快工业化的速度是地区经济发展的必然选择。由于工业部门不发达，发展工业变得十分急迫。吸收投资，特别是外资，对区域工业部门的发展十分重要，通过投资可以加速工业化进程。因为空白点很多，需要引进的技术门类很宽泛，对外商来讲，机会也很多。

第二，传统产业技术改造的情况。中国目前存在着资源密集地区、老工业基地地区、以矿业为主的地区和以农产品加工为主的地区等，这些地区的传统产业，产品的技术含量低，有些产品出现过剩，形不成发展的优势，传统产业的技术改造迫在眉睫。外商投资的进入可以加快这个进程，同时也可以带来发展自己的机会。

第三，区域产业结构调整的情况。中国几乎所有地区产业结构的调整都正在进行当中。在现代科技发展使得对自然资源的依赖越来越少的背景下，应将高新技术与当地资源优势相结合，发展资源性产品的深度加工，提高产品附加价值，促进经济结构调整和升级；还应积极利用后发优势，追随世界产业发展趋势和技术进步潮流，创造新的优势产业，实行跨越式产业发展模式。吸收外商投资，引进先进的技术和管理经验，在这种产业升级模式中将发挥无法替代的重要作用。

第四，所有制结构改革的情况。中国有些地区由于历史的原因，以及体制改革的相对滞后，非公有制经济不仅比重低，而且规模小。非公有制经济发展的相对滞后，制约了这些地区市场化进程的推进，使得区域制度创新、技术创新、结构调整的动力与活力不足。引进外商投资将加速这些地区所有制结构的调整，并使不同技术层次的企业在与其他企业的竞争、互补中得以发展。

根据上面的分析，从中国各地区产业发展的综合条件看，吸引外商投资应当集中在两个方面：第一是区域有基础、有大量现有企业的传统产业及相关产业，通过外资投入来实现技术的进步；第二是对实现产业结构优化有重大影响的、适合地区现实情况的高新技术产业。[1]

　　传统产业吸引外商投资。规划地区的传统产业如果主要集中在农牧业、采掘业、传统机械加工业、加工型重化工业等上面，则应当分析地区工业化程度、农牧业在经济中所占比重等，制定发展特色农牧业生产技术与加工技术，发展特色农牧业生产并努力延长农牧业产业链，发展后续加工工业，增加产品的附加价值，实现农牧业的产业化经营等重要任务，以此为条件，吸引外资投入。以中国的西部地区为例。重庆的交通运输设备制造业、仪器仪表及其他计量器具制造业，四川的通信设备制造业、食品制造业，贵州的机械设备修理业，云南的食品制造业、机械设备修理业，陕西的材料产业及其他非金属矿物制品业，甘肃的石油加工、炼焦及煤气和煤制品业，金属冶炼及压延加工业，青海的电力及蒸汽、热水生产和供应业，金属冶炼及压延加工业，宁夏的有色冶金、炼焦及煤气和煤制品业，新疆的石油加工、炼焦及煤气和煤制品业等，应当成为吸引不同类型外商投资的重点部门。

　　资源型产业吸引外商投资。根据规划地区的资源状况、资源产业在生产当中的重要性，确定具体的吸引外资的类型。例如，吸引外商投资于本地区特色资源与优势资源的开发与深加工，形成可直接替代进口品和拥有国内外市场的产业，如特色农业、畜牧业、有

---

[1]　黄晓玲："中西部区位优势与吸收外商投资类型定位"，西部开发网，2002年11月5日。

色金属采选、煤炭开采、石油和天然气开发等。这类产业应当寻求技术适用性强、能迅速与当地优势条件相结合的外商投资，这类资源导向类型的外商投资既可能与当地生产技术形成很强的共存互补关系，使当地生产技术由于外资提供的市场而提高了生存能力，同时也可能由于外资企业通过后向连锁效应传导有形与无形的资产而实现本地区的技术升级。

高新技术产业和现代制造业吸引外商投资。除了在资源开发和传统产业的领域吸收外商直接投资外，还应积极创造竞争优势，在高新技术产业和现代制造业方面吸引外资。例如，西部地区虽然整体上科技发展水平较弱，但某些中心城市已具备了较强的科技实力，西安、成都、重庆等城市及周边地区，已初步形成电子信息产业、航空航天、电器制造、生物制药、基因工程等新兴的知识、技术型产业聚集点。应充分利用中西部局部地区呈现的高新技术产业发展趋势，积极吸收外商投资强化这一趋势，使中西部地区实现跨越式发展。西部吸收高新技术产业外商投资，应立足于高起点、高技术、高水平，建立起具有强大产业带动能力的未来支柱产业，避免低起点建设。

11.3.3　区域合作政策

对于欠发达地区而言，中央政府出台的区域援助政策和地方政府之间的区域合作政策，是他们最关心的政策。

区域合作政策的作用重点是克服由于区域利益矛盾引起的区域经济冲突，达成一种和谐与合理分工，使本区域规划的产业能够获得外部资源，加快发展。

通过实施区域经济合作政策达成的区域合作，有五个方面的标志：（1）各区域通过专业化分工，经济优势都能够得到充分发挥；（2）通过发挥各自的优势，各区域都能够形成较强的自我发展能力；（3）在自我发展的过程中，生产要素能够在区域间自由流动；（4）通过各类生产要素的流动和产品的自由销售，形成全国的统一大市场，并促使区域间互相开放市场；（5）经过长期的合作、发展，各区域的经济效益和经济利益都得到提高，各地区的经济发展水平和人民收入水平也都得到提高。

总之，区域合作政策是运用政策手段有效地解决区域经济关系的重要武器，区域合作政策的制定和实施，使区域之间关系的解决有了依据和准则。

11.3.4 产业转移政策

（1）区域间产业转移的必要性

中国东部沿海地区经过多年的发展，制造业的一些部门已经逐步成熟起来，诸如纺织、服装、玩具、机电、化工等行业在一些地区形成了竞争力较强的优势产业。从技术水平看，东部超过西部，形成一种现实存在的技术梯度。技术本身是一种流动的生产要素，从高梯度至低梯度的转移，是经济发展势能作用下的必然规律。技术转移的表现是产业转移，产业转移的中心内容是企业转移。企业从发达地区向欠发达地区转移有以下四点现实的依据：

第一，欠发达地区企业数量稀少，相当一部分现有企业规模小，受体制问题制约而能力低下。发达地区则由于社会资本大量进入生产领域,同一部门的企业数量多,竞争激烈,对于单个企业来说,市场拓展较为困难。从开拓市场的角度看,欠发达地区的城市化速度明显加快,城市人口在未来几年将快速增加,市场将日益扩大,企业拓展市场空间的前景十分光明。

第二,发达地区与欠发达地区的城市相比较,在土地和劳动力成本方面,发达地区高出欠发达地区很多。对于一些占有市场份额小、竞争能力弱的中小企业,降低成本是企业生存的根本出路,寻找地租和劳动成本最低地点去布局企业是其最好的选择。

第三,在中国目前的西部大开发当中,基础设施上马很快,但加工业和服务业跟不上需要。施工所用的机械设备、原材料等大多从东部运入,运输距离长,运费支出大,特别是一些本身价值低的原材料,长途运输是不合理的,如水泥、石料等。在西部建厂,需要东部生产原材料企业的技术和产品质量作保证。让这类企业跟随基础设施建设同时西进,对国家重点建设和企业本身发展都有好处。

第四,对于发达地区一些处在衰落当中的企业,区域转移是摆脱困境的重要途径。如果一个企业在一个地方总是不景气,不外乎几种原因:当地市场狭小或竞争激烈,地价和劳动力费用居高不下,产品附加价值低,环保方面不符合当地的要求等。在此情况下,换一个地方重新开始不失为一个好选择,只要这个地方的投资环境适合本企业的特点,就可以使企业摆脱困难。从目前看,转移到西部地区对许多东部企业来说是明智的选择。

（2）产业转移的几种模式

虽然产业转移是产业发展的大势所趋，但产业转移的具体方式和途径还需要认真探索。我们在区域规划中可以提出三种转移的模式。

第一，着力开拓市场的模式。对于以生产市场需求的消费品为主的企业，占领欠发达地区市场是产业转移的第一个"着力点"。如果转移企业本身的规模大、实力强，那么就可以把开拓市场、抢占市场份额放在首位，把企业短期盈利放在第二位。如果一个企业生产的产品，占据了欠发达地区市场的相当份额，那么即使在前几年不赢利，以后的盈利也会十分丰厚。

第二，低成本扩张的模式。发达地区的企业通过兼并欠发达地区已有的同类企业，使之成为企业集团旗下的一员，转而为自己的主导产品生产某一个部件，成为本企业产品进行初加工的生产基地，这是低成本扩张的主要途径。例如，中国东部的某些汽车集团兼并西部规模较小的汽车厂，将其变为自己的零件生产商，发展了自己，也救活了西部的企业。

第三，区域开发的模式。前两种模式已经被证明是成功的，有许多案例可以参考。第三种模式是区域开发的模式，可供有实力的企业采用。区域开发的理论模式，在区域经济学著作中曾被广泛介绍，但其应用模式，还需要努力去探讨。区域开发指人类运用发展经济的各种手段作用于特定区域的经济过程。区域开发有明确的开发主体，这个主体自始至终都控制着开发过程；区域开发是以特定区域为对象，对这个区域未利用的自然和经济社会资源加以利用，对已利用的加以再利用。所以，区域开发是在保持区域资源、环境、经济社会和谐统一的前提下，谋求对区域内资源利用的最大效益、经济最大限度的增长和社会的进步。区域开发的第一个特点是其开发对象的位置、范围的明确性，无论范围大小，都可以成为明确的开发行动。第二个特点是其开发的时效性。对一个地区的开发行动，一般都限制在一个具体的时间期限之内，这样有利于开发规划的实施和开发投资的筹措。第三个特点是其开发行动的综合性。区域开发不仅仅是工业开发或农业开发，而是涉及自然、经济、技术、文化、社会等各个要素的综合性开发，因此要尽力避免开发的片面性和绝对化。第四个特点是区域开发要实现区域内所有地区经济的普遍增长，而不是个别地点和行业的点滴增长。过去我们曾经进行过由政府主导的大区域的开发活动，也曾获得了相当的成功，如山西能源基地建设、京津唐地区国土规划、晋陕蒙交界地区的开发等，其开发的动力机制是政府投资，开发能源、原材料等资源。而今天我们提出的区域开发模式，是为一个具体的规划区域服务的开发模式，是以一个大型企业为主导、企业与政府相配合共同进行开发活动的一种模式。其特点是规模范围相对较小，开发目标相对明确，企业投资、社会融资是资金的主要来源。这种模式的基本含义是：大企业与地方政府合作，由地方政府划定一定的范围，供企业负责全面的开发活动。这种开发的形式是多种多样的，包括特定地区的单一资源开发、小流域的全面经济开发、城市小区开发和专项产业开发等。

11.3.5 区域援助政策

（1）国外区域援助的方式借鉴

总结英国、美国、德国和日本较成功的区域援助的案例，其援助方式可归纳如下（见表 11-3）。

表 11-3 国外区域援助的方式一览

援助方式	主要工具及内容	典型实例
公共投资	公共基础设施 农业基础设施项目 环境改善项目 区域发展基金 国有公司投资	新加坡设立裕廊工业区 英国设立开发区 巴西设立"亚马逊投资基金" 意大利设立"南方发展基金"
转移支付	专项转移支付（有条件补助） 一般转移支付（无条件补助）	
经济刺激	工业投资补贴 就业或工资补贴 租金补贴 居住区调整补贴 所得税、进口设备税、出口税减免 区位调整的税收返还 运费调整和补贴 特别折旧率 优惠贷款 信贷担保 土地征收和补偿 低价出租或出售厂房 技术援助、培训和信息服务	英国在 20 世纪 50—60 年代设立发展区、开发区的有关做法

援助方式	主要工具及内容	典型实例
直接控制	新建、扩建企业的许可证制度 城市功能区划分 建设材料配额	英国 1945 年《工业布局法》
政府采购	对欠发达地区产品的强制性采购	意大利规定政府采购的 30% 必须来自南方
公共区位	政府机构或公营单位的扩散和区位调整	巴西 1960 年的"迁都计划"

资料来源：陈耀："对欠发达地区援助的国际经验"，《经济研究参考》2000 年 28 期。

（2）中国区域援助的政策选择

借鉴国外经验，对中国欠发达地区区域援助提出如下建议：

第一，设立专项基金。拿出一定比例的财政支出，结合其他资金来源，设立规划区域中欠发达地区扶持的专项基金。这样做的好处是将区域援助的行动法制化、规范化和长期化，使区域援助的基本资金有保证。实际上，国家每年都要拿出大量的资金投入欠发达地区作为援助资金，但来源分散，使用没有固定的标准，效益不明显。短期政策性的行动又使许多区域援助表面化和政绩化。而地区的财力有限，更不应当分散使用。专项基金的设立，可以克服现存的有些问题，建立一种长期的、使欠发达地区最终能够摆脱欠发达状况的发展机制。

第二，统一建设基础设施。制定基础设施建设的统一规划。规划区域的基础设施资金的投向应当以建设统一、高效、综合的基础设施网为基本目标，避免个别地区为争资金而盲目上马项目的状况发生。国家在"十五"期间对西部地区的基础设施进行了大量的投资，力度是很大的，对西部地区基础设施状况的改善起到了关键作用。未来国家将继续投入，但显然力度不可能加大。规划区域应当认识到国家政策的基本取向，努力争取资金，加快发展。

第三，建立对欠发达地区经济发展的补贴政策。把发挥市场功能和政府的资金支持结合起来，使之发挥更大的作用。我们多年来一直在讨论欠发达地区的"输血与造血"的问题，实际上所有的欠发达地区都存在这个问题。建立旨在促进欠发达地区经济发展的补贴政策是发挥市场作用、变"输血"为"造血"的主要措施。包括对各类工业企业新建或改扩建的投资补贴，对第二、第三产业提供就业机会的奖励和对就业工人的工资补贴，兴办各类企业的用房租金补贴，欠发达地区企业的所得税、进口设备税、出口税减免，各地区居民、外商在欠发达地区投资办企业的流动资金优惠贷款等。

第四，制定解决人才问题和产业技术问题的统一政策。从根本上解决欠发达地区发展的动力机制问题和长期发展潜力问题。欠发达地区人才缺乏，是普遍存在的问题。其表现在：一是在人才总量中高层次的人才不足；二是人才引进的政策保障力度不够；三是尚未形成良好的育人机制，没有形成合理的人才梯队，缺乏后劲；四是缺乏有效的人才激励机制，技术人员的工作热情不高，从而导致部分技术骨干人才外流。因此，牢固树立"人力资本"的概念是欠发达地区经济发展的关键。规划区域的地方政府应当充分利用本地区的教育和技术资源，鼓励科研院所、高校和相关企业之间展开联合和合作，加快研究和引进科技成果，加速成果的产业化，推动产业的全面技术进步，并制定"地区产业鼓励发展的新技术目录"来规范政府资助的范围。

第五，确立政府在欠发达地区的采购政策。政府在欠发达地区进行政府采购要有一个固定比例，对欠发达地区产品采取强制性的政府采购措施。政府采购对支持企业发展的作用是很明显的，美国西部地区的大型企业，特别是军工企业，大多是靠政府采购起家和维持的。在中国欠发达地区进行固定比例的政府采购，采取强制性规定，是很有必要的。在区域规划中，也应当充分利用这个机制。如果通过政府采购能扶持起一大批区域内的强势企业，区域规划目标的实现就会变得容易一些。

总之，区域政策是区域规划能够顺利实施的保障，也是区域规划能够在区域经济发展中起到关键作用的保障。

参考文献：

［1］张可云. 区域经济政策. 北京：中国轻工业出版社，2001.

［2］胡兆量. 中国区域发展导论. 北京：北京大学出版社，1999.

［3］王梦奎，李善同. 中国地区社会经济发展不平衡问题研究. 北京：商务印书馆，2000.

［4］王铮. 区域管理与发展. 北京：科学出版社，2000.

［5］蔡坊等. 制度、趋同与人文发展. 北京：中国人民大学出版社，2002.

［6］国务院研究室课题组. 小城镇发展政策与实践. 北京：中国统计出版社，1994.

［7］张敦富主编. 投资环境评价与投资决策. 北京：中国人民大学出版社，1999.

［8］方创琳.区域发展战略论.北京：科学出版社，2002.

［9］李国平等.区域科技发展规划的理论与实践.北京：海洋出版社，2002.

［10］孙久文，叶裕民.区域经济学教程.北京：中国人民大学出版社，2003.

［11］安虎森主编.区域经济学通论.北京：经济科学出版社，2004.

［12］吴传清主编.马克思主义区域经济理论研究.北京：经济科学出版社，
2006.

［13］魏后凯主编.现代区域经济学.北京：经济管理出版社，2006.

［14］钟茂初.可持续发展经济学.北京：经济科学出版社，2006.

［15］范恒山，孙久文，陈宣庆.中国区域协调发展研究.北京：商务印书馆，
2012.

［16］安虎森.新区域经济学（第3版）.大连：东北财经大学出版社，2015.

［17］吴殿廷主编.区域经济学（第3版）.北京：科学出版社，2015.

结束语：规划为用

　　我们已经将区域规划的内容进行了阐述，并介绍了区域规划制定的基本方法。在全书的最后，特别应当强调的是：对区域规划来说，最根本的是如何将规划变为行动！

　　区域规划面临的最大问题，是规划方案能否得到实施。事实上，从事规划工作的人，很多人都想找出一种固定的模式，或是设计一个程序，剩下的就是往模式里面填充数据的问题了，然而这是不可能的。其实，所谓模式只是一种经验，而不是一种克隆的工具。区域规划依靠的是调查、研究和设计，千万不能以为有了大数据和云计算，这些就没有用了。我们要想使区域规划真正具备科学性，要想将区域规划变为政府的正确决策，从一开始就要树立一种目标——规划为用。

后　记

　　2004 年我撰写了《区域经济规划》一书在商务印书馆出版，2010 年再版。时光荏苒，转眼该书的出版已经 17 年了，再版也过去了 11 年。承蒙商务印书馆各位同人的厚爱，同意我对原书进行修订，并对内容进行删繁就简，除旧更新，并把新的书稿更名为《区域规划原理》。

　　最近 10 年，是中国区域规划快速发展和迅速普及的时期。区域规划从理论到实践都发生了深刻的变化。在新书撰写过程中，我吸收了近年来国内外的已有研究成果，仍然以国内的理论和经验为主体进行阐述。

　　本书的内容是在总结我多年从事区域规划研究所取得的成果的基础上形成的，并参阅了国内其他学者的部分研究成果。2004 年版的《区域经济规划》是以教材的形式面世的，经过十多年的变化，本次的《区域规划原理》是作为理论研究的专著形式出版。

　　在本书的修订过程中，蒋治、张静、苏玺鉴、高宇杰、张翱、李承璋、张泽邦几位博士帮助我对书中的数据进行了更新，最后张倩博士对全书进行了修订和校对，蒋治博士对书中的相关模型进行了整理和归纳，在此十分感谢他们的无私帮助。

　　需要说明的是，凡在本书中直接引用的成果，在书中进行了页下注；对书中借鉴的内容，在每章的最后列出了参考文献；对于由于我本人的疏漏而未加注释的，在此表示由衷的歉意。

区域规划的内容很多，本书难免挂一漏万。虽然著述匆匆，但我始终牢记康德的名言："有两件事物越思考越觉得震撼与敬畏，那便是我头上的星空和我心中的道德标准。"希望本书的出版能够对从事区域规划的同人和学习区域规划的学生们有所帮助。

最后，用王维的诗作为本书结束语：

行到水穷处，坐看云起时。

偶然值林叟，谈笑无还期。

孙久文

2021 年 8 月 1 日于北京问渠书屋